OPUSCULES
MATHÉMATIQUES.
TOME QUATRIÉME.

OPUSCULES MATHÉMATIQUES,

OU

MÉMOIRES sur différens Sujets de GÉOMÉTRIE, de MÉCHANIQUE, D'OPTIQUE, D'ASTRONOMIE, &c.

Par M. D'*ALEMBERT, de l'Académie Françoise, des Académies Royales des Sciences de France, de Prusse, d'Angleterre & de Russie, de l'Académie Royale des Belles-Lettres de Suède, de l'Institut de Bologne, & de la Société Royale des Sciences de Turin.*

TOME QUATRIÉME.

A PARIS,

Chez BRIASSON, Libraire, rue Saint Jacques, à la Science.

M. DCC. LXVIII.

AVEC APPROBATION ET PRIVILÉGE DU ROI.

AVERTISSEMENT.

CE quatriéme volume d'*Opuſcules*, & le cinquiéme qui doit le ſuivre immédiatement, & qui eſt déja ſous preſſe, ſont deſtinés à remplir l'engagement que j'ai contracté avec le Public dans l'Avertiſſement qui eſt à la tête du troiſiéme volume. J'ai annoncé dans cet Avertiſſement pluſieurs Mémoires ſur différens ſujets, qui dès-lors étoient pour la plûpart en état de paroître. Ce ſont ces Mémoires qui composeront la plus grande partie des deux nouveaux volumes.

Dans le ſecond Mémoire du Tome premier de mes *Opuſcules*, qui a paru en 1761, j'avois donné (page 94) les formules néceſſaires pour déterminer les Axes naturels de rotation d'un corps de figure quelconque, c'eſt-à-dire, les Axes autour deſquels il peut tourner en conſervant un mouvement uniforme. Le premier Mémoire de ce Volume-ci, composé en grande partie dès l'année 1762, est destiné à faire voir en détail comment on déduit de ces formules, par un calcul très-facile, la position des axes; d'où il est aisé de voir que ma solution de ce problême est absolument indépendante de celles qui l'ont précédée, puisqu'elle n'est qu'un développement très-simple de formules publiées il y a plus de six ans. On trouvera d'ailleurs dans ce premier Mémoire plusieurs remarques relatives aux Axes de rotation, & qui, si je ne me trompe, n'avoient point encore été faites. Je croyois au reste, quand le Mémoire a été composé, & même imprimé, que M. Euler le fils avoit donné la premiere solution sur les Axes dont il s'agit; mais j'ai vu depuis peu, par la Préface (*a*) de l'Ouvrage de M. Euler le pere, qui a pour titre: *Theoria motûs corporum*, *&c.* imprimé à Rostoch en 1765, que la premiere solution de ce problême est dûe à M. le Professeur Segner. Quoi qu'il en soit, on convient dans la Préface de ce savant Traité, que dans mes *Recherches sur la Précession des Equinoxes*, imprimées en 1749, on trouve tous les principes nécessaires pour déterminer en géné-

(*a*) Cette Préface est de M. le Professeur Karsten, Editeur de l'Ouvrage.

ral les loix du mouvement d'un corps de figure quelconque ; & je crois qu'en conséquence de cet aveu, on auroit pu me rendre sur ce dernier problême, la même justice qu'on veut bien me rendre dans cette Préface sur le problême de la Précession des Equinoxes, dont on avoue que je ne partage la solution avec personne.

Il en est de même, pour le dire en passant, de mon Principe de Dynamique, donné à l'Académie dès 1742 ; Principe dont un grand nombre de Mathématiciens ont depuis fait tant d'usage, & que d'autres ont tâché, mais en vain, de s'approprier en le défigurant. On peut voir sur ce sujet un écrit imprimé dans le Mercure de Juin 1765, & dans le Journal Encyclopédique du premier Mai de la même année, & qui est demeuré sans replique.

Dans le second Mémoire de ce Volume, Mémoire qui est de la même date que le premier, je fais voir comment on peut parvenir, par le moyen des formules du Tome premier des *Opuscules*, à déterminer les loix générales de la rotation d'un corps animé par des forces quelconques. J'en déduis aisément les loix que ces forces doivent avoir, & la figure dont le corps doit être, pour que les équations soient intégrables ; & je donne entr'autres une méthode facile pour trouver le mouvement d'un corps de figure quelconque, qui n'eſt animé par aucune force accélératrice ; problême que le célébre M. Euler n'a réſolu que par une analyſe très-compliquée. Ma méthode eſt fondée ſur une idée très-ſimple, dont j'ai fait part à quelques habiles Mathématiciens, entr'autres à M. Bezout, qui a de ſon côté, publié depuis peu pluſieurs Recherches ſur la Rotation des corps, dans le quatriéme volume de ſon *Cours de Mathématique*, Ouvrage recommandable par le ſavoir & la clarté qui y régnent.

Le troiſiéme Mémoire contient des extraits de lettres ſur différens ſujets ; lettres dont les matériaux étoient depuis long-temps dans mes papiers. On verra dans ces lettres quelques paradoxes géométriques dignes de l'attention des Mathématiciens ; des doutes, que je crois aſſez bien fondés, ſur la démonſtration donnée par M. Newton, de l'impoſſibilité de la quadrature indéfinie du cercle ; & ſur-tout de nouvelles réflexions ſur la théorie des probabilités, tendantes à confirmer celles que j'ai déja propoſées dans mon dixiéme Mémoire (Tome II des *Opuſcules*) & dans le cinquiéme Volume de

mes

mes *Mêlanges de Philoſophie*. Ces réflexions ſont ſuivies d'un examen des calculs de M Daniel Bernoulli relatifs à l'inoculation ; je fais voir dans les réſultats de ces calculs, des contradictions dont ce grand Géometre ſera peut-être étonné lui-même ; car dans la réponſe qu'il a eſſayé de faire à quelques-unes de mes premieres objections (Mém. de l'Acad. de 1760), il m'exhorte avec une grande ſupériorité *à me mettre au fait* des matieres que je traite ; peut-être mes nouvelles remarques lui prouveront-elles que j'ai profité de ſes avis. Je ne ſuis point ſurpris que ceux qui ont eſſayé de calculer les avantages de l'inoculation, peu exercés à l'analyſe, ſe ſoient mépris ſur le véritable point de vûe de la queſtion ; mais je le ſuis, qu'un homme tel que M. Daniel Bernoulli, ſoit tombé dans la même mépriſe, & encore plus qu'il y perſiſte.

Le quatriéme Mémoire eſt un ſupplément au troiſiéme Volume des *Opuſcules*, qui avoit pour objet la conſtruction des Lunettes Achromatiques. Ce Mémoire eſt l'extrait de mes nouvelles Recherches ſur ce ſujet, imprimées dans les Mémoires de l'Académie de 1764 & 1765. On y trouvera les dimenſions de quelques excellens objectifs, & pluſieurs autres remarques curieuſes pour la perfection de cette branche importante de l'Optique.

Dans le cinquiéme Mémoire & ſes ſupplémens, composés en partie dès 1762, en partie depuis, on trouvera de nouvelles réflexions ſur la théorie des cordes vibrantes; j'ai tâché d'y prouver contre de très-grands Géometres, que la ſolution que j'ai donnée de ce problême, ne s'étend qu'aux cas que j'ai indiqués, mais qu'elle s'étend abſolument à tous ces cas. Il me ſemble que M. Euler l'a trop étendue, & que M. Bernoulli l'a trop reſtreinte. L'illuſtre M. de la Grange, qui a traité ce problême par une très-ſavante analyſe, & qui penſoit d'abord comme M. Euler, paroît enſuite être revenu au ſentiment de M. Bernoulli; je déſirerois fort que ce profond Mathématicien, qui ne m'a jamais combattu qu'avec les plus grands égards, & qui joint à des talens ſupérieurs une modeſtie égale à ſon mérite, pût approuver les raiſons nouvelles qui m'ont déterminé à perſiſter dans mon premier avis.

Le ſixiéme Mémoire renferme pluſieurs recherches intéreſſantes de calcul intégral; entr'autres la maniere de trouver l'intégrale de certaines fonctions par des conditions données de leurs différentielles ; le moyen de trouver dans les cas poſſibles, le facteur qui doit multiplier une équation différentielle pour la rendre intégrable ; & la démonſtration qu'il exiſte toujours un tel facteur, démonſtration que perſonne, ce me ſemble, n'avoit encore donnée ; enfin la généraliſation de pluſieurs problêmes réſolus par M. Euler dans les Mémoires de Peterſbourg ; l'intégration de quelques équations différentielles du ſecond ordre & des ordres plus élevés ; & la réduction de quelques différentielles aux arcs de ſections coniques.

Le ſeptiéme Mémoire eſt encore deſtiné à de nouvelles réflexions ſur le calcul des probabilités, occaſionnées par les lettres que quelques ſavans Mathématiciens m'ont écrites ſur ce ſujet. J'oſe me flatter que les Géometres ne trouveront pas ces nouvelles idées indignes de leur attention. Elles ſont ſuivies d'un nouvel examen des calculs de M. Bernoulli ſur l'inoculation ; examen qui contient, ce me ſemble, des recherches analytiques aſſez intéreſſantes.

Dans le huitiéme Mémoire, qui renferme pluſieurs écrits ſur différens ſujets, on pourra remarquer principalement une démonſtration analytique ſinguliere du principe de la force d'inertie, & un examen de la méthode dont quelques Aſtronomes ſe ſont ſervis pour trouver la hauteur méridienne & le moment des ſolſtices.

Enfin le dernier Mémoire a pour objet des réflexions importantes ſur le problême des trois corps, principalement ſur la théorie de la Lune, & ſur les dégrés de perfection qui manquent à cette théorie. J'ai tâché d'y indiquer ce qui reſte encore à faire ſur ce ſujet, de propoſer différentes vues pour y parvenir, & de faire appercevoir les mépriſes où il me ſemble que d'habiles Géometres ſont tombés en réſolvant ce problême. Ces différens objets, que je ne fais ici qu'effleurer, ſeront traités plus à fond dans le cinquiéme volume, qui ſuivra de près celui-ci.

TABLE
DES TITRES

Contenus dans ce quatriéme Volume.

VINGT-UNIÉME MÉMOIRE.

VINGT-DEUXIÉME MÉMOIRE.

Du mouvement d'un Corps de figure quelconque.

VINGT-TROISIÉME MÉMOIRE.

Extrait de plusieurs Lettres de l'Auteur sur différens sujets, écrites dans le courant de l'année 1767.

VINGT-QUATRIÉME MÉMOIRE.

Nouvelles Recherches sur les Verres Optiques.

VINGT-CINQUIÉME MÉMOIRE.

VINGT-SIXIÉME MÉMOIRE.

VINGT-SEPTIÉME MÉMOIRE.

Extraits de Lettres ſur le Calcul des probabilités, & ſur les Calculs relatifs à l'Inoculation.

VINGT-HUITIÉME MÉMOIRE

Contenant quelques Écrits sur différens sujets.

VINGT-NEUVIÉME MÉMOIRE.

Fin de la Table.

OPUSCULES MATHÉMATIQUES.

VINGT-UNIÉME MÉMOIRE.

Recherches ſur les Axes de Rotation d'un corps de figure quelconque, qui n'eſt animé par aucune force accélératrice.

J'AI donné, dans mes *Opuſcules Mathématiques*, Tome premier, ſecond Mémoire, les équations néceſſaires pour trouver ces Axes. Cette même queſtion ayant été traitée depuis par d'habiles Géometres, à qui elle a fourni des vérités curieuſes, j'ai cru qu'on ne ſeroit pas fâché de voir ici plus en détail ce qui réſulte de mes formules. Aux vérités découvertes par les Mathématiciens que je viens de déſigner, j'en joindrai d'autres que je crois nouvelles, & dignes de l'attention des Savans.

1. Soit comme dans la Fig. 15 Tome 1 de mes Opuscules, C (*Fig.* 1.) le centre de gravité du corps, que je suppose de figure quelconque; Cp une ligne tirée dans l'intérieur du corps, & que je suppose l'axe de rotation; ZCE le plan de projection auquel on rapporte le mouvement du corps; CE' la perpendiculaire à ce plan; C' un point quelconque pris dans l'axe; pe une perpendiculaire au plan de projection, ensorte que les lignes ECe, $E'C$, Cp, pe soient toutes dans un même plan perpendiculaire à ce plan de projection; $KC'H$ un plan perpendiculaire à l'axe Cp, ensorte que KC' soit dans le plan $ECE'Cpe$; G un point ou particule quelconque du corps; l'angle $KC'G = \xi$; $GC' = f$; $Cp = a$; $C'p = b$; & par conséquent $CC' = a - b$; soient de plus, comme dans la Fig. 16 du même Ouvrage, ACB, CD, (Fig. 2.) deux lignes à angles droits, tirées à volonté dans le plan de projection ECZ, ensorte que l'angle $zCB = e$. Nous avons fait voir dans le Mémoire cité, (*Opusc.* Tom. 1, pag. 94.) qu'afin qu'un corps eût un axe fixe de rotation, il falloit, 1°. que cet axe passât par le centre de gravité: 2°. qu'on eût de plus $\int f G$ sin. $\xi (a - b) = o$; & $\int f G$ cos. $\xi (a - b) = o$.

2. Pour déterminer par ces conditions la position de l'axe, on se rappellera, que suivant les mêmes recherches, si on appelle K l'angle que l'axe cherché fait avec le plan de projection, on aura:

$$\pi = (a - b) \text{ sin. } K + f \text{ cos. } \xi \text{ cos. } K$$

$u = [(a-b) \text{ cos. } K - f \text{ cos. } \xi \text{ sin. } K] \times \text{cos. } e + f \text{ sin. } \xi \text{ sin. } e$

$z = f \text{ sin. } \xi \text{ cos. } e - [(a-b) \text{ cos. } K - f \text{ cos. } \xi \text{ sin. } K] \text{ sin. } e.$

3. D'où l'on tire

$$a-b = -\frac{f \text{ cos. } \xi \text{ cos. } K}{\text{sin. } K} + \frac{\pi}{\text{sin. } K};$$

$$z = f \text{ sin. } \xi \text{ cos. } e + f \frac{\text{cos. } \xi \text{ sin. } e}{\text{sin. } K} - \frac{\pi \text{ cos. } K \text{ sin. } e}{\text{sin. } K};$$

$$u = f \text{ sin. } \xi \text{ sin. } e - f \frac{\text{cos. } \xi \text{ cos. } e}{\text{cos. } K} + \frac{\pi \text{ cos. } K \text{ cos. } e}{\text{sin. } K};$$

4. Par conséquent,

$f \text{ cos. } \xi = (z \text{ sin. } e - u \text{ cos. } e) \text{ sin. } K + \pi \text{ cos. } K;$

$f \text{ sin. } \xi = z \text{ cos. } e + u \text{ sin. } e.$

$a-b = (-z \text{ sin. } e + u \text{ cos. } e) \text{ cos. } K + \pi \text{ sin. } K.$

5. Donc substituant ces valeurs dans les équations de l'art. 1, $\int fG \text{ sin. } \xi (a-b) = o$ & $\int fG \text{ cos. } \xi (a-b) = o$, on aura

1°. $[\text{sin. } e \text{ cos. } e \int G.\overline{uu - zz} + (\text{cos. } e^2 - \text{sin. } e^2) \int Guz] \text{ cos. } K + \text{sin. } e \text{ sin. } K \int G\pi u + \text{cos. } e \text{ sin. } K \int G\pi z = o.$

Donc si le coefficient de cos. K est supposé dans cette équation $= A$, & celui de sin. $K = B$, on aura

$$\frac{\text{sin. } K}{\text{cos. } K} = -\frac{A}{B};$$

2°. $\text{sin. } K \text{ cos. } K [-\text{sin. } e^2 \int Gzz + 2 \text{ sin. } e \text{ cos. } e \int Guz - \text{cos. } e^2 \int Gu^2] + \text{sin. } e (\text{sin. } K^2 - \text{cos. } K^2) \int G\pi z + \text{cos. } e (\text{cos. } K^2 - \text{sin. } K^2) \int G\pi u + \text{sin. } K \text{ cos. } K \int G\pi\pi = o.$

6. Ayant multiplié la premiere de ces équations par cos. e sin. K, & la seconde par sin. e, & les ayant ajoutées ensemble, il vient après les réductions $-\sin. e \sin. K \cos. K \int G z z + \cos. e \sin. K \cos. K \int G u z + \sin. e \cos. e \cos. K^2 \int G \pi u + \sin. K^2 \int G \pi z - \sin. e^2 \cos. K^2 \int G \pi z + \sin. e \cos. K \sin. K \int G \pi \pi = 0$.

7. Divisant par cos. K^2, mettant pour $\frac{\sin. K}{\cos. K}$ sa valeur $-\frac{A}{B}$, & supposant

$$\int G u u = \alpha$$
$$\int G z z = \beta$$
$$\int G \pi \pi = \delta$$
$$\int G u z = \mu$$
$$\int G \pi u = \gamma$$
$$\int G \pi z = \omega$$

on aura

$\beta \sin. e (AB) - \mu \cos. e. AB - \delta \sin. e. AB + \gamma \sin. e \cos. e. B^2 - \omega \sin. e^2 B^2 + \omega A^2 = 0$.

8. Donc puisque $A = (\alpha - \beta) \sin. e \cos. e + \mu (\cos. e^2 - \sin. e^2)$ & $B = \gamma \sin. e + \omega \cos. e$, on aura

$AB = \gamma (\alpha - \beta) \sin. e^2 \cos. e + \mu \gamma \sin. e \cos. e^2 - \mu \gamma \sin. e^3 + \omega (\alpha - \beta) \sin. e \cos. e^2 + \omega \mu \cos. e^3 - \omega \mu \sin. e^2 \cos. e$.

$BB = \gamma^2 \sin. e^2 + 2 \gamma \omega \sin. e \cos. e + \omega^2 \cos. e^2$.

$AA = (\alpha - \beta)^2 \sin. e^2 \cos. e^2 + 2 \mu (\alpha - \beta) \sin. e \cos. e^3 - 2 \mu (\alpha - \beta) \sin. e^3 \cos. e + \mu \mu \cos. e^4 - 2 \mu \mu \cos. e^2 \sin. e^2 + \mu \mu \sin. e^4$.

9. Soit donc $C = \gamma \beta (\alpha - \beta) + \beta \omega \mu + \mu \mu \gamma - \delta \gamma$

$(\alpha - \beta) + \delta\omega\mu + \gamma^3 - 2\gamma\omega\omega - 2\mu\omega\alpha.$

$D = 2\beta\mu\gamma + \beta\omega(\alpha - \beta) - \mu\gamma(\alpha - \beta) + \omega\mu\mu - \delta\mu\gamma - \delta\omega(\alpha - \beta) + 2\gamma\gamma\omega - \omega^3 + \omega(\alpha - \beta)^2 - 2\mu\mu\omega.$

$E = -\beta\mu\gamma + \delta\mu\gamma - \omega\gamma^2 + \mu\mu\omega.$

$F = -\mu\mu\gamma + \mu\omega\alpha - \delta\omega\mu + \gamma\omega^2,$

on aura une équation de cette forme ;

C ſin. e^3 coſ. $e + D$ ſin. e^2 coſ. $e^2 + E$ ſin. $e^4 + F$ ſin. e coſ. $e^3 = 0$.

Cette équation, en diviſant par ſin. e coſ. e^3, & mettant pour $\frac{\text{ſin. } e}{\text{coſ. } e}$ ſa valeur tang. e, ſe réduit à

E tang. $e^3 + C$ tang. $e^2 + D$ tang. $e + F = 0$.

10. Or comme cette équation eſt du troiſiéme dégré, tang. e aura au moins une racine réelle ; donc e aura auſſi une valeur réelle, & par conſéquent auſſi tang. K ou $-\frac{A}{B}$. Donc il y aura au moins un axe poſſible de rotation.

11. Il eſt à remarquer que e n'eſt pas l'angle que fait la ligne AB qu'on a priſe pour fixe, avec la projection Ce de l'axe de rotation du corps ; mais ſeulement le complément de cet angle, ce qui revient au même pour la ſolution. Car on a nommé e l'angle zCB, que fait la ligne fixe AB avec Cz, & cet angle eſt le complément de l'angle BCE, que fait cette même ligne fixe avec la projection CE de l'axe de rotation.

12. Comme l'équation finale, avant que d'être diviſée par ſin. e coſ. e^3, contient ſin. e à tous ſes termes,

on pourroit d'abord penſer qu'en faiſant ſin. $e=o$, on aura une des valeurs de ſin. e; d'où il s'enſuivroit que tout plan paſſant par le centre de gravité du corps, renfermeroit au moins un axe de rotation, puiſque la ligne AB qu'on a ſuppoſée fixe dans le plan de projection, a été priſe à volonté ſur ce plan; & que ce plan eſt lui-même de poſition arbitraire.

13. Mais, en y regardant de plus près, on s'apperçoit que ſin. e ne peut être $=o$ que dans certains cas particuliers; en effet, pour pouvoir ſuppoſer en général ſin. $e=o$, il eſt néceſſaire non-ſeulement que cette ſuppoſition s'accorde avec l'équation finale, comme elle s'y accorde en effet, mais encore avec les deux équations primitives de l'art. 5, d'où cette équation finale eſt tirée; or dans ces deux équations primitives de l'article 5, faiſant ſin. $e=o$, & par conſéquent coſ. $e=1$, on aura

μ coſ. $K+\omega$ ſin. $K=o$.

& $-\alpha$ ſin. K coſ. $K+\gamma$ (coſ. K^2- ſin. K^2) $+\delta$ ſin. K coſ. $K=o$.

D'où l'on voit qu'il devroit y avoir dans le cas de ſin. $e=o$, une certaine équation entre $\mu, \omega, \alpha, \gamma, \delta$; ſavoir $(\delta-\alpha)\times-\frac{\mu}{\omega}+\gamma-\frac{\gamma\mu^2}{\omega^2}=o$, ou $-\mu\delta\omega+\mu\alpha\omega+\gamma\omega^2-\gamma\mu^2=o$; ce qui ne peut avoir lieu que dans des corps d'une certaine figure.

14. Pour plus de facilité dans le calcul, ſoit α' l'angle ACe que la ligne fixe AB fait avec la projection

Ce de l'axe de rotation; on aura tang. $e = \frac{1}{\text{tang. } \alpha'}$, & l'équation finale sera

$E + C$ tang. $\alpha' + D$ tang. $\alpha'^2 + F$ tang. $\alpha'^3 = o$.

15. Puisqu'il y a au moins (art. 10.) une des trois valeurs de tang. e qui est réelle, on peut supposer après l'avoir trouvée, que l'axe de rotation tombe sur la ligne même qu'on a prise pour fixe, & dont la position est arbitraire, ainsi que celle du plan de projection. On peut donc supposer, 1°. $\alpha' = o$, & par conséquent sin. $e = 1$, & cos. $e = o$; 2°. sin. $K = o$; donc à cause de cosin. $e = o$ & sin. $K = o$, on aura $\mu = o$ par la premiere des équations de l'art. 5; & par la même raison la seconde équation de l'art. 5 donnera $\omega = o$.

16. Donc puisque $\mu = o$ & $\omega = o$, on aura $E = o$, ce qui résulte d'ailleurs de ce que tang. $\alpha' = o$. Par la même raison on aura $D = o$, $F = o$, & $C = \gamma \beta (\alpha - \beta) - \delta \gamma (\alpha - \beta) + \gamma^3$.

17. La supposition de $E = o$, qu'on vient de voir être toujours possible, & même nécessairement résultante de $e = 90°$ & $K = o$, donne (en divisant l'équation $+ C$ tang. $\alpha' + D$ tang. $\alpha'^2 + F$ tang. $\alpha'^3 = o$ par tang. α') l'équation du second dégré F tang. $\alpha'^2 + D$ tang. $\alpha' + C = o$; ou tang. $\alpha' = \infty$; puisque D & F sont l'un & l'autre $= o$ dans le cas de $\omega = o$, & de $\mu = o$.

18. Il est de plus à remarquer que D & F étant $= o$, les deux valeurs de tang. α' qui résultent de l'équation

F tang. $\alpha'^2 + D$ tang. $\alpha' + C = o$, font chacune infinies, & qu'il n'y en a aucune autre possible.

19. D'où l'on voit que si l'un des axes est sur la ligne même AB qu'on a prise pour fixe, c'est-à-dire, si $\alpha' = o$, & $K = o$, les autres axes seront tous dans un plan perpendiculaire à cette ligne ou à cet axe; puisque la projection de tous ces axes donnera tang. $\alpha' = \infty$ ou $\alpha' = 90^\circ$.

20. Lorsque tang. $\alpha' = \infty$, on a cos. $\alpha' = o$; donc alors sin. $e = o$ & cos. $e = 1$; donc alors la premiere équation de l'art. 5, deviendra $+\mu$ cos. e^2 cos. $K + \omega$ cos. e sin. $K = o$; donc en mettant pour cosin. e sa valeur $= 1$, & pour μ & ω leurs valeurs $= o$, on aura $o = o$, ce qui ne fait rien connoître. Mais la seconde équation du même art. 5, donne $- \alpha$ sin. K cos. $K + \gamma$ (cos. K^2 $-$ sin. K^2) $+ \delta$ sin. K cos. $K = o$; ou tang. $K^2 + \frac{(\alpha - \delta) \text{ tang. } K}{\gamma} - 1 = o$.

21. D'où l'on voit, 1°. que tang. K a deux valeurs réelles, puisque le dernier terme -1 est négatif. 2°. Que le produit de ces deux valeurs est $=$ au dernier terme -1, & qu'ainsi si l'une de ces deux valeurs est ρ, l'autre sera $= -\frac{1}{\rho}$, c'est-à-dire, égale à la tangente du complément, & prise négativement. A l'égard de la quantité ρ elle sera $= \frac{\delta - \alpha}{2\gamma} \pm \sqrt{1 + \frac{(\delta - \alpha)^2}{4\gamma\gamma}}$; & $-\frac{1}{\rho}$ sera $= \frac{\delta - \alpha}{2\gamma} \mp \sqrt{1 + \frac{(\delta - \alpha)^2}{4\gamma\gamma}}$; car le produit de

ces

ces deux quantités est $= - 1$.

22. De toutes ces équations il s'ensuit, qu'on peut trouver de la maniere suivante tous les axes possibles de rotation d'un corps quelconque. Ayant fait passer par le centre de gravité de ce corps une ligne & un plan quelconque, on cherchera d'abord les valeurs de A, B, C, D, E, F, par rapport à ce plan & à cette ligne; après cela on résoudra l'équation de l'article 9, E tang. $e^3 + C$ tang. $e^2 + D$ tang. $e + F = o$; dont une des racines donnera une valeur de tang. e, & par conséquent la projection de l'axe cherché sur le plan donné.

23. Ensuite on cherchera la valeur de tang. $K = -\frac{A}{B}$; & cette valeur donnera la position même de l'axe.

24. Cela fait, on fera passer par cet axe un plan quelconque, & on menera dans l'intérieur du corps un plan perpendiculaire à cet axe.

25. Il est évident que les autres axes seront dans ce plan, puisque la projection de ces axes donne tang. $\alpha' = \infty$, & par conséquent cos. $\alpha' = o$, ou sin. $\alpha' = 1$.

26. Enfin puisque tang. K a deux valeurs, l'une $= \rho$, & l'autre $= -\frac{1}{\rho}$, résultantes de l'équation tang. $K^2 + \frac{(\alpha - \delta) \text{ tang. } K}{\gamma} - 1 = o$, cette valeur de tang. K donnera deux axes, l'un faisant avec le plan de projection un angle dont la tangente soit ρ, & l'autre

faisant avec le même plan un angle dont la tangente soit $-\frac{1}{\varrho}$; c'est-à-dire, que ces deux derniers axes feront entr'eux un angle droit.

27. Or comme chacun de ces deux axes fait déja avec le premier axe un angle droit, puisqu'ils se trouvent dans un plan perpendiculaire à ce premier axe ; il s'ensuit que tout corps a au moins trois axes de rotation possibles, qui, pris ensemble deux à deux, font toujours entr'eux un angle droit.

28. De-là il est évident que l'équation $E + C$ tang. $\alpha'^2 + D$ tang. $\alpha'^2 + F$ tang. $\alpha'^3 = o$, de l'art. 14, a ses trois racines réelles, & qu'ainsi on peut les trouver toutes les trois directement, ce qui se peut faire géométriquement & d'une maniere facile par la trisection de l'angle.

29. En effet, puisque l'équation $E + C$ tang. $\alpha' + D$ tang. $\alpha'^2 + F$ tang. $\alpha'^3 = o$ a ses trois racines réelles; il est clair, par la théorie des équations algébriques, qu'en faisant tang. $\alpha' + \frac{D}{3F} =$ tang. z, pour faire évanouir le second terme, elle aura cette forme : tang $z^3 - H$ tang. $z + L = o$; dans laquelle le coefficient H du terme $- H$ tang. z sera négatif, & dans laquelle on aura de plus $\frac{1}{27} H^3 > \frac{L^2}{4}$.

30. Or l'équation pour trouver le tiers x d'un angle donné a, (en prenant 1 pour sinus total) est sin. $x^3 - \frac{3}{4}$ sin. $x + \frac{\text{sin. } a}{4} = o$; équation qui donne $x = \frac{a}{3}$,

$x = \frac{a}{3} + 120^\circ$; $x = \frac{a}{3} + 240^\circ$.

31. Cela posé, pour comparer l'équation tang. $z^3 - H$ tang. $z + L = o$, à l'équation sin. $x^3 - \frac{3}{4}$ sin. $x + \frac{\text{sin. } a}{4} = o$, on mettra d'abord la premiere équation sous cette forme, $\frac{(\text{tang. } z)^3}{\varphi^3} - \frac{H}{\varphi^2} \times \frac{\text{tang. } z}{\varphi} + \frac{L}{\varphi^3} = o$; ($\varphi$ étant une indéterminée); ce qui donne $\frac{H}{\varphi^2} = \frac{3}{4}$; $\frac{L}{\varphi^3} = \frac{\text{sin. } a}{4}$; & par conséquent sin. $a = \frac{3L\sqrt{3}}{2H\sqrt{H}}$ & tang. $z = \varphi$ sin. $x = (\text{sin. } x) \times \frac{2\sqrt{H}}{\sqrt{3}}$.

32. Pour satisfaire à ces équations, il faut d'abord chercher un angle a dont le sinus soit $= \frac{3L\sqrt{3}}{2H\sqrt{H}}$, le sinus total étant 1, 000000; on cherchera ensuite les angles $\frac{a}{3}$, $\frac{a}{3} + 120$, $\frac{a}{3} + 240$, dont chacun est $=$ à x. On aura enfin tang. $z =$ sin. $x \left(\sqrt[2]{\frac{4H}{3}}\right)$.

Donc, 1°. log. tang. $z = \frac{1}{2}$ log. $\frac{4H}{3}$ + log. $\frac{\text{sin. } a}{3}$.

2°. log. tang. $z = \frac{1}{2}$ log. $\frac{4H}{3}$ + log. sin. $\left(\frac{a}{3} + 120\right)$.

3°. log. tang. $z = \frac{1}{2}$ log. $\frac{4H}{3}$ + log. sin. $\left(\frac{a}{3} + 240\right)$.

33. On aura donc trois valeurs de tang. z, desquelles (article 29) retranchant $\frac{D}{3F}$, on aura trois valeurs de

tang. α'; après quoi on aura tang. K par l'équation tang. $K = -\frac{A}{B}$.

34. Nous venons de voir que quelle que ſoit la figure du corps, il y a toujours *au moins* trois axes de rotation poſſibles. Nous diſons *au moins*, car il eſt évident qu'il peut y en avoir beaucoup davantage ; puiſque ſi le corps tournant eſt une ſphere, par exemple, toute ligne paſſant par le centre à volonté, eſt un axe de rotation.

35. De même, ſi le corps eſt un ſolide de révolution dont la courbe génératrice ſoit compoſée de deux parties égales & ſemblables, comme une demie ellipſe par exemple, il eſt viſible, qu'outre l'axe de révolution, il peut y avoir encore autant d'axes de rotation que l'équateur du ſphéroïde a de diametres, c'eſt-à-dire, une infinité.

36. Or c'eſt ce que donnent nos formules. Car dans la ſphere, par exemple, on a $\alpha = \beta = \delta$; & de plus $\mu = o$, $\gamma = o$, $\omega = o$. Donc alors les deux équations de l'article 5 ſe réduiſent chacune à $o = o$; ce fait voir qu'on peut prendre à volonté e & K.

37. Si le corps eſt un ſolide de révolution, tel qu'on l'a ſuppoſé dans l'article 35, alors prenant l'axe de révolution pour l'axe des z, c'eſt-à-dire, ſuppoſant dans le ſecond Mémoire des *Opuſcules Mathématiques*, que la ligne fixe AB, qui eſt l'axe des z, ſoit l'axe même de révolution, on aura $\mu = o$; $\gamma = o$; $\omega = o$; & $\int Guu$ ou $\alpha = \int G\pi\pi$ ou δ.

38. Donc alors les deux équations de l'article 5 deviennent

$\text{sin.}\, e\ \text{cos.}\, e\ (\alpha - \beta)\ \text{cos.}\, K = o.$

$\text{sin.}\, K\ \text{cos.}\, K\ [-\beta\ \text{sin.}\, e^2 - \alpha\ \text{cos.}\, e^2 + \delta] = o$; ou

$\text{sin.}\, K\ \text{cos.}\, K\ [(\alpha - \beta)\ \text{sin.}\, e^2] = o.$

39. D'où l'on tire l'une des trois conséquences suivantes;

1°. sin. $e = o$, & sin. $K =$ à tout ce qu'on voudra.

2°. cos. $e = o$, ou sin. $e = 1$; & en ce cas, par la seconde équation, cosin. K ou sin. $K = o$.

3°. sin. e égal à tout ce qu'on voudra, & en ce cas; par la premiere équation, cos. $K = o$.

40. Or comme e est le complément de l'angle que la ligne fixe AB (qui est ici l'axe de révolution du sphéroïde) fait avec la projection de l'axe de rotation, il est évident que si on fait comme ci-dessus, $\alpha' =$ à ce dernier angle, on aura

1°. cos. $\alpha' = o$, ou $\alpha' = 90$ dégrés; & sin. $K =$ à tout ce qu'on voudra.

2°. $\alpha' = o$, & $K =$ à zero; ou à 90 dégrés.

3°. $\alpha' =$ à tout ce qu'on voudra, & $K = 90$ dégrés.

41. Donc dans un solide de révolution tel qu'on l'a supposé article 35, toute ligne passant par le centre, & qui sera l'axe de révolution, ou qui se trouvera dans le plan de l'équateur, sera un axe de rotation possible. Car la premiere des trois conditions de l'article précédent, donne un diametre quelconque de l'équateur; la seconde donne l'axe de révolution ou un des diametres de l'équateur; & la troisiéme donne un diametre quelconque de l'équateur.

42. Quelle que soit la figure du corps, il est clair que si l'on a à-la-fois cos. $e = o$, ou sin. $e = 1$, & sin. $K = o$, l'axe de rotation sera la ligne même AB qui a été supposée fixe sur le plan de projection; or dans ce cas les équations de condition, données dans l'article 5, deviendront $\int G u z = o$, & $\int G \pi z = o$, ou $\mu = o$, & $\omega = o$. D'où il est aisé de conclure que si ces deux équations ont lieu, la ligne qu'on a prise pour fixe, sera l'axe même de rotation; ce qui s'accorde avec les articles 15 & 17.

43. Lorsque l'axe de rotation est sur le plan même de projection, & qu'il concide avec la ligne fixe, ensorte que e soit $= 90°$; il est très-aisé de voir que les équations $\mu = o$, $\omega = o$, ou $\int G u z = o$, $\int G \pi z = o$, ne sont autre chose que les équations $\int\int G$ sin. $\xi (a - b) = o$, $\int\int G$ cos. $\xi (a - b) = o$, qui sont nécessaires pour la rotation autour de l'axe supposé, & qui rendent nulle la somme des momens des forces centrifuges par rapport à l'axe des z. Ainsi tout s'accorde parfaitement dans nos résultats.

44. Si outre les équations $\mu = o$, $\omega = o$, on a de plus $\gamma = o$, une des valeurs de tang. K (art. 20) sera infinie, & l'autre nulle, c'est-à-dire que les deux autres axes seront, l'un dans le plan même de projection, & l'autre perpendiculaire à ce plan; & il est à remarquer que l'équation $\gamma = o$ ou $\int G \pi u = o$, jointe avec les deux autres équations μ ou $\int G u z = o$, ω ou $\int G \pi z = o$, rend en effet nulle la somme des momens des forces centrifuges par rapport à chacun de ces trois axes.

45. Si on a, non-seulement $\gamma = o$, mais encore $\alpha - \delta = o$, tous les termes s'évanouiront dans l'équation qui donne la valeur de tang. K, & par conséquent K pourra être tel qu'on voudra.

46. Dans le cas où l'on a tout-à-la-fois $\mu = o$, $\omega = o$, $\gamma = o$ il est aisé de voir que les quantités C, D, E, F, de l'article 9, seront chacune égales à zero; donc alors la valeur de α' sera indéterminée & telle qu'on voudra; mais les deux valeurs de tang. K seront o & ∞, à moins que $\alpha - \delta$ ne soit encore $= o$, auquel cas, comme on vient de le dire, la valeur de K sera telle qu'on voudra.

47. Dans ce dernier cas de $\alpha - \delta = o$, & de $\mu = o$, $\omega = o$, $\gamma = o$, il est visible, puisque K & α' peuvent être telles qu'on voudra, que toute ligne passant par le centre de gravité du corps, sera un axe de rotation possible; dans le cas $\mu = o$, $\omega = o$, $\gamma = o$, mais non $\alpha - \delta = o$, un des axes de rotation sera perpendiculaire au plan de projection, & tous les autres seront dans ce plan même, & de telle position qu'on voudra.

48. Puisqu'il y a toujours trois axes de rotation possibles, tous trois perpendiculaires entr'eux, on peut toujours supposer le plan de projection tellement placé, que deux de ces axes soient dans le plan de projection, & le troisiéme perpendiculaire au plan de projection, ce qui donnera à-la-fois $\mu = o$, $\omega = o$, & $\gamma = o$; il semble donc qu'en ce cas, (article 46) la valeur de α' soit toujours telle qu'on voudra; & comme K (article 46) semble alors avoir deux valeurs, l'une $= o$, l'autre $= 90°$,

il paroît s'ensuivre qu'en ce cas toutes les lignes tirées dans le plan de projection, seroient des axes de rotation possibles; d'où il s'ensuivroit que toutes les lignes tirées par le centre de gravité dans celui qu'on voudra des plans qui passent par deux des axes de rotation, seroient elles-mêmes des axes de rotation, & qu'ainsi tout corps de figure quelconque auroit une infinité d'axes de rotation placés dans chacun de ces plans, ce qui n'est pas vrai.

49. Pour résoudre cette difficulté, il faut avoir recours à la premiere formule de l'article 5 : on y verra que sin. e étant supposé quelconque, & μ, γ, ω étant égaux à zero, cette formule ne peut avoir lieu, à moins que $\int G(uu - zz)$ ne soit $=o$, ou cos. $K=o$, c'est-à-dire, à moins que l'on n'ait $\int G(\alpha - \zeta) = o$, ou $K = 90°$.

50. En général il est clair par l'inspection des deux équations de l'article 5, que dans la supposition toujours permise de $\mu=o$, $\omega=o$, $\gamma=o$, e & K ne sauroient être tout ce qu'on voudra, à moins que l'on n'ait $\int G(uu-zz)=o$, & $\int G\pi\pi -$ sin. $e^2 \int Gzz -$ cos. $e^2 \int Guu = o$; c'est-à-dire, (à cause de $\int Guu = \int Gzz$) $\int G\pi\pi = \int Guu = \int Gzz$.

51. Dans le cas de $\mu=o$ & $\gamma=o$; $\frac{\text{sin. } K}{\text{cos. } K}$ qui est $= \frac{\mu}{\gamma}$, devient $= \frac{o}{o}$; ce qui pourroit faire croire que K est alors tout ce qu'on voudra; mais il faut de plus que

que la valeur de $\frac{\text{fin.} K}{\text{cof.} K}$ fatisfaffe à la feconde équation de l'article 5, qui eft la même ici que la feconde de l'article 20; or cela pofé, $\gamma = o$ ne donne K indéterminé, que lorfqu'on a de plus $\alpha - \delta = o$.

52. C'eft ce qu'on peut encore prouver d'une autre maniere que voici; $\gamma = o$ donne $\int G\pi u = o$; c'eft-à-dire, que fi on imagine un plan perpendiculaire au plan de projection, la fomme des produits des particules par les produits des coordonnées rectangles tirées de chaque particule, (l'une dans ce même plan, parallélement au plan de projection, l'autre perpendiculairement au plan de projection) fera égale à zero. Or qu'on imagine dans ce même plan perpendiculaire au plan de projection, d'autres coordonnées rectangles π', u', partant de la même origine, c'eft-à-dire de AB, & telles que π' faffe avec π un angle quelconque ζ, on trouvera aifément que $\int G\pi' u' = \int G\pi u\,(\text{cof.}\ \zeta^2 - \text{fin.}\ \zeta^2) + \int G\,(uu - \pi\pi)\ \text{fin.}\ \zeta\ \text{cof.}\ \zeta$, ou $\gamma\,(\text{cof.}\ \zeta^2 - \text{fin.}\ \zeta^2) + (\alpha - \delta)\ \text{fin.}\ \zeta\ \text{cof.}\ \zeta$; fi donc $\gamma = o$ & $\alpha - \delta = o$, on aura $\int G\pi u = o$ quelque pofition qu'on fuppofe au plan de projection, la ligne fixe AB étant toujours d'ailleurs fuppofée dans ce plan. Mais fi γ étant $= o$, on n'avoit pas $\alpha - \delta = o$, alors l'équation $\frac{\text{fin.} K}{\text{cof.} K} = \frac{\mu}{\gamma} = \frac{o}{o}$, n'indiqueroit pas une valeur indéterminée de K; car en changeant la pofition du plan de projection, on n'auroit plus $\int G\pi u = o$, puifque $\int G\pi u$ deviendroit $\int G\pi' u' =$

$(\alpha-\delta)$ ſin. ζ coſ. ζ; or cette quantité ne feroit $=o$; que quand ſin. ζ feroit $=o$, ou coſ. $\zeta=o$, c'eſt-à-dire, quand le plan de projection ne changeroit pas de poſition, ou qu'il en prendroit une faiſant un angle droit avec la premiere; ce qui ne donnera jamais d'autres axes de rotation, outre la ligne fixe, que les deux autres axes perpendiculaires entr'eux, & à cette ligne fixe.

53. Pour mettre donc en peu de mots ſous les yeux du Lecteur toute la théorie des axes de rotation, ſuppoſons à-la-fois $\mu=o$, $\omega=o$, $\gamma=o$, ce qui eſt toujours permis, (article 48); les deux équations de l'article 5 deviendront alors

ſin. e coſ. $e\int G(uu-zz)$ coſ. $K=o$.

ſin. K coſ. $K[\int G\pi\pi-$ ſin. $e^2\int Gzz-$ coſ. $e^2\int Guu]$ $=o$. Cela poſé

54. 1°. Si $\int Guu=\int Gzz=\int G\pi\pi$; e & K peuvent être tout ce qu'on voudra, & par conſéquent toute ligne paſſant par le centre de gravité ſera un axe poſſible de rotation.

2°. Si on a ſeulement $\int Guu=\int Gzz$, mais non $=\int G\pi\pi$, e peut être tout ce qu'on voudra, pourvû que ſin. K ou coſ. K ſoient $=o$; c'eſt-à-dire, $K=o$ ou 90°. Dans ce cas toute ligne paſſant par le plan de projection & par le centre de gravité ſera un axe de rotation, & il y aura de plus un axe de rotation perpendiculaire à ce plan.

3°. Si on n'a pas $\int Guu=\int Gz^2$, mais $\int G\pi\pi=\int Gzz$, en ce cas faiſant coſ. $e = o$ ou $e = 90°$, K pourra être tout ce qu'on voudra, ce qui donnera une infinité d'axes de rotation, dans le plan qui paſſe par le centre de gravité perpendiculairement à la ligne fixe AB.

4°. Dans la même hypothèſe, ſi on fait ſin. $e = o$, il faudra que ſin. K ou coſ. $K = o$; ce qui donneroit deux axes; dont l'un ſeroit la ligne fixe CD perpendiculaire à la ligne fixe AB, & l'autre ſeroit perpendiculaire au plan de projection, & ſe trouve déja parmi ceux du n°. précédent.

5°. Si l'on n'a pas $\int Guu = \int Gzz$, mais $\int G\pi\pi = \int Guu$, en ce cas faiſant ſin. $e = o$, ou $e = o$, K pourra être tout ce qu'on voudra : ce qui donnera une infinité d'axes de rotation dans le plan qui paſſe par la ligne CD, & qui eſt perpendiculaire au plan de projection.

6°. Dans la même hypothèſe ſi on fait coſ. $e = o$, il faudra que ſin. K ou coſ. K ſoient $= o$, ce qui donnera encore deux axes, dont l'un eſt la ligne fixe AB & dont l'autre eſt perpendiculaire au plan de projection & ſe trouve déja parmi ceux du n°. précédent.

7°. Si l'on n'a ni $\int Guu = \int Gzz$ ni $\int G\pi\pi = \int Gzz$ ni $\int G\pi\pi = \int Guu$, alors il faut néceſſairement, 1°. que ſin. K ou coſ. K ſoient $= o$; comme il réſulte de la ſeconde équation de l'article 53. 2°. Si coſ. $K = o$, e peut être tout ce qu'on voudra, comme il réſulte de la premiere équation. 3°. Mais ſi ſin. $K = o$, il faut alors que ſin. $e = o$ ou coſ. $e = o$; d'où il eſt aiſé de voir qu'il n'y a dans le cas préſent que trois axes de rotation possibles, savoir les lignes fixes *AB*, *CD*, & une troisiéme ligne perpendiculaire au plan de ces deux-là.

55. On voit donc par toutes ces combinaisons qu'un corps peut toujours avoir trois axes de rotation possibles; ou qu'il en aura une infinité pris à volonté, ensorte que chaque ligne passant par le centre de gravité sera un axe de rotation possible; ou qu'il en aura une infinité dans un seul plan, & de plus un axe de rotation perpendiculaire à ce même plan; mais *qu'il ne pourra jamais en avoir plus de trois, s'il n'en a qu'un nombre fini, & qu'il ne pourra non plus en avoir jamais une infinité dans deux ou trois ou plusieurs plans différens, en nombre fini.*

56. Nous avons remarqué ci-dessus, (articles 34 & 35.) que si le corps est sphérique, toute ligne passant par son centre de gravité, est un axe possible de rotation. Nous avons vu de plus (article 54, n°. 1.) que toute ligne passant par le centre de gravité du corps, est aussi un axe de rotation, si on a à-la-fois $\int G\pi z=o$, $\int G\pi u=o$, $\int Guz=o$, $\int Guu=\int Gzz=\int G\pi\pi$; il s'agit de trouver les solides qui ont cette propriété.

57. Pour cela, faisons d'abord passer par un des axes de rotation (que je suppose *CD* & coincident, si l'on veut, avec *Ce*) une infinité de plans que nous appellerons *méridiens*, & soit prise sur l'axe une partie quelconque $=r$, à compter depuis le centre; soit *A* l'angle que l'axe fait avec une autre ligne quelconque ρ, de position variable, tirée à volonté dans le plan d'un de

ces méridiens, & paſſant par le centre; & ſoit B l'angle que fait ce méridien avec un méridien fixe, que je ſuppoſerai perpendiculaire au plan de projection; il eſt viſible qu'on pourra ſuppoſer $\rho = r[1 + \varphi(A,B)]$ $\varphi(A, B)$ étant une fonction de A & de B, telle qu'elle ſoit nulle, quand A & B ſont égaux à zero ou à un multiple quelconque de 360 dégrés.

58. Cela poſé, puiſque $gN = u$, & CN ou $gO = z$, on aura, comme il eſt très-aiſé de le voir,

$$G = \int \rho\, dA\, d\rho \times \rho \text{ ſin. } A . dB;$$

$$u = \rho \text{ coſ. } A.$$

$$z = \rho \text{ ſin. } A \text{ ſin. } B.$$

$$\pi = \rho \text{ ſin. } A \text{ coſ. } B.$$

Donc puiſque $\int G \pi u = o$, $\int G u z = o$, $\int G \pi z = o$, on aura

$$\int \rho^4 d\rho\, dB\, dA \text{ coſ. } B \text{ ſin. } A^2 \text{ coſ. } A = o$$

$$\int \rho^4 d\rho\, dB\, dA \text{ ſin. } B \text{ ſin. } A^2 \text{ coſ. } A = o$$

$$\int \rho^4 d\rho\, dB\, dA \text{ ſin. } B \text{ coſ. } B \text{ ſin. } A^3 = o$$

59. Il faudra donc de plus qu'on ait $\int G \pi \pi$ ou $\int \rho^4 d\rho\, dB\, dA$ coſ. B^2 ſin. $A^3 = \int G u^2$ ou $\int \rho^4 d\rho\, dB\, dA$ ſin. A coſ. A^2; & $= \int G z z = \int \rho^4 d\rho\, dB\, dA$ ſin. A^3 ſin. B^2.

60. On prendra les intégrales dans ces équations, d'abord en ne faiſant varier que A, enſuite en ne faiſant varier que B. Mais il y a de plus une attention à avoir ſur les valeurs qu'on doit donner à A & à B pour rendre les intégrales complettes; en voici la raiſon.

61. L'élément d'une ſphere eſt $rrdrdA$ ſin. $A.dB$; ſi on intégre en faiſant d'abord dB conſtant, & prenant $A = 180°$, on aura $\frac{2r^3 dB}{3}$, & la ſolidité totale de la ſphere, en faiſant $B = 360°$, ſera $\frac{2r^3.360}{3}$; ce qui s'accorde avec ce qui eſt connu. Mais ſi on intégroit en faiſant $A = 360$, pour multiplier enſuite par B non plus égal à 360, mais à 180, on auroit $\int rrdrdA$ ſin. $A = o$, & la ſolidité de la ſphere $= o$, ce qui donneroit un faux réſultat.

62. Ainſi, pour avoir les intégrales précédentes des articles 58 & 59, d'abord en faiſant varier A, puis en faiſant varier B, il faut, 1°. qu'elles ſoient $= o$ lorſque $A = o$; 2°. qu'elles ſoient ſuppoſées complettes lorſque $A = 180$; 3°. qu'elles ſoient nulles quand $B = o$; 4°. qu'elles ſoient ſuppoſées complettes quand $B = 360$; car ſi on faiſoit pour avoir les intégrales complettes $A = 360$, & $B = 180$, on courroit riſque, comme on vient de le voir, de tomber dans un faux réſultat.

63. Cette eſpéce de contradiction dans les réſultats du calcul vient de ce que dans le calcul ſuppoſé de $\int dA$ ſin. A, depuis $A = o$ juſqu'à $A = 360°$, on regarde ſin. A comme devenant négatif lorſque A eſt $> 180°$; quoiqu'en effet dA ſin. A doive toujours être pris poſitivement, puiſque dA ſin. $A \times dB$, repréſente l'élément de la ſurface de la ſphere. Voilà pourquoi il faut faire dans la premiere intégrale $A = 180°$ & non

$A = 360°$ pour la rendre complette, afin que sin. A ne soit jamais négatif; ensuite dans la seconde intégrale qui se prend en faisant varier B, on supposera $B = 360°$ pour avoir l'intégrale totale.

64. Ce n'est pas ici le seul cas où des quantités qui peuvent devenir négatives, produiroient de faux résultats dans certaines intégrales, si on n'y faisoit attention. Supposons, par exemple, une courbe dont l'équa- soit $y = \int dx\sqrt{2x - xx}$; si on prenoit l'aire $\int dx\sqrt{2x - xx}$ de la maniere que cette expression semble représenter, elle seroit $= o$, puisqu'à chaque x ou dx il répond deux ordonnées $\sqrt{2x - xx}$ de signe contraire. Cependant il est bien certain que $\int dx\sqrt{2x - xx}$ représente le demi-segment qui répond à x, & que ce demi-segment $= \frac{\int dx}{2\sqrt{2x - xx}} - \left(\frac{1 - x}{2}\right)\sqrt{2x - xx}$, & qu'ainsi l'intégrale totale est $=$ à l'aire du cercle; voici pourquoi; d'abord $\int dx\sqrt{2x - xx}$ représente l'aire du demi-cercle tant que x n'est pas plus grande que 2, & que $\sqrt{2x - xx}$ est positive; ensuite faisant $z = 2 - x$ & prenant l'origine des z à l'autre, l'extrémité du même diametre, nous aurons pour l'autre moitié $\int dz \times -\sqrt{2z - zz} = \int - dx \times - \sqrt{2x - xx} = \int dx \sqrt{(2x - xx)}$. Ainsi $\int dx\sqrt{2x - xx}$ représente bien exactement & bien véritablement l'aire de l'autre moitié du cercle, par la raison que dans la premiere moitié dx & $\sqrt{2x - xx}$ sont positifs l'un & l'autre, & que

dans la seconde moitié ils sont l'un & l'autre négatifs. Après cette courte digression, revenons à la question proposée.

65. Il ne suffit pas que $\varphi(A, B)$ soit tel que $A = 360°$ & $B = 360°$ rende $\varphi A = o$, il faut encore qu'en faisant $B' = 180 + B$, $\varphi(A, B')$ soit la même que $\varphi(A, B)$. Car en faisant $B =$ à un angle quelconque, on trouve l'équation d'une coupe entiere du solide faite par l'axe, qui doit rester la même en augmentant l'angle B de 180 dégrés.

66. Il faut de plus qu'en faisant B quelconque & $A = 180°$, ou $360°$, $\varphi(A, B)$ ait toujours la même valeur, puisque l'axe est commun à toutes les coupes, & que les extrémités de cet axe répondent à $A = o$ & $A = 180°$.

67. Ces conditions supposées, on aura $\rho^4 d\rho = r^4 dr [1 + \varphi(A, B)]^5$; la différentielle étant prise en ne faisant varier que r. On substituera cette valeur dans les cinq équations de condition des *articles* 58 & 59, qu'on intégrera (article 62) en supposant d'abord A seule variable, faisant l'intégrale $= o$ lorsque $A = o$, & complette lorsque $A = 180°$, puis en faisant varier B seulement, & supposant l'intégrale $= o$ lorsque $B = o$, & complette lorsque $B = 360°$.

68. Il est visible que $\varphi(A, B)$ doit être égal à une suite de termes $\Delta A \times \Gamma B$, tels, 1°. qu'en faisant $A = o$, $B = o$, ou A & B égaux à un multiple de $360°$, on ait la somme des termes $\Delta A \times \Gamma B = o$. 2°. qu'en faisant $A = 180°$, on ait toujours le même résultat, quelque

soit

soit B. 3°. Qu'en faisant $B' = 180 + B$, la somme des termes $\Delta A \times \Gamma B'$ soit = à la somme des termes $\Delta A \times \Gamma B$. 4°. Que l'intégrale de $[1 + \varphi(A, B)^5]$ multiplié par dA sin. A^2 cos. $A \times dB$ cos. B, ou par dA sin. A^2 cos. $A \times dB$ sin. B, ou par dA sin. $A^3 \times dB$ sin. B cos. B (cette intégrale étant prise avec les conditions prescrites ci-dessus, art. 67.) soit $= o$. 5°. Que l'intégrale de $[1 + \varphi(A, B)]^5$ multiplié par dA sin. $A^3 \times dB$ cos. B^2, ou par dA sin. A cos. $A^2 \times dB$, ou par dA sin. $A^3 \times dB$ sin. B^2 ait toujours une même valeur.

69. Ces conditions serviront à déterminer la valeur de $\varphi(A, B)$ qui doit y satisfaire, & qui peut varier à l'infini. C'est un détail où nous n'entrerons pas.

70. Nous avons supposé la densité du solide constante; mais on pourroit la supposer variable, ce qui rendroit le problême encore plus général; soit δ la densité d'une particule quelconque de l'axe, & on pourra supposer la densité d'une partie quelconque exprimée par $\delta[1 + \Xi(A, B)]$, $\Xi(A, B)$ étant une fonction de A & de B qui ait les mêmes conditions que $\varphi(A, B)$.

71. Il est clair que si $1 + \Xi(A, B) = \frac{m}{[1 + \varphi(A, B)]^5}$, m étant un nombre constant quelconque, les valeurs de $\int G\pi u$, $\int G\pi z$, $\int Guz$, $\int G\pi\pi$, $\int Gzz$, $\int Guu$ seront les mêmes qu'elles seroient pour une sphere, & qu'ainsi le corps aura pour axe possible de rotation toute ligne passant par son centre de gravité.

72. On demandera peut-être si en supposant un solide

homogene, les conditions $\int G\pi u = o$, $\int G\pi z = o$, $\int Guz = o$, $\int G\pi\pi = \int Gzz = \int Guu$, peuvent y être obſervées, quand même le ſolide ne ſeroit pas une ſphere.

Pour répondre à cette queſtion, nous ſuppoſerons d'abord, afin de ſimplifier les choſes, que le ſolide propoſé ſoit un ſolide de révolution, enſorte que $\rho = r(1 + \varphi A)$. Cela poſé, il eſt aiſé de voir, 1°. Que $\int G\pi u$, $\int Guz$, $\int G\pi z$, ſeront $= o$. Car la premiere de ces quantités ſera $=$ à $M \times \int dB$ coſ. B, la ſeconde à $M\int dB$ ſin. B, M étant une conſtante qui eſt l'intégrale de $r^4 dr(1 + \varphi A)^5 \times dA$ ſin. A^2 coſ. A, priſe lorſque $A = 180°$; or les intégrales $M\int dB$ coſ. B & $M\int dB$ ſin. B, priſes de maniere qu'elles ſoient $= o$ quand $B = o$, ſont auſſi l'une & l'autre $= o$ lorſque $B = 360°$. A l'égard de la troiſiéme de ces quantités, ſavoir, $\int G\pi z$, elle ſera $= N\int dB$ ſin. B coſ. $B = N\int dB \frac{\text{ſin. } 2B}{2}$, N étant l'intégrale de $r^4 dr \times (1 + \varphi A)^5 \times dA$ ſin. A^3, priſe lorſque $A = 180°$; & cette intégrale ſera auſſi $= o$ lorſque $B = 360°$.

73. Il eſt aiſé de voir que dans la même hypothèſe les intégrales $\int G\pi\pi$ & $\int Gzz$ ſeront égales; car ces intégrales ſeront $N\int dB$ coſ. B^2 & $N\int dB$ ſin. B^2, égales l'une & l'autre à $\frac{N \cdot 360}{2}$ lorſque $B = 360$. A l'égard de l'intégrale $\int Guu$, elle ſera $\int r^4 dr(1 + \varphi A)^5 \times dA$ ſin. $A(1 -$ ſin. $A^2) \times 360°. = [\int r^4 dr(1 + \varphi A)^5 dA$ ſin. $A - N] \times 360°$.

74. Donc pour que $\int G\,uu$ soit $= \int G\,zz$ ou $\int G\,\pi\pi$, il faut que $\frac{3N}{2}$ ou $\frac{3}{2}\int \rho^4\, d\rho\, dA$ sin. $A^3 = \int \rho^4\, d\rho\, dA$ sin. A; ou ce qui est la même chose (à cause de dA sin. $A^3 = \frac{3\,dA \text{ sin. } A}{4} - \frac{dA \text{ sin. } 3A}{4}$) il faut que $\int \rho^4\, d\rho\, dA$ sin. $A = 3\int \rho^4\, d\rho\, dA$ sin. $3A$, lorsque $A = 180°$.

75. C'est d'abord ce qui est évident lorsque $\varphi A = o$; c'est-à-dire lorsque le solide est une sphere; car alors $\rho^4\, d\rho = r^4\, dr$, & $\int dA$ sin. $A = 3\int dA$ sin. $3A$; supposant donc $(1 + \varphi A)^5 - 1 = \Delta A$, il faudra que ΔA soit telle que l'intégrale de $dA\,\Delta A$ sin. A soit égale lorsque $A = 180°$, à l'intégrale de $3\,dA\,\Delta A$ sin. $3A$.

76. Soit donc, par exemple, $\varphi A = \alpha\beta\,(1 - \text{cos. } A) + \alpha C\,(1 - \text{cos. } 2A) + \alpha D\,(1 - \text{cos. } 3A) + \alpha E\,(1 - \text{cos. } 4A)$; on aura une valeur de ΔA qui renfermera les indéterminées β, C, D, E, & outre cela l'indéterminée α à tous ses termes. De plus il faudra qu'on ait $\int G\,\pi = o$, $\int G\,z = o$, $\int G\,u = o$, par la propriété du centre de gravité. Or de ces trois équations, la premiere & la seconde auront évidemment lieu, parce que l'on a $\int G\,\pi = R\int dB$ cos. B & $\int G\,z = R\int dB$ sin. B; R étant égale à ce que devient $\int r^3\, dr\,(1 + \varphi A)^4 \times dA$ sin. A^2 lorsque $A = 180°$. Il faut donc que la troisiéme équation $\int G\,u = o$, ait lieu aussi, & cette condition, jointe avec celle de l'article 56, donnera les valeurs de C, D, E, &c.

77. Supposons, pour simplifier le calcul, que α soit

fort petit, on aura $(1+\varphi A)^5 =$ à très peu près $1 + 5\alpha\beta(1 - \text{cos}. A) + 5\alpha C(1 - \text{cos}. 2A) + 5\alpha D(1 - \text{cos}. 3A) + 5\alpha E(1 - \text{cos}. 4A)$; & la premiere condition $\int G u = o$, ou $\int \rho^3 d\rho\, dA$ sin. A cos. $A = o$, donnera l'équation suivante lorsque $A = 180°$; $(\alpha + \alpha C + \alpha D + \alpha E)\left(\frac{1 - \text{cos}. 2A}{2}\right) + \alpha\beta\left(\frac{-1 + \text{cos}. 3A}{3.2} \frac{-1 + \text{cos}. A}{2}\right) + \alpha C\left(\frac{-1 + \text{cos}. 4A}{4.2}\right) + \alpha D\left(\frac{-1 + \text{cos}. 5A}{5.2} + \frac{1 - \text{cos}. A}{2}\right) + \alpha E\left(\frac{-1 + \text{cos}. 6A}{6.2} + \frac{1 - \text{cos}. 2A}{2.2}\right) = o$; donc en mettant -1 pour cos. A, cos. $3A$, &c. cos. $5A$, &c. & 1 pour cos. $2A$, cos. $4A$, cos. $6A$, &c. on aura $-\frac{\beta}{3} - \beta + D\left(-\frac{1}{5} + 1\right) = o$; d'où l'on tire $D = \frac{5\beta}{3}$.

78. La seconde condition $\int \rho^4 d\rho\, dA$ sin. $A = 3\int \rho^4 d\rho\, dA$ sin. $3A$ donnera l'équation $(\alpha\beta + \alpha C + \alpha D + \alpha E)(1 - \text{cos}. A) + \alpha\beta\left(\frac{-1 + \text{cos}. 2A}{2.2}\right) + \alpha C\left(\frac{-1 + \text{cos}. 3A}{2.3} + \frac{1 - \text{cos}. A}{2}\right) + \alpha D\left(\frac{-1 + \text{cos}. 4A}{2.4} + \frac{1 - \text{cos}. 2A}{2.2}\right) + \alpha E\left(\frac{-1 + \text{cos}. 5A}{2.5} + \frac{1 - \text{cos}. 3A}{2.3}\right) = (3\alpha\beta + 3\alpha C + 3\alpha D + 3\alpha E)\left(\frac{1 - \text{cos}. 3A}{3}\right) + 3\alpha\beta\left(\frac{-1 + \text{cos}. 4A}{2.4} \frac{-1 + \text{cos}. 2A}{2.2}\right) + 3\alpha C\left(\frac{-1 + \text{cos}. 5A}{2.5} \frac{-1 + \text{cos}. A}{2}\right)$

$+ 3\alpha D\left(\frac{-1+\text{cof.}\,6A}{2.6}\right) + 3\alpha E\left(\frac{-1+\text{cof.}\,7A}{2.7} + \frac{1-\text{cof.}\,A}{2}\right)$; d'où l'on tire, en faiſant $A = 180^{\circ}$, & réduiſant, $\frac{C}{6} + \frac{2E}{15} = \frac{3C.7}{10} + \frac{2E.6}{7}$; donc $406\,C = -512\,E$, ou $E = -\frac{203\,C}{256}$.

79. Si $\beta = o$, on aura $D = o$; & ſi $C = o$, on aura $E = o$; ce qui donne dans le premier cas $\varphi A = \alpha C(1 - \text{cof.}\,2A) - \frac{203 C\alpha}{256}(1 - \text{cof.}\,4A)$; & dans le ſecond $\varphi A = \alpha\beta(1 - \text{cof.}\,A) + \frac{5\alpha\beta}{3}(1 - \text{cof.}\,3A)$.

80. On voit par cet exemple, auquel on peut en ajouter une infinité d'autres, que la ſphere n'eſt pas le ſeul ſolide homogène de révolution dans lequel toute ligne paſſant par le centre de gravité, ſoit un axe de rotation poſſible.

81. M. Jean-Albert Euler eſt le premier que je ſache, qui ait donné une ſolution du problême que nous avons traité dans ce Mémoire; cette ſolution ſe trouve dans la Piéce qui a partagé le Prix de l'Académie en 1761, ſur l'Arrimage des Navires. Mais elle eſt extrêmement compliquée. M. de la Grange en a donné une beaucoup plus ſimple dans la Piéce qui a remporté le Prix de l'Académie en 1764 ſur la libration de la Lune; cette ſolution eſt appuyée ſur deux équations de condition qui répondent préciſément à nos deux équations

$\int fG$ fin. $\xi(a-b)=o$, $\int fG$ cof. $\xi(a-b)=o$, données en 1761, dans *nos Opuſcules*. La formule à laquelle M. de la Grange arrive eſt du ſixiéme dégré, réductible au troiſiéme; du reſte, les concluſions de Meſſieurs Euler & de la Grange ſont parfaitement ſemblables aux nôtres. M. de la Grange avoit déja remarqué dans le ſecond volume des Mémoires de Turin, en 1762, pages 255 & 256, qu'un corps de figure quelconque avoit trois axes de rotation perpendiculaires entr'eux; mais c'eſt proprement dans la Piéce dont nous venons de parler, qu'il a donné la ſolution complette de ce problême. La nôtre n'eſt, comme l'on voit, qu'un développement fort ſimple de nos anciennes formules, trouvées & publiées précédemment à toutes ces ſolutions; nous y avons ajouté une maniere aſſez ſimple de déterminer par la triſection de l'angle la projection de chacune des trois axes de rotation, d'où il ſera facile de déduire la poſition des vrais axes par la valeur de $\frac{\text{fin. } K}{\text{cof. } K}=-\frac{A}{B}$, trouvée article 5. Nous avons de plus fait voir dans quels cas le ſolide propoſé a plus de trois axes de rotation, & peut même en avoir une infinité de poſſibles. Nous avons montré, ou que cette infinité d'axes eſt égale au nombre infini de tous les axes poſſibles du corps, c'eſt-à-dire de toutes les lignes qui paſſent par ſon centre de gravité, ou que cette infinité d'axes ſe borne à toutes les lignes qui y paſſent dans un ſeul plan, & de plus à un ſeul autre axe perpendiculaire à ce même plan ; d'où il résulte qu'un corps ne peut avoir, par exemple, ni une infinité d'axes de rotation formant une surface conique quelconque, ni une infinité d'axes de rotation répandus seulement dans une portion solide de ce corps ; nous avons prouvé de plus que si le corps n'a qu'un nombre *fini* d'axes de rotation possibles, il ne peut en avoir que trois ; toutes vérités qui jusqu'ici n'avoient été remarquées par aucun Géometre. Enfin nous avons donné la maniere de trouver tant de solides qu'on voudra, qui ayent pour axe de rotation toute ligne passant par leur centre de gravité.

Fin du vingt-uniéme Mémoire.

VINGT-DEUX[ME] MÉMOIRE.

Du mouvement d'un Corps de figure quelconque.

§. I.

Du mouvement d'un Corps qui n'est animé par aucune force accélératrice.

1. M. Jean-Albert Euler a déja résolu ce problême dans la Piéce qui a partagé le Prix de l'Académie en 1761, & M. Euler le pere par une méthode toute semblable, dans les Mémoires de Berlin de 1758; mais cette méthode étant très-compliquée, j'ai cru qu'on ne seroit pas fâché de voir comment on peut parvenir au même objet par une analyse beaucoup plus simple, fondée sur les principes établis dans le second Mémoire de nos Opuscules, dont nous supposerons ici les principes & le calcul (*a*): nous accompagnerons notre

(*a*) Il sera bon, avant que de lire ce Mémoire-ci, de relire les huit premiers articles du second Mémoire, Tome II de nos *Opuscules*.

solution

ſolution de pluſieurs remarques préliminaires qui ſerviront à la rendre plus nette & plus ſimple, & de quelques autres qui ſerviront à faire voir l'uſage dont cette ſolution pourra être pour des cas plus compliqués.

2. Puiſqu'il y a (*Mémoire précédent.*) trois axes fixes de rotation dans un corps, (que j'appellerai axes de *rotation naturelle*) il eſt aiſé de voir qu'on aura non-ſeulement $\int fG$ ſin. $\xi (a-b) = o$, $\int fG\ (a-b)$ coſ. $\xi = o$, à cauſe d'un des axes de rotation, qu'on ſuppoſe l'axe des $a-b$; mais encore (à cauſe des deux autres axes) les équations $\int fG$ coſ. $\xi \times f$ ſin. $\xi = o$, & $\int fG$ ſin. $\xi \times f$ coſ. $\xi = o$, qui ſe réduiſent à la ſeule équation, $\int ffG$ ſin. ξ coſ. $\xi = o$, en commençant à compter les angles ξ depuis l'un des deux axes perpendiculaires à celui ſur lequel les parties $a-b$ ont été priſes.

3. On aura donc en général (*Opuſc.* Tom. I. *Mém.* 2.) $\int (a-b) fG$ ſin. $X = o$; puiſque ſin. $X =$ ſin. $\xi +$ $P =$ ſin. ξ coſ. $P +$ ſin. P coſ. ξ.

$\int (a-b) fG$ coſ. $X = o$ par la même raiſon.

$$\int Gff \text{ ſin. } X^2 = \frac{\int Gff}{2} - \frac{\int Gff \text{ coſ. } 2X}{2} = \frac{\int Gff}{2} - \frac{\int Gff \text{ coſ. } 2\xi \text{ coſ. } 2P}{2}.$$

$$\int Gff \text{ coſ. } X^2 = \frac{\int Gff}{2} + \frac{\int Gff \text{ coſ. } 2X}{2} = \frac{\int Gff}{2} + \frac{\int Gff \text{ coſ. } 2\xi \text{ coſ. } 2P}{2}.$$

$$\int Gff \text{ ſin. } X \text{ coſ. } X = \frac{\int Gff \text{ ſin. } 2X}{2} = \frac{\int Gff \text{ coſ. } 2\xi \text{ ſin. } 2P}{2}.$$

4. De plus, pour que ces équations ayent lieu, il

n'eſt point néceſſaire que le plan qui paſſe par les deux axes de rotation, ſur l'un deſquels ſont priſes les parties $a-b$, ſoit perpendiculaire au plan de projection au commencement du mouvement, ni par conſéquent que l'angle P ſoit $=o$ lorſque $t=o$. La valeur de P au commencement du mouvement, que j'appelle P', ſera égale à l'angle que la ligne parallèle à $C'K$ (Fig. 1.) & menée par le point C, fait au commencement du mouvement, avec l'axe de rotation naturelle perpendiculaire à Cp; & ξ marquera les angles indéterminés & variables depuis o juſqu'à $360°$, pris ſur le plan perpendiculaire à Cp, en comptant depuis ce même axe de rotation naturelle. Cette remarque nous ſera très-utile dans la ſuite.

5. Si le corps eſt un ſolide de révolution, on aura $\frac{\int Gff \text{ coſ. } 2\xi}{2}=o$; car il eſt aiſé de voir que dans chaque cercle perpendiculaire à l'axe des $a-b$, $\int Gff$ coſ. 2ξ eſt proportionnel à $\int d\xi$ coſ. $2\xi=\frac{\text{ſin. } 2\xi}{2}$, quantité qui eſt $=o$ lorſque $\xi=360°$. Cette valeur de $\int Gff$ coſ. 2ξ égale à zero ſimplifiera beaucoup les valeurs précédentes, & donnera

$\int Gff$ ſin. X coſ. $X=o$;

$\int Gff$ ſin. X^2 & $\int Gff$ coſ. $X^2=\frac{\int Gff}{2}$.

6. Cela poſé,

Pour trouver le mouvement de rotation d'un corps

quelconque quand les forces qui agiſſent ſur lui ſont ſuppoſées nulles, on aura (*Opuſcules*, tome premier, *ſecond Mémoire*) les équations

$\int G(u\,dz - z\,du) = N\,dt$

$\int G(\pi\,du - u\,d\pi) = \omega\,dt$

$\int G(\pi\,dz - z\,d\pi) = \gamma\,dt$; N, ω, γ étant des conſtantes quelconques.

7. Or, à cauſe de $z = \varpi$ coſ. $e - \rho$ ſin. e, & de $u = \varpi$ ſin. $e + \varrho$ coſ. e; (*Opuſc. ſecond Mém.*) on aura d'abord

$u\,dz - z\,du = \varrho\,d\varpi - \varpi\,d\varrho - de(\varpi\varpi + \rho\rho)$.

$\pi\,du - u\,d\pi = (\pi\,d\varpi - \varpi\,d\pi)$ ſin. $e + \pi\varpi\,de$ coſ. $e - \pi\varrho\,de$ ſin. $e + (\pi\,d\varrho - \varrho\,d\pi)$ coſ. e.

$\pi\,dz - z\,d\pi = (\pi\,d\varpi - \varpi\,d\pi)$ coſ. $e - \pi\varpi\,de$ ſin. $e - \pi\rho\,de$ coſ. $e + (\rho\,d\pi - \pi\,d\rho)$ ſin. e.

8. On aura de plus (en omettant les termes qui doivent être nuls, c'eſt-à-dire, (article 3.) ceux qui renferment $(a-b)f$ ſin. X, ou $(a-b)f$ coſ. X;

$\pi\rho = (a-b)^2$ ſin. Π coſ. $\Pi - ff$ coſ. X^2 ſin. Π coſ. Π;

$\pi\varpi = ff$ coſ. Π ſin. X coſ. X.

$\rho\,d\pi - \pi\,d\rho = (a-b)^2\,d\Pi + ff\,d\Pi$ coſ. X^2.

$\rho\,d\varpi - \varpi\,d\rho = -ff\,dP$ ſin. $\Pi + ff\,d\Pi$ coſ. Π ſin. X coſ. X.

$\pi\,d\varpi - \varpi\,d\pi = ff\,dP$ coſ. $\Pi + ff\,d\Pi$ ſin. Π coſ. X ſin. X;

$\varpi\varpi + \rho\rho = (a-b)^2$ coſ. $\Pi^2 + ff - f^2$ coſ. X^2 coſ. Π^2.

9. Subſtituant au lieu de X ſa valeur $\xi + P$, multipliant la ſeconde équation de l'article 6 par ſin. e, la troiſiéme par coſin. e; les ajoutant enſemble, & fai-

ſant pour abréger $a - b = \lambda$, on aura $\int G [ff dP$ cof. $\Pi + ff d \Pi$ fin. $\Pi \times \frac{\text{cof. } 2 \xi \text{ fin. } 2 P}{2} - de$ fin. Π cof. $\Pi \left(\lambda \lambda - \frac{ff}{2}\right) + de$ fin. Π cof. $\Pi \times \frac{ff \text{ cof. } 2 \xi \text{ fin. } 2 P}{2}]$ $= \omega dt$ fin. $e + \gamma dt$ cof. e, équation dont le ſecond membre peut ſe réduire à $R dt$ fin. $(e + D)$ D & R étant conſtans, ou $R d\epsilon$ fin. ϵ, en ſuppoſant $\epsilon = e + D$, ce qui donnera $d\epsilon$ au lieu de de dans le premier membre.

10. De même en multipliant la ſeconde équation de l'article 6 par cof. e, la troiſiéme par fin. e, & retranchant l'une de l'autre, on aura $\int G [\lambda^2 d \Pi + \frac{ff d\Pi}{2} + \frac{ff d \Pi}{2} \times$ cof. 2ξ cof. $2 P - \frac{ff d\epsilon \text{ cof. } \Pi}{2} \times$ cof. 2ξ fin. $2 P] = - \omega dt$ coſin. $e + \gamma dt$ fin. $e = - R dt$ cof. $(e + D) = - R dt$ cof. ϵ; en mettant $d\epsilon$ pour de dans le premier membre.

11. Enfin la premiere équation de l'art. 6 donnera après les réductions

$\int G \times [- ff dP$ fin. $\Pi + \frac{ff d\Pi \text{ cof. } \Pi}{2} \times$ cof. 2ξ fin. $2 P$ $- d\epsilon$ cof. $\Pi^2 \left(\lambda \lambda - \frac{ff}{2}\right) + \frac{ff d\epsilon \text{ cof. } \Pi^2}{2} \times$ cof. 2ξ cof. $2 P - ff d\epsilon = N dt$; équation dans le premier membre de laquelle on a mis auſſi $d\epsilon$ pour de.

12. Multipliant maintenant l'équation de l'article 11 par cof. Π, & celle de l'article 9 par fin. Π, & les

ajoutant, on aura $\frac{\int G f f d \Pi}{2}$ cos. 2ξ sin. $2 P - \int G d \epsilon$ $(\lambda\lambda - \frac{ff}{2})$ cos. $\Pi + \frac{\int G d\epsilon . ff \text{ cos. } 2\xi \text{ cos. } 2P . \text{cos. } \Pi}{2} -$ $\int G f f d \epsilon$ cos. $\Pi = N d t$ cos. $\Pi + R d t$ sin. ϵ sin. sin. Π.

13. Multipliant de même l'équation de l'art. 11 & celle de l'art. 9 par sin. Π & par cos. Π, & retranchant l'une de l'autre, on aura $\int - G f f d P - \int G f f d \epsilon$ sin. $\Pi =$ $N d t$ sin. $\Pi - R d t$ sin. ϵ cos. Π.

14. Soit $\int G (\lambda \lambda + \frac{ff}{2}) = A$, $\frac{\int G ff \text{ cos. } 2\xi}{2} = B$; $\int G (\lambda\lambda - \frac{ff}{2}) = C$, on aura les trois équations

$A d \Pi + B d \Pi$ cos. $2 P - B d \epsilon$ cos. Π sin. $2 P = -$ $R dt$ cos. ϵ.

$B d \Pi$ sin. $2 P - A d \epsilon$ cos. $\Pi + B d \epsilon$ cos. Π cos. $2 P =$ $N d t$ cos. $\Pi + R d t$ sin. ϵ sin. Π.

$[A - C](d P + d \epsilon$ sin. $\Pi) = - N d t$ sin. $\Pi + R d t$ sin. ϵ cos. Π.

15. Si $\int G f f$ cos. $2 \xi = o$, ou $B = o$, ce qui arrivera (article 5.) si le corps est un solide de révolution, on aura

$$\frac{A d \Pi}{R d t} = - \text{cos. } \epsilon$$

$$- \frac{A d\epsilon \text{ cos. } \Pi + N d t \text{ cos. } \Pi}{R d t \text{ sin. } \Pi} = \text{sin. } \epsilon.$$

Soit $- \frac{A d \Pi}{R d t} = \nu$, on aura cos. $\epsilon = \nu$, $d \epsilon = -$ $\frac{d \nu}{\sqrt{1 - \nu\nu}}$; sin. $\epsilon = \sqrt{1 - \nu\nu}$, & $\sqrt{1 - \nu\nu} =$ cos. $\Pi \times$

$\frac{A\,dv}{\sqrt{1-vv}} \times - \frac{v}{A\,d\Pi\,\text{ſin.}\,\Pi} - \frac{N\,\text{coſ.}\,\Pi}{R\,\text{ſin.}\,\Pi}$; équation facile à intégrer par les méthodes connues, en faiſant $\sqrt{1-vv}=y$.

16. Ayant v en Π, on aura coſ. $\epsilon = v$, exprimé en Π; on aura de plus $d\epsilon$ en $d\Pi$ & Π, par l'équation $\frac{A\,d\Pi}{R\,d\epsilon} = -v$; & on aura enfin dP en Π & $d\Pi$ par la derniere des trois équations de l'article 14.

17. Comme on ſuppoſe que les valeurs de $\frac{dP}{dt}$, $\frac{d\Pi}{dt}$, & $\frac{d\epsilon}{dt}$ au premier inſtant ſont connues, & que la poſition du plan de projection eſt auſſi ſuppoſée donnée; il eſt clair qu'on aura au premier inſtant les valeurs de N, ω, γ, & par conſéquent auſſi celles de R & de D, ou ϵ.

18. Pour trouver les valeurs de $\frac{dP}{dt}$, $\frac{d\epsilon}{dt}$, $\frac{d\Pi}{dt}$ au premier inſtant, on conſidérera que la force ou les forces impulſives quelles qu'elles ſoient, peuvent ſe réduire à trois autres ψ, γ, ϕ, la premiere perpendiculaire, les deux autres parallèles au plan de projection, & perpendiculaires entr'elles. Donc conſervant les noms donnés dans le tome premier des Opuſcules, page 83, on aura pour le premier inſtant

$$\int G\left(-\frac{\pi\,du - u\,d\pi}{dt}\right) + \psi r' - \gamma \xi' = o;$$

$$\int G\left(-\frac{z\,du - u\,dz}{dt}\right) + \gamma \chi' - \phi \theta' = o;$$

$\int G\left(-\frac{\zeta d\pi - \pi d\zeta}{dt}\right) + \psi\mu' - \varphi\zeta' = 0.$

Mettant donc dans les premiers membres de ces équations leurs valeurs trouvées, articles 7 & 8, on aura les valeurs de $\frac{dP}{dt}$, $\frac{d\pi}{dt}$, $\frac{d\epsilon}{dt}$, ou $\frac{de}{dt}$, au premier inſtant.

19. On peut remarquer en paſſant qu'il n'eſt pas néceſſaire que le corps en mouvement ſoit un ſolide de révolution pour que $\int\int fG$ coſ. $2\xi = 0$. Pour le faire ſentir, ſuppoſons $f = A + B$ coſ. $\xi + C$ coſ. $2\xi +$ &c. Il eſt d'abord aiſé de voir que $\int\int f$ ſin. 2ξ ſera $= 0$. De plus, pour que $\int\int fG$ coſ. $2\xi = 0$, il ne faut que déterminer les coëfficiens A, B, C, &c. d'une maniere convenable.

20. Par exemple, ſuppoſons que le ſolide ſoit homogène, que $f = A + B$ coſ. $\xi + C$ coſ. 2ξ, & que les quantités B, C, &c. ſoient très-petites; il eſt aiſé de voir (Mémoire précédent) que $\int\int fG$ coſ. 2ξ ſera $= 0$ ſi $\int[d\xi$ coſ. $2\xi \times (A + B$ coſ. $\xi + C$ coſ. $2\xi)^4] = 0$; c'eſt-à-dire ſi (en négligeant les quarrés des quantités très-petites) $\int d\xi$ coſ. $2\xi(A^4 + 4A^3 B$ coſ. $\xi + 4A^3 C$ coſ. $2\xi = 0$; c'eſt-à-dire, ſi $C = 0$ (a). En général on aura $\int\int fG$ coſ. $2\xi = 0$ & $\int\int fG$ ſin. $2\xi = 0$, ſi

(a) Lorſque $C = 0$, & que par conſéquent $f = A + B$ coſ. ξ, il n'eſt pas difficile de prouver que la coupe du ſolide perpendiculairement à $a - b$ eſt un cercle, dont le centre à la vérité n'eſt pas dans l'axe des $a - b$; & comme cet axe eſt perpendiculaire au plan de la coupe, il s'enſuit que le ſolide n'eſt pas un ſolide de révolution.

on a (dans les mêmes ſuppoſitions) $f = A + B$ coſ. $\xi + D$ coſ. $3\xi + E$ coſ. 4ξ, &c. ou en général $f = A + \lambda\varphi$ (coſ. ξ), pourvû que φ (coſ. ξ) ne contienne point de terme de cette forme C coſ. 2ξ ; ce qui arrivera ſi φ (coſ. ξ) ne renferme que des termes de cette forme ſin. ou coſ. $m\xi$, m étant différente de 2.

21. On peut remarquer encore que ſi φ coſ. ξ eſt de la forme qu'on vient de dire, enſorte que $\int\!\int\!f G$ ſin. $2\xi = o$, & $\int\!\int\!f G$ coſ. $2\xi = o$, on aura auſſi ces deux quantités $= o$, à quelqu'endroit qu'on faſſe commencer les ξ. Car alors il n'y auroit qu'à mettre $\xi + A$ au lieu de ξ, A étant une conſtante quelconque, donc $\begin{smallmatrix}\text{ſin.}\\ \text{coſ.}\end{smallmatrix}$ $m\xi$ deviendra $\begin{smallmatrix}\text{ſin.}\\ \text{coſ.}\end{smallmatrix}$ $m\xi$ coſ. $mA \pm \begin{smallmatrix}\text{coſ.}\\ \text{ſin.}\end{smallmatrix}$ $m\xi$ ſin. A ; & $\begin{smallmatrix}\text{ſin.}\\ \text{coſ.}\end{smallmatrix}$ 2ξ deviendra $\begin{smallmatrix}\text{ſin.}\\ \text{coſ.}\end{smallmatrix}$ 2ξ coſ. $2A \pm \begin{smallmatrix}\text{coſ.}\\ \text{ſin.}\end{smallmatrix}$ 2ξ ſin. $2A$; d'où il eſt aiſé de voir que la ſomme totale de $\int\!f G$ (ſin. $2\xi + 2A$) & $\int\!f G$ coſ. $(2\xi + 2A)$ ſera $= o$.

22. Donc en ce cas, tous les diametres de l'équateur ſeront des axes naturels de rotation, puiſque tous donneront $\int\!\int\!f G$ ſin. $2\xi = o$. De plus il eſt aiſé de voir qu'ils le ſeront auſſi, & par les mêmes raiſons ; quand même φ coſ. ξ contiendroit un terme de cette forme γ coſ. 2ξ, pourvû que ſin. 2ξ ne s'y trouvât pas ; car alors $\int d\xi$ (γ coſ. 2ξ coſ. $2A - \gamma$ ſin. 2ξ ſin. $2A$) $\times$ (ſin. 2ξ coſ. $2A +$ coſ. 2ξ ſin. $2A$) ſeroit $= o$, puiſque $\int d\xi [(\text{coſ. } 2\xi)^2 - (\text{ſin. } 2\xi)^2] = \int d\xi$ coſ. $2\xi = o$. Mais dans ce dernier cas $\int\!\int\!f G$ coſ. 2ξ ne ſeroit pas $= o$.

23.

23 De même pour que $\int f f G$ cos. $2\xi = 0$, il suffit que le terme γ cos. 2ξ ne se trouve point dans φ cos. ξ; mais le terme K sin. 2ξ peut s'y trouver, & alors on aura, comme dans l'article précédent, $\int dx(\gamma \text{ sin. } 2\xi \text{ cos. } 2A + \gamma \text{ cos. } 2\xi \text{ sin. } 2A)(\text{cos. } 2\xi \text{ cos. } 2A - \text{sin. } 2\xi \text{ sin. } 2A) = 0$. Mais alors $\int G f f$ sin. 2ξ ne seroit pas $= 0$, & on ne pourroit par conséquent supposer à volonté un des diametres de l'équateur pour un des axes naturels de rotation.

24. Toutes les remarques que nous avons faites jusqu'ici, ou du moins la plûpart de ces remarques, ne sont point nécessaires au problême que nous nous proposons de résoudre, mais elles servent à jetter du jour sur la rotation des corps autour de leurs axes selon la différence de leurs figures. Passons maintenant à la solution générale cherchée.

25. Nous allons donc donner les valeurs générales de P, ϵ, Π pour le cas où $\int G f f$ cos. 2ξ n'est pas $= 0$, c'est-à-dire, trouver le mouvement du corps lorsque le solide proposé est de figure quelconque, & n'est animé par aucune force accélératrice.

26. Supposons d'abord pour un moment $R = 0$; nous prouverons plus bas que cette supposition est permise; en ce cas on aura, en faisant $A - C = M$,

$$A d\Pi + B d\Pi \text{ cos. } 2P = B d\epsilon \text{ cos. } \Pi \text{ sin. } 2P;$$

$$B d\Pi \text{ sin. } 2P - \text{cos. } \Pi \, d\epsilon (A - B \text{ cos. } 2P) = N dt \text{ cos. } \Pi;$$

$$M(dP + d\epsilon \text{ sin. } \Pi) = - N d \text{ sin. } \Pi.$$

Donc faisant $dt = q d\Pi$, on a $d\epsilon = \frac{d\Pi(A + B \text{ cof. } 2P)}{B \text{ cof. } \Pi \text{ fin. } 2P}$;

$B^2 \text{ cof. } \Pi - A^2 \text{ cof. } \Pi = BNq \text{ cof. } \Pi^2 \text{ fin. } 2P$;

$$MdP + \frac{M \text{ fin. } \Pi \, d\Pi (A + B \text{ cof. } 2P)}{B \text{ cof. } \Pi \text{ fin. } 2P} = -Nqd\Pi \text{ fin. } \Pi.$$

27. Donc mettant pour q sa valeur $\frac{B^2 - A^2}{BN \text{ cof. } \Pi \text{ fin. } 2P}$, il viendra

$BMdP \text{ cof. } \Pi \text{ fin. } 2P + M \text{ fin. } \Pi \,.\, d\Pi (A + B \text{ cof. } 2P) = -d\Pi \text{ fin. } \Pi (B^2 - A^2)$.

Cette équation eft facile à intégrer, car on aura $-\frac{d\Pi \text{ fin. } \Pi}{\text{cof. } \Pi} = \frac{BMdP \text{ fin. } 2P}{B^2 - A^2 + AM + BM \text{ cof. } 2P}$, dont l'intégrale eft $\frac{\text{cof. } \Pi^2}{\text{cof. } \Pi'^2} = \frac{B^2 - AC + BM \text{ cof. } 2P'}{B^2 - AC + BM \text{ cof. } 2P}$, Π' & P' étant des conftantes égales aux valeurs données de Π & P lorfque $t = o$; ces conftantes dépendront donc de la valeur initiale de P & de Π, qui eft arbitraire, & que nous allons fixer dans un moment à être telle que $R = o$.

28. Π étant connue en P, on aura $dt = q d\Pi = \frac{(B^2 - A^2) d\Pi}{BN \text{ cof. } \Pi \text{ fin. } 2P}$; & $d\epsilon = \frac{d\Pi (A + B \text{ cof. } 2P)}{B \text{ cof. } \Pi \text{ fin. } 2P}$.

29. Voyons maintenant quelles font les conditions néceffaires pour que l'on ait $R = o$. Il faut pour cela qu'au commencement du mouvement lorfque $t = o$, on ait $R = o$, ce qui donne, en fuppofant $P = P'$ & $\Pi = \Pi'$, lorfque $t = o$, les équations fuivantes (articles 26 & 27.)

$(A + B \operatorname{cos.} 2P')\, d\Pi = B\, de \operatorname{cos.} \Pi' \operatorname{sin.} 2P'$

$B(A-C)\, dP \operatorname{cos.} \Pi' \operatorname{sin.} 2P' = [CA - B^2 + BC \operatorname{cos.} 2P' - BA \operatorname{cos.} 2P]\, d\Pi \operatorname{sin.} \Pi'$.

30. Maintenant, par les formules données dans nos Opuſcules, tome 1, page 99, il eſt aiſé de voir que ſi on appelle ρ la tangente de l'angle que l'axe des $a-b$ fait avec l'axe de rotation initiale, on aura $\rho^2 = \frac{d\Pi^2 + de^2 \operatorname{cos.} \Pi^2}{(dP + de \operatorname{sin.} \Pi)^2}$; la vîteſſe de l'extrémité de l'axe des abſciſſes $a-b$ ſera $\frac{\sqrt{d\Pi^2 + de^2 \operatorname{cos.} \Pi^2}}{dt}$, & la vîteſſe de rotation ſera égale à cette vîteſſe diviſée par $\frac{\rho}{\sqrt{1+\rho\rho}}$; donc la vîteſſe de rotation ſera

$$\frac{\sqrt{(dP + de \operatorname{sin.} \Pi)^2 + d\Pi^2 + de^2 \operatorname{cos.} \Pi^2}}{dt}.$$

31. De plus qu'on ſuppoſe dans ces mêmes formules l'inconnue $X = \xi' + P'$, P' étant comme ci-deſſus, articles 4 & 29, la valeur initiale & inconnue de P, & l'angle ξ' étant compté depuis l'axe de rotation naturelle dans un plan perpendiculaire à l'axe des $a-b$, juſqu'à l'axe de rotation initiale; on aura d'abord la valeur de ξ' au premier inſtant par la poſition connue de l'axe de rotation initiale, l'axe de rotation naturelle étant auſſi connu.

32. En effet, il eſt eſſentiel de remarquer, que pour déterminer d'abord l'axe de rotation initiale, on peut ſuppoſer au plan de projection telle poſition qu'on vou-

dra ; enfuite quand on aura trouvé dans cette hypothèfe (par le fecours des formules données page 99, tome premier de nos Opufcules) la pofition de l'axe de rotation initiale, on fera entiérement abftraction de ce plan de projection, & l'angle ξ' fera égal à l'angle que la tangente ρ fait avec l'axe de rotation naturelle perpendiculaire à l'axe des abfciffes $a-b$, qui eft auffi lui-même un axe de rotation naturelle. A l'égard de l'angle P', il doit être tel, que l'angle $X=\xi'+P'$ foit intercepté entre la tangente ρ, & la fection qu'un plan paffant par l'axe des $a-b$, & perpendiculaire au plan de projection dont la pofition eft inconnue & cherchée, fait avec un plan perpendiculaire à l'axe des $a-b$, & paffant par le centre C; plan que pour abréger j'appellerai *l'équateur.* Car la nature de notre folution demande que l'on compte les angles X depuis la commune fection de l'équateur avec un plan perpendiculaire au plan de projection, & paffant par l'axe des $a-b$.

33. Ceci bien entendu, on aura

$$d\Pi^2+de^2 \text{ cof. } \Pi'^2=\rho^2\,(dP+de \text{ fin. } \Pi'^2)\,;$$

$$\rho^2 \text{ fin. } (\xi'+P')^2\,(dP+de \text{ fin. } \Pi')^2=d\Pi^2\,;$$

$$(dP+de \text{ fin. } \Pi')^2+d\Pi^2+de^2 \text{ cof. } \Pi'^2=Q^2dt^2\,;$$

Q étant la vîteffe de rotation initiale ; d'où l'on tire

$$d\Pi=\frac{\varrho Q dt \text{ fin. } (\xi'+P')}{\sqrt{1+\varrho\varrho}},$$

$$de \text{ fin. } \Pi'+dP=\frac{Q dt}{\sqrt{1+\varrho\varrho}}\,;$$

de cos. $\Pi' = \frac{\varrho Q dt \text{ cos. } (\xi' + P')}{\sqrt{1 + \varrho\varrho}}$.

34. Substituant, on a d'abord

$(A + B \text{ cos. } 2P') \text{ sin. } (\xi' + P') = B \text{ sin. } 2P' \text{ cos. } (\xi' + P')$;

ou $A \text{ sin. } (\xi' + P') = B \text{ sin. } (P' - \xi')$,

ou $(A + B) \text{ sin. } \xi' \text{ cos. } P' + (A - B) \text{ cos. } \xi' \text{ sin. } P' = o$;

donc tang. $P' = - \frac{\text{tang. } \xi' (A + B)}{A - B}$;

ce qui donnera P', car il n'est pas nécessaire, comme on l'a déja remarqué, que P soit $= o$ au commencement. Ensuite on aura $\frac{\text{sin. } \Pi'}{\text{cos. } \Pi'}$ = tangente $\Pi' = \frac{dP}{d\Pi} \times \frac{B (A - C) \text{ sin. } 2P'}{CA - B^2 + BC \text{ cos. } 2P' - BA \text{ cos. } 2P'}$.

Or comme on a $\frac{dP}{d\Pi} = \left(Q dt - \frac{\varrho Q dt \text{ sin. } \Pi' \text{ cos. } (\xi' + P')}{\text{cos. } \Pi'}\right)$:

$\varrho Q dt \text{ sin. } (\xi' + P') = \frac{1}{\varrho \text{ sin. } (\xi' + P')} - \frac{(A + B \text{ cos. } 2P') \text{ tang. } \Pi'}{B \text{ sin. } 2P'}$;

on aura donc aisément la valeur de tang. Π', en substituant dans cette derniere équation la valeur de tang. Π' déja trouvée, & ensuite faisant évanouir dP & $d\Pi$.

35. Ainsi on connoîtra les valeurs que P & Π doivent avoir au commencement du mouvement pour que R soit $= o$; & comme le plan de projection est arbitraire, on placera ce plan conformément à ces valeurs, c'est-à-dire, qu'après avoir déterminé l'angle P' & tiré la ligne qui forme cet angle avec l'axe de rotation naturelle d'où l'on compte les angles ξ', on fera passer par cette ligne & par l'axe des $a - b$ un plan; on menera

enſuite par le centre C un autre plan perpendiculaire à celui-ci, & faiſant avec l'axe des $a - b$ un angle $=$ à l'angle trouvé Π'; ce plan ſera le plan de projection qu'il faut ſuppoſer pour que R ſoit $= o$; car d'après cette conſtruction, les angles $X = \xi' + P'$ ſeront compris comme ils le doivent être depuis un plan perpendiculaire à l'axe de projection & paſſant par l'axe des $a - b$. Ainſi le problême ſera réſolu pour tous les cas poſſibles.

36. On peut donc en général déterminer & aſſigner par cette méthode le mouvement d'un corps de figure quelconque, lorſqu'il n'eſt ſollicité par aucune force accélératrice, ou rétardatrice, & qu'il a ſeulement reçu une impulſion initiale quelconque.

37. Il eſt bon de remarquer que la ſuppoſition de $R = o$, revient au même que ſi on eût ſuppoſé dans les articles 9 & 10, $\omega = o$, & $\gamma = o$; car R ſin. $\epsilon = \omega$ coſ. $e + \gamma$ ſin. e, & R coſ. $\epsilon = \omega$ ſin. $e - \gamma$ coſ. e; donc (ſi ω & γ n'étoient pas $= o$) $R = o$ donneroit $\frac{\omega}{\gamma} = -\frac{\text{ſin. } e}{\text{coſ. } e} = \frac{\text{coſ. } e}{\text{ſin. } e}$; donc coſ. $e^2 +$ ſin. e^2 ſeroit $= o$ ce qui ne ſauroit être; donc $R = o$ donne néceſſairement $\gamma = o$, & $\omega = o$.

38. Nous avons vu ci-deſſus (art. 30) que la vîteſſe de rotation eſt $= \sqrt{\frac{(dP + de\,\text{ſin. } \Pi)^2 + d\Pi^2 + de^2\,\text{coſ. } \Pi^2}{dt^2}}$; mettant pour $dP + de$ ſin. Π ſa valeur $\frac{N\,dt\,\text{ſin. } \Pi}{A - C}$,

pour de cof. Π fa valeur $d\Pi\,\frac{(A+B\,\text{cof.}\,2P)}{B\,\text{cof.}\,\Pi\,\text{fin.}\,2P}$, & pour $d\Pi$ fa valeur $\frac{BNdt}{B^2-A^2}\times$ cof. Π fin. $2P$, on aura la vîteffe de rotation $=N\sqrt{\left[\frac{\text{fin.}\,\Pi^2}{(A-C)^2}+\frac{\text{cof.}\,\Pi^2\,\text{fin.}\,2P^2B^2}{(B^2-A^2)^2}+\frac{(A+B\,\text{cof.}\,2P)^2}{(B^2-A^2)^2}\right]}$. Or (articles 27 & 28) on connoît pour chaque inftant dt la valeur de Π & de P. Donc on aura la vîteffe de rotation à chaque inftant.

39. A l'égard de l'axe de rotation à chaque inftant, il fe détermine par les équations fuivantes; on a, page 99 de nos Opufcules, tome 1, (en faifant $a-b=1$) f fin. $P+\xi=\frac{d\Pi}{dP+de\,\text{fin.}\,\Pi}=-\frac{Md\Pi}{Ndt\,\text{fin.}\,\Pi}$; & f cof. $P+\xi=\frac{de\,\text{cof.}\,\Pi}{dP+de\,\text{fin.}\,\Pi}=-\frac{Mde\,\text{cof.}\,\Pi}{Ndt\,\text{fin.}\,\Pi}$; or fin. $P+\xi=$ fin. P cof. $\xi+$ fin. ξ cof. P; & cofin. $P+\xi=$ cof. P cof. $\xi-$ fin. P fin. ξ; d'où l'on tire $ff=\frac{M^2}{N^2\,\text{fin.}\,\Pi^2}\times\frac{d\Pi^2+de^2\,\text{cof.}\,\Pi^2}{dt^2}$; f fin. $\xi=-\frac{M}{N\,\text{fin.}\,\Pi\,dt}$ $(d\Pi$ cof. $P-de$ cof. Π fin. $P)$; & f cof. $\xi=-\frac{M}{N\,\text{fin.}\,\Pi\,dt}\times(d\Pi$ fin. $P+de$ cof. Π cof. $P)$.

40. Donc l'angle P étant fuppofé $=P'$ lorfque $t=o$, & fuppofant auffi qu'on compte les angles ξ depuis l'axe naturel de rotation pris fur plan perpendiculaire à l'axe des $a-b$, on aura par la valeur de f & celle de ξ à chaque inftant, la pofition de l'axe de rotation, tant par rapport au plan de projection, que par rapport aux

axes de rotation naturelle; c'eſt-à-dire qu'en imaginant par l'extrémité de l'axe des $a-b$ un plan perpendiculaire à cet axe, on aura par les valeurs de f & de f ſin. ξ la courbe que l'axe de rotation inſtantané décrit ſur ce plan, tandis que l'axe des $a-b$ eſt emporté lui-même par un mouvement qu'on détermine au moyen des valeurs de de & de $d\Pi$.

41. Si le corps eſt attaché fixement par le point C, qu'on ſuppoſe n'être plus ſon centre de gravité, enſorte que l'on faſſe paſſer l'axe des $a-b$ par ce point C & par le centre de gravité du corps, on aura d'abord évidemment $\int Gf$ ſin. $X=o$, $\int Gf$ coſ. $X=o$, mais non $\int Gff$ ſin. $2\xi=o$, ni $\int Gff$ coſ. $2\xi=o$, ni $\int Gf\lambda$ coſ. $X=o$ $\int Gf\lambda$ ſin. $X=o$; ni enfin $\int G\lambda=o$. Mais nous ſuppoſerons pour plus de facilité que l'axe des $a-b$ paſſant par la pointe du corps, & par le centre de gravité, ſoit un axe fixe de rotation, enſorte que $\int G\lambda f$ ſin. $X=o$, $\int G\lambda f$ coſ. $X=o$.

42. Dans ce cas, il eſt aiſé de voir 1°. que les termes qui venoient de ſin. $2X=$ ſin. 2ξ coſ. $2P+$ ſin. $2P$ coſ. 2ξ, & qui ont donné ci-deſſus le ſeul terme coſ. 2ξ ſin. $2P$, donneront coſ. 2ξ ſin. $2P+$ ſin. 2ξ coſ. $2P$. 2°. Que les termes qui venoient de coſ. $2X=$ coſ. 2ξ coſ. $2P-$ ſin. 2ξ ſin. $2P$, & qui ont donné ci-deſſus le ſeul terme coſ. 2ξ coſ. $2P$, donneront coſ. 2ξ coſ. $2P-$ ſin 2ξ ſin. $2P$.

43. D'où il eſt évident que dans les équations de l'article 9 & des ſuivans, il faudra mettre au lieu de coſ.

$\cos. 2\xi \sin. 2P$, $\cos. 2\xi \sin. 2P + \sin. 2\xi \cos. 2P$, & au lieu de $\cos. 2\xi \cos. 2P$, $\cos. 2\xi \cos. 2P - \sin. 2\xi \sin. 2P$.

43. Donc faisant $R = o$, comme dans l'article 26; & supposant $\int Gff \sin. 2\xi = E$, on aura

$A d\Pi + B d\Pi \cos. 2P - E d\Pi \sin. 2P - B d\epsilon \cos. \Pi \sin. 2P - E d\epsilon \cos. \Pi \operatorname{cosin}. 2P = o$;

$B d\Pi \sin. 2P + E d\Pi \cos. 2P - A d\epsilon \cos. \Pi + B d\epsilon \cos. \Pi \cos. 2P - E d\epsilon \cos. \Pi \sin. 2P = N dt \cos. \Pi$;

& $(A - C)(dP + d\epsilon \sin. \Pi) = - N dt \sin. \Pi$.

44. Donc on aura

$$d\epsilon = \frac{d\Pi (A + B \cos. 2P - E \sin. 2P)}{B \cos. \Pi \sin. 2P + E \cos. \Pi \cos. 2P};$$

$$d\Pi (B \sin. 2P + E \cos. 2P) = \left(\frac{A - B \cos. 2P + E \sin. 2P}{B \sin. 2P + E \cos. 2P}\right)$$
$$\times d\Pi (A + B \cos. 2P - E \sin. 2P) + N dt \cos. \Pi;$$ ou

$d\Pi (BB + EE) = d\Pi (AA) + N dt \cos. \Pi (B \sin. 2P + E \cos. 2P)$.

Donc $$N dt = \frac{d\Pi (B^2 + E^2 - A^2)}{(B \sin. 2P + E \cos. 2P) \cos. \Pi}.$$

45. Donc on aura enfin

$$M \left[dP + \frac{d\Pi \sin. \Pi (A + B \cos. 2P - E \sin. 2P)}{B \cos. \Pi \sin. 2P + E \cos. \Pi \cos. 2P} \right] = - \frac{d\Pi \sin. \Pi (B^2 + E^2 - A^2)}{(B \sin. 2P + E \cos. 2P) \cos. \Pi}.$$

46. Donc $- \frac{d\Pi \sin. \Pi}{\cos. \Pi}$ sera enfin égale à la fraction $\frac{BM (B dP \sin. 2P + E dP \cos. 2P)}{B + E - A + AM + B \cos. 2P - E \sin. 2P}$, équation dont

l'intégration est facile; & d'où l'on tire aisément celle des autres, comme dans l'article 28 & les suivans. On trouvera aussi comme dans l'article 33 & les suivans, la position du plan de projection qui convient à la supposition de $R = 0$.

§. II.

Du mouvement d'un Corps animé par des forces accélératrices ou retardatrices données; & des cas où l'on peut déterminer ce mouvement.

1. Nous avons donné dans les recherches précédentes la méthode de trouver le mouvement d'un corps de figure quelconque, lorsqu'il n'est sollicité par aucune force que son impulsion primitive; nous allons donner maintenant en général & sous la forme la plus simple les équations pour le mouvement d'un corps de figure quelconque animé par des forces quelconques.

2. Pour parvenir à ces équations, on prendra d'abord les formules générales données dans nos Opusc. Tom. 1, page 83, & on y fera les substitutions suivantes

3. Puisque $u dz - z du = \rho d\varpi - \varpi d\rho - de(\varpi\varpi + \rho\rho)$, on aura $u ddz - z ddu = d[\rho d\varpi - \varpi d\rho - de(\varpi\varpi + \rho\rho)]$.

Or $\rho d\varpi - \varpi d\rho = - \lambda f dP \text{ cos. } \Pi \text{ cos. } X - ff dP \text{ sin. } \Pi + ff d\Pi \text{ cos. } \Pi \text{ cos. } X \text{ sin. } X + f \lambda d\Pi \text{ sin. } \Pi \text{ sin. } X$; & $\varpi\varpi + \rho\rho = \lambda^2 \text{ cos. } \Pi^2 - 2 f \lambda \text{ cos. } X \text{ sin. } \Pi \text{ cos. } \Pi + ff - f^2 \text{ cos. } X^2 \text{ cos. } \Pi^2$.

4. De même $\pi dz - z d\pi = (\pi d\varpi - \varpi d\pi)$ cof. $e + (\rho d\pi - \pi d\rho)$ fin. $e - \pi\rho de$ cof. $e - \pi\varpi de$ fin. e; & $\pi du - ud\pi = (\pi d\varpi - \varpi d\pi)$ fin. $e - (\rho d\pi - \pi d\rho)$ cof. $e - \pi\rho de$ fin. $e + \pi\varpi de$ cof. e.

5. Or en général fi on a

$d\mu = d\nu$ cof. $e + dq$ fin. e

$d\gamma = d\nu$ fin. $e - dq$ cof. e;

on aura $dd\mu$ cof. $e + dd\gamma$ fin. $e = dd\nu + dqde$;

& $dd\mu$ fin. $e - dd\gamma$ cof. $e = - d\nu de + ddq$.

6. Donc $(\pi ddz - zdd\pi)$ cof. $e + (\pi ddu - udd\pi)$ fin. $e = \pi dd\varpi - \varpi dd\pi - d(\pi\rho de) + (\rho d\pi - \pi d\rho) de - \varpi\pi de^2$;

& $(\pi ddz - zdd\pi)$ fin. $e - (\pi ddu - udd\pi)$ cof. $e = \rho dd\pi - \pi dd\rho - d(\pi\varpi de) - (\pi d\varpi - \varpi d\pi) de + \pi\rho de^2$.

7. Or $\pi d\varpi - \varpi d\pi = f\lambda dP$ fin. Π cof. $X + ffdP$ cof. $\Pi - f\lambda d\Pi$ cof. Π fin. $X + ffd\Pi$ fin. Π cof. X fin. X;

$\rho d\pi - \pi d\rho = \lambda^2 d\Pi + f^2 d\Pi$ cof. $X^2 - f\lambda dP$ fin. X;

$\pi\varpi = f\lambda$ fin. Π fin. $X + ff$ cof. $\Pi \times$ fin. X cof. X.

$\pi\rho = \lambda\lambda$ fin. Π cof. $\Pi + f\lambda$ cof. X(cof. Π^2 — fin. Π^2) $- ff$ cof. X^2 fin. Π cof. Π.

8. De plus, à caufe de $z = \varpi$ cof. $e - \rho$ fin. e, & $u = \varpi$ fin. $e + \rho$ cof. e; on aura, en nommant G' chacune des petites particules du corps,

$- ddq(G'z$. cof. $e) + ddx . G'\pi$ cofin. $e - ddq . G'u$ fin. $e + dds . G'\pi$ fin. $e = - ddq(G'\varpi) + (ddx$ cof. $e + dds$ fin. $e) G'\pi$,

& $-ddqG'z$ sin. $e+ddxG'\pi$ sin. $e+ddqG'u$ cos. $e-ddsG'\pi$ cos. $e=ddq(G'\rho)+(ddx$ sin. $e-dds$ cos. $e)G'\pi$.

9. On aura, par la même raison, en nommant Π' les forces qui agissent perpendiculairement au plan de projection, & parallélement aux π, Z' celles qui agissent parallélement à la ligne des z, & V' celles qui agissent parallélement à la ligne des u;

$\int G'\Pi'z$ cos. $e-\int G'Z'\pi$ cos. $e+\int G'\Pi'u$ sin. $e-\int G'V'\pi$ sin. $e=\int G'\Pi'\varpi-\int G'\pi(Z'$ cos. $e+V'$ sin. $e)$.
& $\int G'\Pi'z$ sin. $e-\int G'Z'\pi$ sin. $e-\int G'\Pi'u$ cos. $e+\int G'V'\pi$ cos. $e=\int -G'\Pi'\rho+\int G'\pi(V'$ cos. $e-Z'$ sin. $e)$.

10. Pour que cos. e & sin. e disparoissent de ces dernieres formules, il faut ou que $Z'=o$, & $V'=o$, ou que $Z'=A\zeta$ cos. $e-B\nu$ sin. e & $V'=A\zeta$ sin. $e+B\nu$ cos. e, ζ & ν étant des quantités qui ne contiennent point e. En ce dernier cas, on aura Z' cos. $e+V'$ sin. $e=A\zeta$; & V' cos. $e-Z'$ sin. $e=B\nu$.

11. Appliquons maintenant ces formules à quelques exemples; nous ferons d'abord abstraction du mouvement du point C, qui est commun ou censé commun à tous les autres points du corps, & nous regarderons ce point comme en repos; mais pour envisager la question d'une maniere plus générale, nous supposerons que ce point C ne soit pas, si l'on veut, le centre de gravité du corps. Prenons donc d'abord, pour y appliquer nos formules, le cas où il s'agit de trou-

ver le mouvement d'un corps pesant qui pirouette par un de ses points C sur un plan horisontal ; on aura $V=o$, $Z=o$, $\int G'\Pi'=-Mp$, en appellant M la masse du corps & p la pesanteur.

12. Supposons outre cela que le corps soit attaché par la pointe C sur le plan où il pirouette, on aura $ddq=o$, $ddx=o$, $dds=o$; ce qui simpliera encore les équations.

13. On peut remarquer enfin que si la ligne menée par la pointe & le centre de gravité, est un des axes de rotation naturels du corps, on aura
$\int G'\lambda f$ sin. $X=o$, à cause de $\int Gf$ sin. $X=o$.
$\int G'\lambda f$ cos. X sera $=o$ par la même raison.

14. Dans la même hypothèse, on aura $\int G'\varpi=o$; & par conséquent $\int G\Pi'\varpi$ ou $\int -Gp\varpi=o$;
$\int G'\rho=\int G'\lambda$ cos. $\Pi=\Lambda$ cos. $\Pi\int G'$ ou ΛM cos. Π ; en nommant Λ la distance du point touchant au centre de gravité.

15. De même $\int G'\pi=\Lambda$ sin. $\Pi\int G'=\Lambda M$ sin. Π.

16. Cela posé, on aura dans ce cas les équations suivantes d'après le second Mémoire de nos Opuscules, les forces γ & φ étant ici égales à zero,

$$\int G'(udz-zdu)=Ndt,$$

$$\int(G'\pi ddu-G'udd\pi)+\frac{2adt^2\psi\nu'}{p\theta^2}=o.$$

$$\int(G'\pi ddz-G'zdd\pi)+\frac{2adt^2\psi\mu'}{p\theta^2}=o.$$

17. Or il est aisé de voir que $\psi\nu'=\int G'\Pi'u$; & $\psi\mu'=\int G'\Pi'z$.

17. Donc, 1°. $\rho d\varpi - \varpi d\rho - de(\varpi\varpi + \rho\rho) = Ndt$; 2°. $\pi dd\varpi - \varpi dd\pi - d(\pi\rho de) + (\rho d\pi - \pi d\rho)de - \pi\varpi de^2 + \frac{2adt^2}{p\theta} \times - p\int G'\varpi = 0$; équation dans laquelle $\int G'\varpi = 0$ (article 14); 3°. $\rho dd\pi - \pi dd\rho - d(\varpi\pi de) - (\pi d\varpi - \varpi d\pi)de + \pi\rho de^2 + \frac{2adt^2}{p\theta} \times - p\int G'\rho = 0$.

18. On trouvera donc (en faisant les substitutions & réductions indiquées ci-dessus) $\int - G'ffdP \text{ sin. } \Pi + \frac{\int G'ffd\Pi \text{ cos. } \Pi}{2} \times \text{ cos. } 2\xi \text{ sin. } 2P - \int d\epsilon\,(G'\lambda\lambda - \frac{G'ff}{2}) \text{ cos. } \Pi^2 + \frac{\int G'ffd\epsilon \text{ cos. } \Pi^2 \text{ cos. } 2\xi \text{ cos. } 2P}{2} - \int G'ffd\epsilon = Ndt$;

$d[\int G'ffdP \text{ cos. } \Pi + \frac{\int G'ffd\Pi \text{ sin. } \Pi \text{ cos. } 2\xi \text{ sin. } 2P}{2} - \int d\epsilon\,(G'\lambda\lambda - \frac{ffG'}{2}) \text{ sin. } \Pi \text{ cos. } \Pi + \frac{\int G'ffd\epsilon \text{ cos. } \Pi \text{ sin. } \Pi \text{ cos. } 2\xi \text{ cos. } 2P}{2}] + \int d\epsilon\,[(G'\lambda\lambda + \frac{G'ff}{2})d\Pi + \frac{\int G'ffd\Pi \text{ cos. } 2\xi \text{ cos. } 2P}{2}] - \frac{\int G'ffd\epsilon^2 \text{ cos. } \Pi \text{ cos. } 2\xi \text{ sin. } 2P}{2}) = 0$;

$d[\int(G\lambda\lambda + \frac{G'ff}{2})d\Pi + \frac{\int G'ffd\Pi \text{ cos. } 2\xi \text{ cos. } 2P}{2} - \frac{\int G'ffd\epsilon \text{ cos. } \Pi \text{ cos. } 2\xi \text{ sin. } 2P}{2}] - \int d\epsilon\,[ffG'dP \text{ cos. } \Pi + \frac{ffG'd\Pi \text{ sin. } \Pi \text{ cos. } 2\xi \text{ sin. } 2P}{2}] - d\epsilon^2\int(\lambda\lambda G' - \frac{ffG'}{2})$

fin. Π cof. Π + $\frac{\int G' \int f d \epsilon^2 \text{ fin. } \Pi \text{ cof. } \Pi \text{ cof. } 2\xi \text{ cof. } 2P}{2}$] (en fuppofant pour plus de fimplicité $\frac{2a}{\theta^2} = 1$) $= dt^2 \times \int G' \Pi' \rho = - dt^2 \int G' p \lambda$ cof. $\Pi = - dt^2 \, \mathrm{A} M$ cof. Π.

19. Soit, pour fimplifier les calculs, $\int G' f f$ cof. $2\xi = o$, on aura

$$-\int G' f f dP \text{ fin. } \Pi - \int d\epsilon \left(G' \lambda\lambda - \frac{G' f f}{2}\right) \text{ cof. } \Pi^2 - \int G' f f d\epsilon = N dt;$$

$$d\left[\int G' f f dP \text{ cof. } \Pi - \int d\epsilon \left(G' \lambda\lambda - \frac{G' f f}{2}\right) \text{ fin. } \Pi \text{ cof. } \Pi\right] + \int d\epsilon \left(G' \lambda\lambda + \frac{G' f f}{2}\right) d\Pi = o;$$

$$d\left[\left(\int G' \lambda\lambda + \frac{\int f f G'}{2}\right) d\Pi\right] - \int d\epsilon \left[G' f f dP \text{ cof. } \Pi\right] - \int d\epsilon^2 \left(G' \lambda\lambda - \frac{f f G'}{2}\right) \text{ fin. } \Pi \text{ cof. } \Pi\,] = - \mathrm{A} M dt^2 \text{ cof. } \Pi.$$

20. Soit, pour fimplifier encore les calculs, $N = o$; (nous prouverons plus bas que fans le fecours de cette fuppofition, on peut arriver à une folution générale); foit auffi $\int G' \lambda\lambda - \frac{\int f f G'}{2} = C$, $\int G' f f = A'$, on aura

$$d\epsilon = - \frac{A' dP \text{ fin. } \Pi}{C \text{ cof. } \Pi^2 + A'};$$

$$d\left(A' dP \text{ cof. } \Pi + \frac{C A dP \text{ fin. } \Pi^2 \text{ cof. } \Pi}{C \text{ cof. } \Pi^2 + A'}\right) - (C + A') \times \frac{d\Pi \,.\, A' dP \text{ fin. } \Pi}{C \text{ cof. } \Pi^2 + A'} = o;$$

$$d\left[(C + A') d\Pi\right] + \frac{A' dP \text{ fin. } \Pi}{C \text{ cof. } \Pi^2 + A'} \times (A' dP \text{ cof. } \Pi +$$

$\frac{C A' dP \text{ sin. } \Pi \cdot \text{cos. } \Pi}{C \text{ cos. } \Pi + A'}) = - \Lambda M dt^2 \text{ cos. } \Pi$; équations qui se réduisent à celles-ci;

$$d\left[\frac{(A'C + A'A) dP \text{ cos. } \Pi}{C \text{ cos. } \Pi^2 + A'}\right] - \frac{A' dP d\Pi \text{ sin. } \Pi}{C \text{ cos. } \Pi^2 + A'}(C + A') = o;$$

$$d[(C + A') d\Pi] + \frac{A' dP \text{ sin. } \Pi}{C \text{ cos. } \Pi^2 + A'} \times \frac{(CA' + A'A) dP \text{ cos. } \Pi}{C \text{ cos. } \Pi^2 + A'^2} = - \Lambda M dt^2 \text{ cos. } \Pi.$$

21. Soit $dP = q dt$, donc $ddP = dq dt$, & on aura $d(q \Pi') - q d\Pi . \Pi'' = o$ (a); & (supposant β une constante) $\beta dd\Pi + q^2 dt^2 \Pi''' = - \Lambda M dt^2 \Pi^{IV}$; la premiere équation donne $q = A' \Pi^{V}$; mettant dans la seconde cette valeur, & supposant $dt = \sigma d\Pi$, ou $dd\Pi = - \frac{d\sigma d\Pi}{\sigma}$, on aura $- \frac{\beta d\sigma}{\sigma} + \sigma^2 d\Pi . \Pi^{VI} = o$, équation qu'on peut intégrer aisément.

22. Pour que la supposition de $N = o$ soit légitime, il suffit que N soit $= o$ au commencement du mouvement, lorsque $t = o$, ce qui arrivera si en général, lorsque $t = o$, on a $de = - \frac{A' dP \text{ sin. } \Pi}{C \text{ cos. } \Pi^2 + A'}$.

23. Au reste la supposition de $N = o$ n'est pas nécessaire, & on peut même résoudre le problême dans des cas bien plus généraux que celui de $N =$ à une constante quelconque, comme nous allons le prouver.

24. En effet, supposons en général que les seconds

(a) Dans les calculs de cet article, Π', Π'', Π''', &c. sont des fonctions de Π.

membres

membres des équations de l'art. 19 ſoient Ndt pour la premiere, Qdt^2 & Rdt^2 pour les deux autres, N, R & Q étant des fonctions quelconques de Π, on aura d'abord

$$dt = -\frac{A'dP\,\text{ſin.}\,\Pi + Ndt}{C\,\text{coſ.}\,\Pi^2 + A'};$$

$$d[A'dP\,\text{coſ.}\,\Pi + (CA'dP\,\text{ſin.}\,\Pi^2\,\text{coſ.}\,\Pi + CNdt\,\text{ſin.}\,\Pi\,\text{coſ.}\,\Pi):(C\,\text{coſ.}\,\Pi^2 + A')] - \frac{(C+A')\,dP.A'd\Pi\,\text{ſin.}\,\Pi}{C\,\text{coſ.}\,\Pi^2 + A'}$$

$$-\frac{(C+A')\,Ndt\,d\Pi}{C\,\text{coſ.}\,\Pi^2 + A} = Qdt^2;$$

ou plus ſimplement

$$d\left[\frac{(CA'+A'A')\,dP\,\text{coſ.}\,\Pi + CNdt\,\text{ſin.}\,\Pi\,\text{coſ.}\,\Pi}{C\,\text{coſ.}\,\Pi^2 + A'}\right] -$$

$$\frac{(C+A')\,(A'd\Pi\,dP\,\text{ſin.}\,\Pi + Ndt\,d\Pi)}{C\,\text{coſ.}\,\Pi^2 + A'} = Qdt^2.$$

Enfin on aura $d[(C+A')\,d\Pi] + (A'dP\,\text{ſin.}\,\Pi + Ndt)\left[\frac{(CA'+A'A')\,dP\,\text{coſ.}\,\Pi + CNdt\,\text{ſin.}\,\Pi\,\text{coſ.}\,\Pi}{(C\,\text{coſ.}\,\Pi^2 + A')^2}\right] = Rdt^2.$

25. Suppoſant comme ci-deſſus $dP = q\,dt$, & prenant encore Π', Π'', &c. ϖ', ϖ'', ϖ''', pour des fonctions de Π, on aura

$$d(q\Pi' + \varpi') - (q\,d\Pi.\Pi'' + \varpi''\,d\Pi)\,(C+A') = Qdt^2;$$

$$\&\ (C+A')\,dd\Pi + (q\Pi'' + \varpi'')\,dt^2 \times (q\Pi' + \varpi') = Rdt^2;$$

La premiere équation intégrée donne $q = \Pi^{v}$; & faiſant $dt = \sigma d\Pi$, on aura $(C+A) \times -\frac{d\sigma}{\sigma} + \sigma^2 d\Pi \times \Pi^{v1} = o$; l'équation eſt donc intégrable dans tous les cas où N, Q, R, ſont des fonctions quelconques de Π.

26. Or, pour que N ſoit une fonction de Π (qui devient ici une conſtante) il faut que $\gamma\chi' - \varphi\theta'$ ſoit nulle, & qu'on ait par conſéquent $\gamma\chi' - \varphi\theta' = o$.
Pour que Q ſoit une fonction de Π, il faut que $\psi\mu'$ coſ. $e - \varphi\zeta'$ coſ. $e + \psi\nu'$ ſin. $e - \gamma\xi'$ ſin. $e = \Gamma'(\Pi)$, Γ' étant une fonction de Π.
Enfin, pour que R ſoit une fonction de Π, il faut que $\psi\mu'$ ſin. $e - \varphi\zeta'$ ſin. $e - \psi\nu'$ coſ. $e + \gamma\xi'$ coſ. $e = \Gamma''(\Pi)$, Γ'' étant une autre fonction de Π.

27. Donc toutes les fois que les puiſſances φ, ψ, γ, & les diſtances ν', μ', χ', ξ', θ' & ζ' feront telles que l'on ait les conditions marquées par ces équations, on pourra trouver le mouvement du corps.

28. On peut encore remarquer que dans la figure 2, ſur laquelle les formules ſont calculées, on aura (page 78 du Tome premier de nos *Opuſcules*) $\nu' = \nu$ coſ. $e + \mu$ ſin. e, & $\mu' = \mu$ coſ. $e - \nu$ ſin. e; ainſi on pourra chaſſer μ' & ν' des équations précédentes qui feront alors $\gamma\chi' - \varphi\theta' = o$; $\psi\mu - \varphi\zeta'$ coſ. $e - \gamma\xi'$ ſin. $e = \Gamma'(\Pi)$; $-\psi\nu - \varphi\zeta'$ ſin. $e + \gamma\xi'$ coſ. $e = \Gamma''(\Pi)$.

29. De plus dans la figure 2, la force ψ parallèle à CE' = la force Π' parallèle auſſi à CE'.
La force G donne parallélement à CD, la force G coſ. e, dont la diſtance à CE' eſt $\chi' = \frac{\chi}{\text{coſ.}\, e}$, & dont

la distance au plan BCD où $\xi' = \xi$.

La même force G donne parallélement à CB la force $- G$ sin. e, dont la distance à CE' est $= o$, & dont la distance au plan $BCD = \xi'$ ou ξ.

La force F donne parallélement à CB la force F cos. e; dont la distance à CE' est $\theta' = \frac{\theta}{\text{cos. } e}$, & dont la distance au plan $BCD = \zeta' = \zeta$.

La même force F donne parallélement à CD la force $+ F$ sin. e dont la distance à CE' est $= o$, & la distance au plan $BCD = \zeta' = \zeta$.

30. Donc on aura $\gamma = G$ cos. $e + F$ sin. e, & $\gamma\chi' = G$ cos. $e \times \frac{\chi}{\text{cos. } e} - F$ sin. $e \times o = G\chi$.

De même $\varphi = F$ cos. $e - G$ sin. e; & $\varphi\theta' = F$ cos. $e \times \frac{\theta}{\text{cos. } e} + G$ sin. $e \times o = F\theta$.

Donc $\gamma\chi' - \varphi\theta' = G\chi - F\theta = o$.

31. On aura de même $\psi\nu' - \gamma\xi' = \Pi'$ (ν cos. $e +$ μ sin. e) $- G\xi$ cos. $e - F\zeta$ sin. e.

$\psi\mu' - \varphi\zeta' = \Pi'$ (μ cos. $e - \nu$ sin. e) $- F\zeta$ cos. $e +$ $G\xi$ sin. e;

Donc $(\psi\mu' - \varphi\zeta')$ cos. $e + (\psi\nu' - \gamma\xi')$ sin. $e = \Pi'\mu - F\zeta$;

& $(\psi\mu' - \varphi\zeta')$ sin. $e - (\psi\nu' - \gamma\xi')$ cos. $e = - \Pi'\nu + G\xi$.

32. D'où il est aisé de conclure que si un corps de figure quelconque, dans lequel $\int\int\int G'$ cos. $2\xi = o$, est animé par trois puissances, l'une $= \Pi'$, perpendiculaire au plan de projection, les deux autres F, G placées dans des plans parallèles à ce plan de pro-

jection, & perpendiculaires entr'eux & au plan de projection, lesquelles forces Π', F, G ne dépendent de e, ni de P, ni pour la quantité ni pour la direction, on aura le mouvement de ce corps, si $G\chi - F\theta = o$.

33. En effet, les deux autres quantités $\Pi'\mu - F\zeta$, $G\xi - \Pi'\nu$ seront alors ou constantes ou des fonctions de Π. Par conséquent les deux quantités $(\psi\mu' - \varphi\zeta')$ cos. $e + (\psi\Pi' - \gamma\xi')$ sin. e & $(\psi\mu' - \varphi\zeta')$ sin. $e - (\psi\nu' - \gamma\xi')$ cos. e, qui leur sont égales par l'article 31, seront aussi ou des constantes, ou des fonctions de Π. Donc, en employant la méthode indiquée ci-dessus, (articles 25 & 26) on pourra dans ce cas trouver le mouvement du corps; & la supposition que C soit le centre de gravité simplifiera les équations. Quant au mouvement que doit avoir ce centre, (s'il doit en avoir un) on le trouvera aisément dès que le reste du problême sera résolu, puisque ce mouvement sera le même, par les principes de Dynamique, que si les forces accélératrices ou rétardatrices agissoient sur la masse du corps, réunie à son centre de gravité.

34. On trouvera par les mêmes principes le mouvement d'un corps qui pirouette sur un de ses points C, ce point C étant-lui-même supposé en mouvement. Nous donnerons dans un autre lieu le résultat de nos recherches sur ce sujet.

Fin du vingt-deuxiéme Mémoire.

VINGT-TROIS[ME] MÉMOIRE.

Extrait de plusieurs Lettres de l'Auteur sur différens sujets, écrites dans le courant de l'année 1767.

I. *Sur la solution d'un Problême.*

Vous aurez pu voir dans le Journal Encyclopédique de Novembre 1766, premier volume, page 125, ma réponse au Pere Riccati, Jésuite, qui semble insinuer dans ses *Opuscules*, que je lui suis redevable de la solution d'un problême de calcul intégral, imprimée dans le Tome IV des Mémoires de Berlin, page 275, dans un temps où je ne connoissois pas même le nom de cet Auteur. Je me suis rappellé, depuis ma réponse, que j'avois communiqué cette solution, dès 1740, à l'Académie des Sciences de Paris, dont je n'étois pas encore; c'est-à-dire, que je connoissois la méthode dont il s'agit, sept ans avant que le Pere Riccati songeât à la donner au Public; ce qui m'en assure, ce, me semble, la paiſible poſſeſſion. Comme ce fait intéreſſe un peu les Mémoires de l'Académie de Berlin, j'ai cru ne devoir pas le paſſer ſous ſilence.

II. *Sur un Paradoxe géométrique.*

1. Voici une eſpéce de paradoxe géométrique qui m'a paru digne de vous être communiqué.

Soit $\frac{1}{x^2}$ la force qui pouſſe un corps en ligne droite vers un centre, u la vîteſſe du corps à la diſtance x, & a la diſtance d'où le corps part, on aura $u^2 = 2\int -\frac{dx}{x^2} = 2\left(\frac{1}{x} - \frac{1}{a}\right)$ & $u = \sqrt{\frac{2}{x} - \frac{2}{a}}$; laquelle expreſſion devient imaginaîre quand x eſt négative; vous ſavez les concluſions ſingulieres qu'un grand Géometre a tirées de-là, & auxquelles j'ai répondu dans le Tome premier de mes Opuſcules, page 221. Mais voici quelque choſe de plus ſingulier, c'eſt que l'expreſſion de u devient imaginaire, x étant négatif, même quand on ſuppoſe qu'au-delà du centre, la force centripete devienne centrifuge : c'eſt-à-dire, que la force ſoit toujours dirigée dans le même ſens des deux côtés du centre, mais toujours proportionnelle à $\frac{1}{x^2}$; ce qui paroît aſſez paradoxe; & ce paradoxe ſubſiſte en faiſant commencer les x au point de départ, au lieu de les faire commencer au centre; car on a de même $u\,du = \frac{dx}{(a-x)^2}$ ou $uu = \frac{2}{a-x} - \frac{2}{a}$; & ſi x eſt $> a$, la valeur de u devient imaginaire. Cependant la valeur de udu est toujours positive, lorsque x est $> a$, comme elle le doit être dans le cas dont il s'agit; car si on suppose que lorsque $x > a$, la force devienne centrifuge de centripete qu'elle étoit, la vîtesse, qui est infinie au centre, doit ensuite augmenter encore, lorsque le mobile a passé le centre, puisque le corps reçoit de nouveaux coups dans le même sens qu'auparavant. L'expression de la vitesse, pour être conforme à la vérité, devroit donc contenir une quantité qui demeurât infinie quand x est $> a$; ainsi le calcul est ici d'autant plus en défaut que l'expression $\frac{1}{x^2}$ de la force est exacte de l'un & de l'autre côté du centre, parce que la direction de la force est toujours la même. De plus la quantité $\frac{dx}{(a-x)}$ est l'élément de l'aire d'une hyperbole cubique $BNQMn$ qui a la forme représentée par la Fig. 3; ensorte que prenant $AO > AC$, l'aire $AOMQB$ est infinie & $>$ que l'aire infinie $ACQB$, comme cela doit être. Voilà donc encore ici le calcul en défaut; car soit z l'aire qui répond à l'abscisse x, cette aire se trouve $\frac{1}{a-x} - \frac{1}{a}$, qui est finie & négative quand $x > a$, quoiqu'assurément l'aire soit infinie & positive.

2. Si la force étoit toujours dirigée dans le même sens, & proportionnelle à x^m, m étant un nombre pair positif, on auroit $uu = \frac{2}{m+1}(a^{m+1} - x^{m+1})$, & en faisant x

négative, u demeure réelle & telle qu'elle doit être; au lieu que son expression seroit fausse, quoique non imaginaire, si la force x^m avoit des directions contraires des deux côtés du centre. Ce n'est donc que lorsque $m+1$ est négatif (en supposant la force x^m toujours de la même direction) que la géométrie se trouve en défaut, soit pour la valeur de la vîtesse, soit pour la mesure des aires hyperboliques qui la représentent. Il me semble que les Géometres n'avoient point encore remarqué ce paradoxe, d'une quantité dont l'expression devient fautive en certains cas, après qu'elle a passé par l'infini, si après ce passage elle ne devient point négative.

3. J'avouerai à cette occasion que je n'ai jamais été satisfait de la maniere dont M. Newton envisage, dans la section VII du Liv. I de ses *Principes*, le mouvement rectiligne d'un corps qui tend vers un centre, sur-tout dans l'hypothèse d'une force en raison inverse du quarré des distances; il représente ce mouvement par celui du même corps dans une section conique dont un des axes seroit $=o$, ce qui ne me paroît nullement exact. Car si ce dernier mouvement pouvoit représenter le mouvement rectiligne, supposons la force proportionnelle à $\frac{1}{x^2}$; le foyer & le sommet de la section conique, réduite (hyp.) à une ligne droite, se confondroient avec le centre de tendance; & comme le corps qui décrit une section conique, après avoir descendu vers le foyer, s'en éloigne ensuite en remontant, de même dans l'hypothèse

pothèse de M. Newton, le corps arrivé au centre devroit remonter au lieu de passer outre, comme il y passe évidemment ; on ne peut donc regarder avec M. Newton le mouvement du corps dont il s'agit, comme s'il se faisoit dans une section conique réduite à une ligne droite par l'anéantissement d'un de ses axes.

III. *Sur un autre paradoxe.*

1. Voici encore une autre espéce de paradoxe dont j'ai déja fait mention dans le troisiéme volume des Mémoires de Berlin, année 1747, sans y trouver de solution dont j'aye été pleinement satisfait. Soit (Figure 4.) $PM = y, AP = x;\ dy = dx\sqrt{(1-x)^{-\frac{2}{3}} - 1}$, (Mém. Berl. 1747, page 241.); $AC = 1$; l'élément de l'arc AM est $dx\sqrt{(1-x)^{-\frac{2}{3}}}$, dont l'intégrale est $\int dx(1-x)^{-\frac{1}{3}}$, ou $-\frac{3}{2}(1-x)^{\frac{2}{3}} + \frac{3}{2}$; ou, en faisant $1 - x = z = CP$, $\frac{3}{2}(1 - CP^{\frac{2}{3}})$. Si $CP = o$, on a $AR = \frac{3}{2}$; si CP est négatif, on aura la valeur de $ARr = \frac{3}{2}(1-(-CP^{\frac{2}{3}}))$ qui, à cause de $(-CP)^2 = CP^2$, est la même chose que $\frac{3}{2}(1 - CP^{\frac{2}{3}})$; ce qui ne doit pourtant pas être, puisque ARr est $> AM$, en supposant $Cp = CP$. Voilà donc encore ici le calcul en défaut; d'autant que, pour satisfaire pleinement à l'équation $dy = dx\sqrt{(1-x)^{-\frac{2}{3}} - 1}$, en prenant le radi-

cal positif, il faut supposer que la tranche qui continue après le point R, soit, non pas RO, (Fig. 5.) mais RK égale & semblable à RO.

Au reste, ceci peut servir en quelque maniere à répondre au paradoxe mentionné dans les Mémoires de Berlin de 1747, savoir que la courbe $ARTO$ est rectifiable, quoiqu'en apparence elle n'ait point d'autres branches que $ARTO$; car on voit qu'elle en a réellement d'autres : il paroît même qu'il faut prendre, pour représenter la courbe continue, ARK & non ARO, par la raison que dans l'équation de la trochoïde, savoir $dy = \frac{a\,dx}{\sqrt{2ax - xx}}$, il faut toujours prendre $\sqrt{2ax - xx}$ du même signe; de même il paroît qu'il faut prendre toujours ici $\sqrt{(1-x)^{-\frac{2}{3}} - 1}$ du même signe, c'est-à-dire, avec le signe $+$.

2. Mais il reste toujours ici une difficulté à résoudre. Car l'arc de la cycloïde qui répond à une abscisse x, le diametre étant $2a$, est $= 2\sqrt{2ax}$; & à une même x, il répond à une infinité d'autres arcs $= 2m.4a \pm 2\sqrt{ax}$, (m étant un nombre quelconque entier positif, en y comprenant zero) ou même $-2m.4a \pm 2\sqrt{2ax}$. Ainsi l'arc de la cycloïde est rectifiable, quoiqu'à une même abscisse x il réponde une infinité d'arcs. La réponse que j'ai donnée à cette difficulté dans les Mém. de Berl. de 1747, pag. 243, ne me paroît pas lever suffisamment tous les doutes; & j'avoue que j'ai peine à

me rendre ſans ſcrupule aux raiſonnemens de M. Newton, (Liv. I des *Principes*, ſect. VI, lem. 28) pour prouver l'impoſſibilité de la quadrature ou de la rectification indéfinie du cercle, lorſque je vois que des raiſonnemens ſemblables, appliqués à la rectification de la cycloïde, conduiroient à une concluſion fauſſe. Il n'y a, ce me ſemble, de différence ici, qu'en ce que le cercle eſt une courbe rentrante, & que la cycloïde ne l'eſt pas; mais je ne vois rien dans le raiſonnement de M. Newton qui puiſſe être changé par cette diſparité; d'autant plus que la cycloïde, ſi elle n'eſt pas une courbe rentrante comme le cercle, eſt du moins une courbe continue, & dont les branches ne ſont point ſéparées: en un mot, le raiſonnement de M. Newton me paroît porter uniquement ſur cette ſuppoſition, que dans le cercle il répond une infinité d'arcs à une même abſciſſe, d'où il conclud que l'équation entre l'arc & l'abſciſſe doit être d'un dégré infini, & par conſéquent l'arc irrectifiable algébriquement; or, en appliquant ce raiſonnement à la cycloïde, j'en conclurai que l'équation entre l'abſciſſe x & l'arc correſpondant, doit être auſſi d'un dégré auſſi infini, & par conſéquent l'arc irrectifiable algébriquement; ce qui eſt faux.

3. D'ailleurs ſoit $dy = Xdx$, l'équation de l'arc ou de l'aire d'une courbe ovale, répondant à l'abſciſſe x. L'intégrale eſt $y = a + \int Xdx$, a étant une conſtante variable pour chaque révolution, & qui peut avoir une infinité de valeurs; pourquoi donc ne diroit-on pas que

l'équation $y = a + \int Xdx$ renferme réellement l'infinité de valeurs que doit avoir y; ce qui n'empêche point que $\int Xdx$ ne puisse être une quantité algébrique? C'est ce qui arrive en effet dans la cycloïde, où l'équation qui exprime l'arc y est $= A \pm 2\sqrt{2ax}$, A étant une constante qui varie, à mesure qu'on prolonge la cycloïde de côté ou d'autre. Il me semble que ces réflexions peuvent mériter l'attention des Géometres, & les engager à chercher une démonstration plus rigoureuse de l'impossibilité de la quadrature & de la rectification indéfinie des courbes ovales.

IV. *Sur la chaleur communiquée par un globe ardent.*

1. M. Newton, dans son Livre des *Principes*, édition de 1713, page 466 & suivantes, nous a donné un calcul sur la chaleur que la Comete de 1680 a dû éprouver dans son périhélie. Parmi plusieurs suppositions sur lesquelles ce calcul est appuyé, & que M. de Buffon a savamment discutées dans un Mémoire qu'il a lû à l'Académie des Sciences de Paris au mois de Mars 1767, il en est une qui mérite d'être soumise à l'examen de la Géométrie : c'est l'hypothèse d'où part ce grand Géometre, qu'un point ou corpuscule échauffé par un globe, en reçoit une chaleur réciproquement proportionnelle au quarré de la distance de ce corpuscule au centre du globe. Le calcul fait voir à la vérité que cette proposition est vraie dans l'hypothèse de l'attraction, parce que les attractions latérales, perpen-

diculaires à l'axe, détruisent réciproquement leur effet, & que tout se réduit à une seule force, dont la direction passe par le centre du globe; mais il n'en est pas de même de l'action produite par la chaleur; il n'y a pour lors aucune décomposition à faire, & les forces qui agiroient en ce cas, même en sens contraires, doivent s'ajouter au lieu de se détruire. En voici le calcul qui pourra être de quelque utilité.

2. Soit un globe dont le rayon $= r$, & soit un point placé à la distance δ du centre de ce globe, & x les abscisses prises depuis le centre; on aura, en nommant $2n$ le rapport de la circonférence au rayon, $\frac{-2nrdx}{\delta\delta - 2\delta x + rr}$. pour l'action totale qu'une petite zone circulaire de la surface du globe exerce sur le point dont il s'agit, non dans la direction de la ligne qui joint ce point avec le centre du globe (comme lorsqu'il s'agit de l'attraction) mais dans la direction de chaque ligne qui va de ce point aux différens points de la zone. Cette remarque supposée, on trouve aisément que l'intégrale de la quantité différentielle est $\frac{nr}{\delta}$ log. $\left(\frac{\delta\delta + rr}{2\delta} - x\right) - \frac{nr}{\delta}$ log. $\left(\frac{\delta\delta + rr}{2\delta} - r\right)$; d'où il s'ensuit, en faisant $x = -r$, que l'intégrale totale est $\frac{nr}{\delta}$ log. $\left(\frac{\delta + r}{\delta - r}\right)^2$ ou $\frac{2nr}{\delta} \times$ log. $\left(\frac{\delta + r}{\delta - r}\right)$.

3. Maintenant, si on multiplie cette quantité par dr,

pour avoir la différentielle de l'action du globe, on aura $\frac{2nrdr}{\delta} \times \log. \frac{\delta+r}{\delta-r}$ ou $\frac{2nrdr}{\delta}\left(\int \frac{dr}{\delta+r} + \int \frac{dr}{\delta-r}\right)$ dont l'intégrale est $\frac{nrr}{\delta}\left(\int \frac{dr}{\delta+r} + \int \frac{dr}{\delta-r}\right) - \int \frac{nrrdr}{\delta(\delta+r)} - \int \frac{nrrdr}{\delta(\delta-r)} + C = \frac{nrr}{\delta} \log. \frac{\delta+r}{\delta-r} + 2nr - n\delta \log. \frac{\delta+r}{\delta-r} + C$; où l'on voit que la constante $C=o$, parce que $r=o$ donne l'intégrale $=o$.

4. Si le point échauffé est fort près du globe, ensorte que $\delta = r + \alpha$, α étant une quantité fort petite, on aura la quantité ci-dessus, égale à très-peu près à $-2n\alpha \log. \frac{2r}{\alpha} + 2nr = 2n\alpha \log. \frac{\alpha}{2r} + 2nr$. Or il est aisé de voir que lorsque α est infiniment petite, la quantité $2n\alpha \log. \frac{\alpha}{2r}$, ou ce qui revient au même (en faisant abstraction du signe) $2n\alpha \log. \frac{2r}{\alpha}$, est aussi infiniment petite; car la construction de la logarithmique, qui est toute convexe vers son axe, sans avoir d'autres asymptotes que cet axe même, & qui en s'éloignant de son axe, lui devient toujours de plus en plus perpendiculaire, cette construction, dis-je, fait connoître facilement que le rapport d'un nombre quelconque x à son logarithme est exprimé, depuis le point où $x=1$, par une fraction croissante à l'infini, & par conséquent le rapport du logarithme au nombre, par une fraction décroissante

à l'infini. Donc lorſque $\frac{2r}{\alpha}$ eſt infini, le rapport de log. $\frac{2r}{\alpha}$ à $\frac{2r}{\alpha}$, c'eſt-à-dire, $\frac{\alpha}{2r}$ log. $\frac{2r}{\alpha}$ eſt infiniment petit. Donc $2n\alpha$ log. $\frac{2r}{\alpha}$ ou $4nr \times \frac{\alpha}{2r}$ log. $\frac{2r}{\alpha}$ auſſi infiniment petit.

5. Donc en ce cas la quantité ci-deſſus ſe réduit à $2nr$, quantité plus grande (comme en effet elle le doit être) que la force $\frac{4nr}{3}$, qu'on trouve dans l'hypothèſe de l'attraction.

6. Si on ſuppoſe que le point ne ſoit échauffé que par la ſeule ſurface du globe, on aura (art. 2.) $\frac{2nr}{\delta}$ log. $\left(\frac{\delta+r}{\delta-r}\right)$ pour l'expreſſion de la chaleur qu'il reçoit; & ſi $\delta = r + \alpha$, α étant une quantité fort petite, cette expreſſion devient une quantité conſidérable, & infinie ſi α eſt infiniment petite.

7. Si on ſuppoſe encore que le point ne ſoit échauffé que par la partie de la ſurface du globe qui peut lui envoyer des rayons, c'eſt-à-dire, par la partie de la ſurface compriſe entre les tangentes menées de ce point à la ſurface du globe, on trouvera que cette partie de la ſurface a pour abſciſſe $x = \frac{rr}{\delta}$; & la chaleur reçue ſera $\frac{nr}{\delta}$ log. $\left(\frac{\delta\delta - rr}{(\delta-r)^2}\right)$. Dans ce cas ſi $\delta = r + \alpha$, α étant très-petite, on aura pour l'expreſſion

de la chaleur $\frac{nr}{\delta}$ log. $\frac{2r}{\alpha}$, c'eſt-à-dire, une quantité infinie.

8. Il eſt à remarquer que cette derniere expreſſion $\frac{nr}{\delta}$ log. $\frac{\delta\delta - rr}{(\delta - r)^2}$ revient à la moitié exacte de la précédente $\frac{nr}{\delta}$ log. $\frac{\delta + r}{\delta - r}$, où l'on ſuppoſoit que le point fût échauffé par toute la ſurface ; d'où il s'enſuit que la chaleur communiquée au point échauffé, par la partie de la ſurface qui peut lui envoyer directement des rayons, eſt la moitié de celle qu'il peut recevoir de la ſurface entiere.

9. Maintenant, ſi le point échauffé étoit un globe ou une ſurface ſphérique, & qu'on nommât ρ le rayon de cette ſurface, Δ la diſtance des deux centres, ξ les abſciſſes priſes depuis le centre dans le globe échauffé, on auroit (article 7.) la chaleur d'une petite zone circulaire de la ſurface échauffée $= - 2n\rho d\xi \times \frac{nr}{\delta}$ log. $\frac{\delta + r}{\delta - r}$; or il eſt aiſé de voir que $\delta\delta = \Delta\Delta - 2\Delta\xi + \rho\rho$, d'où $\xi = \frac{\Delta\Delta + \varrho\varrho - \delta\delta}{2\Delta}$, & par conſéquent $-2n\rho d\xi \times \frac{nr}{\delta}$ log. $\left(\frac{\delta + r}{\delta - r}\right) = \frac{2n^2 r d\delta}{2\Delta} \times \rho \times$ log. $\left(\frac{\delta + r}{\delta - r}\right)$, dont l'intégrale eſt $\frac{n^2 r \varrho}{\Delta}[\delta$ log. $\frac{\delta + r}{\delta - r} - \int \frac{\delta d\delta}{\delta + r} + \int \frac{\delta d\delta}{\delta - r}] = \frac{n^2 r \varrho}{\Delta}[\delta$ log. $\int \frac{\delta + r}{\delta - r} + \int \frac{r d\delta}{\delta + r} + \int \frac{r d\delta}{\delta - r}] = \frac{n^2 r \varrho}{\Delta}[(\delta + r)$ log. $(\delta + r) +$

$(r - \delta)$

$(r - \delta) \log. (\delta - r)]$. Cette intégrale doit être $= o$ lorsque $\delta = \Delta - \rho$; ainsi pour la rendre complette, on écrira $\frac{n^2 r \rho}{\Delta} [(\delta + r) \log. (\delta + r) - (\Delta + r - \rho) \log. (\Delta + r - \rho) + (r - \delta) \log. (\delta - r) - (r - \Delta + \rho) \log. (\Delta - \rho - r)]$.

10. Si on suppose qu'il n'y ait d'échauffé pendant un instant que la partie de la surface qui peut recevoir des rayons directs du globe échauffant, il est évident que la plus grande valeur de δ est en ce cas $\sqrt{(\Delta\Delta - \rho\rho)}$; & il faudra substituer cette valeur dans l'expression précédente.

11. Telles sont à peu-près les vûes & les formules générales que la Géométrie peut fournir à la Physique pour déterminer la chaleur qu'un globe enflammé doit communiquer à des corps qui sont exposés à son action ; le reste dépend absolument de l'observation & de l'expérience. M. de Buffon a communiqué à l'Académie d'excellentes recherches sur ce sujet, dans le Mémoire que nous avons déja cité.

V. *Sur le calcul des probabilités.*

1. Je suis bien flatté que mes doutes sur le calcul des probabilités, exposés dans le second volume de mes *Opuscules*, & tout récemment dans le cinquiéme volume de mes *Mélanges de Philosophie*, vous ayent paru dignes de quelqu'attention ; plus je pense à cette matiere, & plus je me persuade, qu'il y a des cas où

la théorie ordinaire eſt abſolument en défaut, & qu'on ne peut réſoudre que par des moyens ſemblables à ceux que j'ai propoſés. Prenons pour exemple le jeu de croix & de pile que j'ai cité, & qui a tant embarraſſé les Géometres, comme on le peut voir dans le Tome V des Mémoires de Petersbourg; ſuivant la théorie ordinaire, la ſomme eſpérée à chaque coup, dont le rang eſt n, eſt égal à 2^{n-1}, & la probabilité de gagner eſt $\frac{1}{2^n}$; d'où il ſuit que l'eſpérance à chaque coup (ſuivant la théorie ordinaire) eſt $\frac{1}{2}$, qu'ainſi l'eſpérance totale eſt infinie, & que par conſéquent la miſe devroit être infinie, ce qui eſt abſurde. Mais ſi au lieu de ſuppoſer la probabilité de gagner $= \frac{1}{2^n}$, on la ſuppoſoit, par exemple, $\frac{1}{2^n(1+\beta nn)}$, β étant un nombre conſtant pris à volonté; faiſons (Figure 6.) $CA = \sqrt{\left(\frac{1}{\beta}\right)}$; & ayant décrit du rayon CA le quart de cercle AeG dont la tangente indéfinie ſoit AF, prenons $AE = n$, $AF = n+1$; nous trouverons aiſément que $\frac{1}{1+\beta nn}$, eſt $=$ au produit du ſinus de l'arc ef par $\frac{CF}{CE}$, ce produit étant diviſé par la conſtante $EF = 1$; or de-là il eſt aiſé de voir que la ſomme de ces produits ne ſera infinie que dans le cas où le rayon $CA = \infty$; c'eſt-à-dire où $\beta = 0$; & qu'elle ſera d'autant plus petite que β sera plus grande : ensorte que si β par exemple, étoit $= 1$, & par conséquent $EF = CA$, la somme cherchée seroit à très-peu près égale à $\frac{1}{2} \times \frac{AeG}{CA} = \frac{1}{2} \times \frac{90^\circ}{57^\circ.\ 17'\ 44''}$ à très-peu près ; si $\beta = \frac{1}{16}$, la somme deviendroit environ quadruple, octuple si β étoit $= \frac{1}{64}$. Je m'en tiendrois assez à cette derniere supposition ; car alors la somme espérée, & par conséquent celle qu'il faudroit mettre au jeu, seroit de six à sept écus, & c'est, je crois, tout ce qu'on pourroit risquer raisonnablement.

2. Veut-on une hypothèse encore plus simple ? Il n'y a qu'à supposer que la probabilité au lieu d'être $\frac{1}{2^n}$ est $= \frac{1}{2^{n+\alpha n}}$, α étant un nombre tel qu'on voudra ; la somme espérée sera représentée par $\frac{1}{2}$ multiplié par la somme d'une progression géométrique décroissante, dont le premier terme est $\frac{1}{2^\alpha}$ (n étant $= 1$) & dont la somme sera égale au quarré de $\frac{1}{2^\alpha}$ divisé par $\frac{1}{2^\alpha} - \frac{1}{2^{2\alpha}}$; c'est-à-dire, égale à $\frac{1}{2^\alpha}$ divisé par $1 - \frac{1}{2^\alpha}$; d'où l'on pourra tirer aisément la valeur de α ; supposons, par exemple, que la plus grande somme qu'on puisse sacrifier, soit dix écus, on aura $10 = \frac{1}{2^{1+\alpha}} : \left(1 - \frac{1}{2^\alpha}\right)$; d'où

l'on tire $\frac{1}{2^a} = \frac{20}{21}$ & $a = \frac{\log. \frac{21}{20}}{\log. 2}$ = à très-peu près $\frac{21}{300}$ ou $\frac{7}{100}$.

3. Si on vouloit exprimer la probabilité par une formule qui devînt $= o$ quand n seroit = à un certain nombre, ou plus grand, il faudroit prendre, par exemple, au lieu de $\frac{1}{2^n}$; $\frac{1}{2^n\left(1+\frac{B}{\sqrt{K-n^q}}\right)}$, q étant un nombre quelconque positif, ou $\frac{1}{2^n\left(1+\frac{B}{(K-n)^{\frac{q}{2}}}\right)}$, q étant un nombre entier impair. Nous mettons le nombre pair 2 au dénominateur de l'exposant, afin que quand on est arrivé au nombre n qui donne la probabilité égale à zero, on ne trouve pas la probabilité négative, en faisant n plus grand que ce nombre, ce qui seroit choquant; car la probabilité ne sauroit jamais être au-dessous de zero. Il est vrai qu'en faisant n plus grand que le nombre dont il s'agit, elle devient imaginaire; mais cet inconvénient me paroît moindre que celui de devenir négative; & d'ailleurs il est impossible, (par l'imperfection des expressions algébriques) d'exprimer autrement que nous ne venons de faire, une quantité qui devient $= o$ à un certain terme, & qui passé ce terme, ne redevient point réelle.

4. Je ne sais ce que vous penserez de cette solution du problême proposé dans le Tome V des Mémoires de

Petersbourg; mais je crois du moins que vous la trouverez plus ſimple, plus naturelle & plus directe que les ſolutions du même problême, propoſées dans ces Mémoires, & qui roulent toutes ſur des conſidérations étrangeres à la queſtion, ſur l'état & la fortune des Joueurs. Auſſi ces ſolutions ſe contrediſent & ſe détruiſent les unes les autres.

5. Pour faire ſentir, par un exemple très-ſimple, le peu d'utilité de ces conſidérations dans la ſolution qu'on cherche, ſuppoſons que Pierre joue avec Paul à croix ou pile, en un ſeul coup, & qu'il doive donner un écu à Paul, ſi c'eſt *pile* qui vient; il eſt certain, (perſonne du moins n'en diſconvient) que Paul doit donner un demi-écu à Pierre pour ſon enjeu. Cependant il n'eſt pas moins certain que Paul, en donnant ce demi-écu, riſquera d'autant plus qu'il ſera plus pauvre; & que s'il n'avoit, par exemple, que ce demi-écu pour toute poſſeſſion, ſon riſque ſeroit même infini. Donc, puiſque dans la ſolution de cette queſtion ſi ſimple, on n'a aucun égard à la fortune & à l'état de Pierre, parce qu'on enviſage la queſtion mathématiquement, il eſt certain qu'on ne doit non plus avoir aucun égard à la fortune de Pierre dans la ſolution du problême des Mémoires de Petersbourg. Ce n'eſt pas que je ne croye très-raiſonnable d'avoir égard à la fortune des Joueurs dans la ſolution de ces ſortes de problêmes; je ſuis même perſuadé que les Mathématiciens ont trop négligé cet objet; mais je dis que la ſolution mathématique

de la queſtion propoſée doit être indépendante de cette conſidération.

6. J'oublie de vous dire (car je vous fait part de mes idées ſur cette matiere à meſure qu'elles me viennent ou reviennent à l'eſprit) qu'au lieu de ſuppoſer la probabilité $\frac{1}{2^{n+\alpha n}}$ dans le problême de Petersbourg, il ſeroit peut-être encore plus exact de la ſuppoſer $= \frac{1}{2^{n+\alpha(n-1)}}$. Par ce moyen, au premier coup où il eſt également probable qu'on amenera *croix* ou *pile*, la probabilité (en faiſant $n = 1$) ſera exactement $\frac{1}{2}$, comme elle le doit être au premier coup; & l'eſpérance d'un des Joueurs, qui doit être égale à ſa miſe, ſeroit $\frac{1}{2} \times 1$ diviſé par $1 - \frac{1}{2^\alpha}$; enſorte que ſi, par exemple, la miſe la plus grande eſt ſuppoſée dix écus comme ci-deſſus, on aura $\frac{1}{2^\alpha} = \frac{19}{20}$, & $\alpha = \frac{\log. \frac{20}{19}}{\log. 2} =$ à très-peu près $\frac{23}{300}$.

7. Suivant cette formule, la probabilité que *croix*, par exemple, n'arrivera qu'au ſecond coup, ſe trouvera, (en faiſant $n = 2$) $\frac{1}{2^{2+\frac{23}{300}}}$ au lieu de $\frac{1}{2^2}$, qu'on la ſuppoſe ordinairement; & ce réſultat n'a rien, ce me ſemble, que de naturel; car je demande s'il n'eſt pas un peu plus probable (phyſiquement parlant) qu'en deux

coups *pile* & *croix* arriveront tous deux, qu'il ne l'eſt que *pile* ou *croix* arriveront deux fois de ſuite. On voit auſſi que plus n eſt grand, plus notre expreſſion de la probabilité $\frac{1}{2^{n+\frac{11}{300}(n-1)}}$ ou en général $\frac{1}{2^{n+\alpha(n-1)}}$ diminue par rapport à l'expreſſion ordinaire $\frac{1}{2^n}$, ce qui doit être en effet dans nos principes; enſorte que ſi, par exemple, $\alpha(n-1)=1$ ou $n=1+\frac{1}{\alpha}$, la probabilité ne ſera dans nos principes que la moitié de ce qu'on la ſuppoſe.

VI. *Sur l'analyſe des Jeux.*

1. Une conſidération très-ſimple & très-naturelle à faire dans le calcul des jeux, & dont M. de Buffon m'a donné la premiere idée, c'eſt que la perte y eſt toujours réellement plus grande que le gain qu'on y peut faire. Car ſoit x la ſomme que le joueur peut perdre ou gagner, & ſoit a le bien de ce Joueur; s'il gagne, ſon bien deviendra $a+x$, & ſon gain réel ſera $\frac{x}{a+x}$; au lieu que s'il perd, ſon bien ne ſera plus que $a-x$, & ſa perte réelle ſera $\frac{x}{a-x}$; or $\frac{x}{a-x}$ eſt évidemment plus grand que $\frac{x}{a+x}$.

2. On pourroit tirer de-là pluſieurs conſéquences. La premiere eſt que ſi x eſt l'eſpérance d'un Joueur, ou

la ſomme qu'il eſpére gagner, il faudra, pour trouver ſon enjeu z ou la ſomme qu'il doit mettre au jeu, ſuppoſer, non pas $z = x$, comme on le ſuppoſe ordinairement, mais $\frac{x}{a+x} = \frac{z}{a-z}$; d'où l'on tire $z = \frac{ax}{a+2x}$.

3. La ſeconde, c'eſt qu'en ne changeant rien d'ailleurs aux formules ordinaires de l'analyſe des probabilités, il faudroit peut-être les diviſer par le bien du Joueur diminué de la perte, ou augmenté du gain; je m'explique.

4. Soit, par exemple, p le nombre des cas qui font gagner la ſomme y, q le nombre des cas qui font perdre la ſomme x, a le bien du Joueur, ne faudroit-il pas exprimer ſon eſpérance (en admettant d'ailleurs les formules ordinaires des probabilités) par $\frac{p \times + x}{(a+x)(p+q)} + \frac{q \times - y}{(a-y)(p+q)}$? Cette expreſſion me paroît, je l'avoue, plus exacte & plus accommodée à la véritable utilité des Joueurs, que celle qu'on employe ordinairement. Cependant il ne faut pas, ce me ſemble, prendre cette expreſſion pour la miſe du Joueur, ou pour la ſomme qu'il doit mettre au jeu avant la partie; car, ſuivant cette formule, pour que la perte qu'il craint fût égale au gain qu'il eſpere, il faudroit que $\frac{px}{a+x} - \frac{qy}{a-y}$ fût $= o$. Or ſi $p = q$ par exemple, & $y = \frac{a}{2}$, il eſt évident

évident que cela est impossible ; conséquence qui semble d'abord choquante, mais qui approfondie, paroît bien naturelle ; car il est tout simple qu'un homme qui aura, par exemple, 100000 écus de bien, & qui risquera de perdre ou de gagner 50000 écus, sera beaucoup plus lésé s'il perd, qu'enrichi s'il gagne, puisque dans le premier cas, il s'appauvrira de la moitié ; & que dans le second, il ne s'enrichira que du tiers.

5. Voici donc, si je ne me trompe, comment on peut trouver dans ce cas la mise du Joueur, que j'appelle z ; on considérera qu'après avoir mis cette somme z, il ne gagnera réellement que $x - z$, & que son bien sera pour lors $a + x - z$; & qu'au contraire s'il perd la somme y, c'est-à-dire si après la partie il est obligé de donner à l'autre Joueur cette somme, sa perte sera réellement $y + z$, & son bien ne sera plus que $a - y - z$; donc pour trouver l'enjeu z de ce Joueur, il faudra que $\frac{p(x-z)}{(a-z+x)(p+q)} + \frac{q(-y-z)}{(a-y-z)(p+q)} = o$; & ce qui prouve la bonté de cette formule, ou du moins son analogie avec les formules reçues, c'est qu'en faisant abstraction du bien du Joueur, on trouveroit $\frac{p(x-z)}{p+q} + \frac{q(-y-z)}{p+q} = o$, ou $z = \frac{px - qy}{p+q}$, conformément aux formules ordinaires.

6. Mais, à vous dire le vrai, je ne vois pas avec la plus grande évidence que cette derniere formule, même en faisant abstraction du bien du Joueur, représente nécessairement la somme z qu'il doit mettre au jeu ; car

pourquoi ne ferois-je pas le raisonnement suivant qui paroît assez plausible ? Si le Joueur *A* qui a mis z au jeu, gagne, il recevra du Joueur *B* la somme x, & par conséquent gagnera $x - z$; s'il perd, il devra, outre la somme z qui appartient déja au Joueur *B*, lui donner la somme $y - z$ pour completter la somme y que le Joueur *B* doit avoir en ce cas-là ; donc le Joueur *A* déboursera & perdra réellement, non la somme $y + z$, mais la somme $z + y - z = y$, ainsi il faudra faire $\frac{p(x - z) - qy}{p + q} = o$, & non pas $\frac{p(x - z) - q(y + z)}{p + q} = o$, ce qui donnera $z = \frac{px - qy}{p}$. Je ne prétends pas donner cette formule pour bonne ; je dis seulement qu'on peut aussi apporter des raisons spécieuses en sa faveur.

7. On peut faire, je crois, sur le calcul ordinaire des probabilités & l'analyse des jeux de hasard, plusieurs autres réflexions, que je proposerai comme de simples doutes, & dans l'ordre à peu près où elles se sont présentées à mon esprit.

8. Il me semble d'abord que toutes les idées d'*espérance*, d'*enjeu*, de somme qu'il faut donner pour jouer au pair, ne sont pas bien faciles à fixer d'une maniere précise.

9. La difficulté vient, si je ne me trompe, de ce que l'idée d'*espérance* enferme deux choses ; la somme qu'on espére, & la probabilité qu'on gagnera cette somme. Or il me semble que c'est *principalement la probabi-*

lité qui doit régler l'espérance ; & que la somme espérée ne doit y entrer, si je puis parler de la sorte, que d'une maniere subordonnée au dégré de probabilité : cependant on les fait entrer toutes deux également & de la même maniere dans le calcul.

10. Je ne sais (en conséquence de cette réflexion) si l'espérance est bien estimée en général, en multipliant la somme à espérer par la probabilité. Qu'on propose de choisir entre 100 combinaisons, dont 99 feront gagner mille écus, & la 100e 99 mille écus ; quel sera l'homme assez insensé pour préférer celle qui donnera 99 mille écus ? *L'espérance* dans les deux cas n'est donc pas *réellement* la même, quoiqu'elle soit la même suivant les régles des probabilités.

11. Cela ne prouve-t-il pas que c'est principalement la probabilité, bien plus que la somme espérée, qui constitue l'espérance ? car quelle que soit la somme espérée, qu'est-ce que l'espérance si la probabilité est fort petite ?

12. Dans l'analyse des hasards, on regarde la certitude comme 1, & la probabilité comme une fraction de la certitude ; cette supposition est-elle bien exacte à tous égards ? Car mille probabilités ne feront jamais une certitude. D'ailleurs, s'il y a *certitude* qu'on gagnera 500 liv. & *probabilité* $\frac{1}{2}$ qu'on gagnera 1000 liv. dira-t-on que les deux cas sont les mêmes ?

13. Supposons qu'un Joueur de dez *A* propose à un Joueur *B* de lui donner 3 liv., quelque face de dez qui vienne, l'espérance du Joueur *B* sera 3 liv. par les ré-

gles de probabilité; il devra, pour jouer au pair, donner cette somme au Joueur *A*; & après le jeu, ni l'un ni l'autre n'aura perdu; comme avant le jeu ni l'un ni l'autre ne risquent rien. Mais supposons que le Joueur *A* propose au Joueur *B* de lui donner 18 liv. s'il amene 6; l'espérance, & par conséquent la mise du Joueur *B* doit être 3 liv. comme dans le cas précédent. Cependant dans ce dernier cas il risque, puisqu'il peut perdre les 3 liv. qu'il a mis au jeu, & dans le premier il ne risque évidemment rien: peut-on dire encore une fois que les deux cas sont les mêmes? On répondra peut-être que dans le premier cas il ne gagnera ni ne perdra, & que dans le second il peut gagner; cela prouve seulement ce que j'avance, que les deux cas sont différens; d'où il s'ensuit, ce me semble, que ces deux cas ne devroient pas être représentés par la même formule.

14. *Pierre* dit à *Jacques*; nous allons jouer à croix ou à pile en 100 coups; si je n'amene croix qu'au 100e coup, je vous donnerai 2^{100} écus; si je l'amene avant, je ne vous donnerai rien. On trouve que *Jacques* doit pour son *enjeu* donner un écu à *Pierre*; assurément *Pierre* s'enrichiroit à jouer tous les jours ce jeu; & il n'y a personne qui ne fît ce marché; peut-on donc croire que quand *Jacques* a donné ou mis au jeu son écu, son sort devienne égal à celui de *Pierre*?

15. Un homme, dit Pascal, passeroit pour fou, s'il hésitoit à se laisser donner la mort en cas qu'avec trois dez on fît vingt fois de suite trois six, ou d'être Em-

pereur si on y manquoit ? Je pense absolument comme lui ; mais pourquoi cet homme passeroit-il pour *fou*, si le cas dont il s'agit, est *physiquement* possible ? Il faut donc dire qu'il ne l'est pas ; quoiqu'il soit possible *mathématiquement*. Voyez sur cela le second volume de mes *Opuscules Mathématiques*, & le cinquiéme de mes *Mélanges de Philosophie*.

16. Si un Joueur que j'appelle *A* a dans une main m piéces, & n dans l'autre, & qu'il joue contre deux hommes que j'appelle *B* & *C*, à l'un desquels il doive donner ce qu'il a dans une main, & à l'autre ce qu'il a dans l'autre ; il est évident, dit-on, que ce Joueur *A* perdra $m+n$; donc les deux Joueurs *B*, *C*, doivent lui donner $m+n$ pour jouer à jeu égal ; donc chacun doit lui donner $\frac{m+n}{2}$; donc s'il ne jouoit que contre un seul, *B* ou *C*, ce seul Joueur devroit lui donner $\frac{m+n}{2}$; voici mes difficultés sur cette solution.

1°. Il faut que moyennant la mise de part & d'autre, le sort des Joueurs soit égal. Or dans le cas où il y a un Joueur *A* contre les Joueurs *B*, *C*, le Joueur *A* ne perdra absolument rien ; l'un des deux autres Joueurs perdra & l'autre gagnera ; ainsi il n'y a point d'égalité de sort entre les trois.

2°. Dans le cas où il y a deux Joueurs *B*, *C* contre *A*, le Joueur *A* ne perd rien ; dans le cas où il n'y a qu'un Joueur *B* ou *C*, qui lui donne simplement $\frac{m+n}{2}$, il peut perdre ou gagner : le sort du Joueur *A* n'est donc pas le même dans les deux cas. Donc le cas d'un Joueur *A* qui joue contre *B* & *C*, ou d'un Joueur *A* qui joue contre un seul Joueur *B*, n'est pas le même ; par conséquent on n'est pas fondé à conclure de l'un à l'autre. En un mot, dans le premier cas, dès que chaque Joueur a mis son enjeu, l'espérance & la crainte de chacun est nulle ; dans le second, l'espérance de chacun est quelque chose, & la crainte est quelque chose aussi ; donc ce n'est pas le même cas.

17. Pour savoir quel est l'avantage à une Loterie, on suppose ordinairement qu'un des Intéressés prenne toute la Loterie à lui seul ; dans cette hypothèse on trouve aisément le risque qu'il court, & on prend ce risque pour celui de chacun des Intéressés ; il me semble que cette méthode d'apprécier le risque n'est pas bonne ; car que la Loterie soit avantageuse ou désavantageuse aux Intéressés, le gain ou la perte de celui qui prend toute la Loterie est *certain*, & au contraire le gain ou la perte de celui qui ne prend qu'une partie de la Loterie est *douteux* ; on ne sauroit donc regarder les deux cas comme étant les mêmes.

18. M. de Buffon, comme je l'ai déja remarqué ailleurs, estime différemment des autres Auteurs, la probabilité de la durée de la vie. Si de m personnes de même âge, il en est mort $\frac{m}{2}$ au bout de p années, donc il y a, dit-il, un contre un à parier pour chacun, qu'au

bout de p années, il ſera mort ou vivant; donc ſon eſpérance de vivre eſt p années. Ce raiſonnement, quoique différent de ceux ſur leſquels on établit d'ordinaire cette probabilité, eſt aſſurément très-ſimple & très plauſible; or ne pourrai-je pas dire de même? S'il y a une Loterie où la moitié des billets porte 20 ſols & au-delà, l'autre moitié portant ce qu'on voudra, &, ſi l'on veut, rien du tout, il y a un contre un à parier que celui qui mettra à cette Loterie, gagnera 20 ſols; donc l'eſpérance de celui qui met à cette Loterie, ſera 20 ſols. Cette conſéquence paroît bien naturelle; cependant cette maniere d'eſtimer *l'eſpérance* ſeroit fort différente de celle que pourroit donner la régle ordinaire des probabilités. Car, ſuivant cette régle, il ne ſuffit pas de ſçavoir en gros que la moitié des billets porte 20 ſols & au-delà, pour fixer l'eſpérance à 20 ſols: il faut ſçavoir ce que chaque billet doit donner en particulier, & diviſer la ſomme de toutes ces ſommes par la ſomme des billets, ce qui peut faire beaucoup plus ou beaucoup moins que 20 ſols.

19. Si le cas, déja tant cité, des Mémoires de Petersbourg, où l'on trouve l'*infini* pour *enjeu* au jeu de croix & de pile, demande une ſolution particuliere, différente de celle que donne le réſultat des régles ordinaires des probabilités, pourquoi ce réſultat donne-t-il dans les autres cas des ſolutions que tous les Mathématiciens ont admiſes juſqu'ici ſans reſtriction? N'eſt-ce pas une preuve que ces régles ont beſoin d'être modifiées à certains égards?

20. M. Daniel Bernoulli dit, dans les Mémoires de Petersbourg, Tome V, qu'au jeu dont il s'agit ici, il n'y a personne qui ne donnât son espérance pour vingt écus une fois payés. Or les vingt écus & fort au-delà doivent être payés par l'adversaire si *croix* n'arrive qu'au sixiéme coup, ou par-delà. Ainsi donner son espérance pour vingt écus, n'est-ce pas supposer tacitement que *pile* n'arrivera pas six fois de suite? Cependant cette supposition pourroit être trop hasardée, & je n'en demande pas tant; je veux seulement qu'on m'accorde que *pile* ne peut arriver (physiquement parlant) un grand nombre de fois de suite.

21. Il est au moins sûr que donner son espérance pour vingt écus, c'est supposer tacitement que *croix* arrivera infailliblement avant le quarantiéme coup; puisqu'en supposant que *croix* doive arriver infailliblement au quarantiéme coup pour le plus tard, l'espérance, suivant les formules ordinaires, seroit vingt écus; & je veux bien à toute rigueur m'en tenir à cette supposition, que *croix* arrivera certainement avant le quarantiéme coup; quoique peut-être il soit vrai de dire, (toujours *physiquement* parlant) que *croix* arrivera beaucoup plutôt.

22. Est-ce par la probabilité ou par une puissance de la probabilité (plus grande que l'unité) qu'il faut multiplier la somme espérée, pour avoir l'enjeu, sur-tout quand la probabilité est petite? Je vous prie de peser de nouveau les réflexions que j'ai déja faites plus haut à ce

ce sujet (*a*), & desquelles il résulte que quand la probabilité est très-petite, la puissance dont il s'agit, paroît devoir être plus grande que l'unité, au moins dans le cas où le même événement est supposé arriver un très-grand nombre de fois de suite ?

23. Selon M. Daniel Bernoulli, il y a à parier près de 1500000 contre un que les six Planetes, abandonnées au hasard, ne devroient pas se mouvoir dans une aussi petite zone que celle où elles se meuvent. Si elles se trouvoient dans le même plan, M. Bernoulli, comme je l'ai déja remarqué ailleurs (Voyez Tome V de mes *Mélanges de Philosophie*) trouveroit l'infini contre un à parier, & il en concluroit que cet arrangement ne pourroit être l'effet du hasard. Cependant, à parler Mathématiquement, ce cas est tout aussi possible que quelque autre que ce soit en particulier. Pourquoi donc, encore une fois, le distinguer des autres ? C'est, dira-t-on, que cette uniformité annonce une cause. Je le veux bien : en ce cas, je dirai de même que l'uniformité de *croix* arrivant cent fois de suite, annonce aussi une cause, & que par conséquent si on ne suppose point d'autre cause que le hasard, *croix* ne sauroit arriver cent fois de suite.

24. En général, s'il est vrai que toute uniformité singuliere d'événemens annonce une cause, dès qu'on ne supposera point de cause, on ne doit point supposer d'uniformité extraordinaire ; donc tous les cas qui ren-

(*a*) Voyez l'article V du présent Mémoire.

ferment une uniformité constante & hors de l'ordre naturel, ne doivent point être regardés comme des cas *physiquement* possibles.

25. Cela est si vrai, qu'un Joueur qui auroit vu arriver *croix* cent fois de suite, parieroit pour *croix* à la cent uniéme; parce qu'il n'est pas vraisemblable, & qu'il est peut-être impossible que *croix* arrive cent fois de suite sans quelque cause particuliere; & ce sera vraisemblablement parce que le côté *pile* est le plus pesant, & doit se trouver dessous.

26. Mais, dira-t-on, accordez-vous avec vous-même. Vous prétendez ici que *croix* arrivera au cent uniéme coup s'il est déja arrivé cent fois, & dans votre Mémoire sur les Probabilités, Tome II de vos *Opuscules*, vous dites qu'il y à parier que *pile* arrivera, lorsque *croix* est arrivé plusieurs fois de suite. Ma réponse est qu'il faut distinguer ici les différens cas; voici mon raisonnement bien développé. Si le hasard seul décide de l'événement, *croix* ne peut arriver, selon moi, un grand nombre de fois de suite; cela me paroît prouvé par les raisons que j'en ai données ci-dessus & ailleurs. Donc si *croix* arrive un grand nombre de fois de suite, par exemple, cent fois, c'est une marque qu'il y a quelque cause particuliere qui amene *croix* préférablement à *pile*; il y a donc à croire que cette cause subsistant, *croix* reviendra au cent uniéme coup; mais s'il n'y a point d'autre cause supposée que le pur hasard, il est physiquement impossible que *croix* arrive cent fois, ou

un très-grand nombre de fois de ſuite. Mais il n'eſt pas impoſſible qu'il arrive de ſuite un petit nombre de fois. Donc quand *croix* ſera arrivé un aſſez petit nombre de de fois ſuite, il y a à parier pour pile le coup ſuivant.

27. On dira ſans doute encore ; mais ſi *croix* eſt arrivé deux fois, pourquoi pas trois ? ſi trois, pourquoi pas quatre, & ainſi à l'infini ?

1°. Avec un pareil raiſonnement, on prouveroit bien des abſurdités. On diroit, par exemple : s'il m'eſt indifférent de perdre deux ſols, pourquoi ne me le feroit-il pas de perdre trois ſols ; ſi trois, pourquoi pas quatre ; ſi quatre, pourquoi pas cinq ? Et ainſi on iroit juſqu'à un million. On pourroit dire de même : il eſt à peu près égal de mourir dans une heure que dans deux, dans deux que dans trois, dans trois que dans quatre, &c. où faut-il s'arrêter ?

2°. Qu'on prenne un grand nombre de termes de cette ſuite $\frac{1}{2}$, $\frac{1}{4}$, $\frac{1}{8}$, &c. la ſomme pourra être cenſée $= 1$; or je demande combien il faudra prendre de termes pour qu'on puiſſe faire cette ſuppoſition ? On pourroit faire de même une infinité d'autres queſtions ſemblables, ſur leſquels le calcul ne peut avoir de priſe ; parce qu'il ne ſauroit jamais déterminer d'une maniere préciſe & rigoureuſe les choſes morales.

3°. La réponſe directe à l'objection, c'eſt que tous les cas voiſins & comme infiniment proches que l'on compare, ne ſont pas rigoureuſement les mêmes ; il y a entre chacun une petite différence qui s'accumule &

devient ſenſible après un certain terme.

4°. D'ailleurs quand *croix* eſt arrivé un certain nombre de fois, on ne dit pas que *croix* ne puiſſe abſolument arriver au coup ſuivant, on dit ſeulement qu'il eſt plus probable que *pile* arrivera.

28. Mais, dira-t-on enfin, quel eſt le terme où la probabilité commence à devenir nulle ? Je n'en ſais rien, & c'eſt peut-être une queſtion que le calcul ne ſauroit réſoudre. Il me ſuffit d'avoir expoſé les doutes (bien fondés, ce me ſemble) qu'on peut avoir ſur la théorie ordinaire des probabilités ; doutes que je ne pouſſerai pas plus loin quant à préſent, & qui me paroiſſent ne pouvoir être rendus trop ſenſibles aux Géometres, pour qu'ils s'attachent ou à les lever, ou à réformer la théorie d'après ces doutes.

VII. *Sur la durée de la vie.*

Les réflexions que je viens de vous propoſer ſur l'analyſe ordinaire des haſards, me conduiront à d'autres ſur la maniere dont on calcule la probabilité de la durée de la vie. Il y a pour cela deux méthodes dont le réſultat eſt différent ; la premiere, qui eſt celle que tous les Auteurs ont ſuivie, conſiſte à déterminer cette probabilité par la vie moyenne ; c'eſt-à-dire, par l'aire de la courbe de mortalité diviſée par le nombre des vivans de même âge ; voyez mes Opuſcules, Tome II, page 74 & ſuivantes. La ſeconde, adoptée par M. de Buffon, c'eſt d'eſtimer cette probabilité par le nombre d'années au bout desquelles la moitié précise des vivans sera morte. J'ai averti, page 76 de l'Ouvrage cité, que c'est pour cela qu'il se trouve une si énorme différence dans les premieres années entre la table de mortalité de l'*Histoire Naturelle* & celle de M. *Daniel Bernoulli*, & je ne sais pourquoi ce dernier, après avoir lû ce que j'ai dit sur ce sujet, persiste à croire (Mém. Acad. des Sciences de Paris, 1760, page 28) que la différence vient d'une faute d'impression dans la table de l'*Histoire Naturelle*; quoique la raison de cette différence énorme soit évidemment celle que j'ai rapportée. Quoi qu'il en soit, la seule différence entre ces deux manieres d'estimer la probabilité de la durée de la vie, prouveroit qu'on n'a point encore de méthode sûre pour cet objet; aussi vais-je tâcher de faire voir par les réflexions suivantes, que l'une & l'autre méthode est sujette à des difficultés.

1. Et d'abord quant à la premiere méthode, soient deux courbes de mortalité *AQCD*, *AOCD*, (Fig. 7.) dont les aires soient égales, mais dont l'une converge d'abord vers son axe bien plus promptement que l'autre; la vie moyenne est la même dans les deux cas; dira-t-on que l'espérance de vivre est la même? Dira-t-on, ce qui en seroit une conséquence, que deux personnes placées dans les deux cas, pourroient changer indifféremment de sort l'une avec l'autre? Il me semble au contraire que dans le cas où la courbe de mortalité est *AQCD*, le sort est beaucoup moins favora-

ble ; par la raison qu'il y a beaucoup plus de risque de mourir dans les premieres années, que lorsque la courbe de mortalité est *AOCD*.

2. Si tous les hommes d'un même âge, & qu'on suppose être du nombre m, vivoient p années, & qu'au bout de ce temps ils vinssent à périr tous à-la-fois, leur espérance de vivre, suivant la méthode dont il s'agit, seroit p, & cette espérance seroit une *certitude* ; mais s'ils vivoient en tout $2p$ années l'un portant l'autre, & qu'il en mourut chaque année un nombre égal, l'espérance de chacun seroit de même p ; or dans ce dernier cas, l'espérance n'est qu'une *probabilité* ; peut-on croire que les deux cas sont les mêmes ? Pourquoi donc estimer l'espérance dans les deux cas par le même nombre ?

3. Si sur les personnes du nombre m, il en périssoit dans le jour ou même dans l'année $\frac{m}{2}$, & que les autres vécussent tous jusqu'à p ans, au bout desquels ils mourussent tous à-la-fois, l'espérance seroit $\frac{p}{2}$, & seroit une simple *probabilité*. Si au contraire ils vivoient tous $\frac{p^{\text{ans}}}{2}$ & qu'au bout de ce temps ils mourussent tous à-la-fois, l'espérance seroit de même $\frac{p}{2}$, & seroit une *certitude*. Nouvel inconvénient semblable dans l'expression de l'espérance ; car si le sort n'est pas égal dans les deux cas, pourquoi l'exprimer de la même maniere ?

4. On dira peut-être que le désavantage de n'avoir dans le premier cas qu'une simple *probabilité* de vivre $\frac{p}{2}$ années, sera compensé par la *possibilité* de vivre p ans ; au lieu que dans le second cas, on a à la vérité la *certitude* de vivre $\frac{p}{2}$ ans, mais en même-temps la certitude de ne pas vivre davantage. Mais il s'agit de savoir si cette *possibilité* de vivre p ans est capable de compenser la crainte de mourir dans l'année ; en un mot, si c'est une chose égale, comme le résultat du calcul le donne, d'être assuré, par exemple, de 50 ans de vie, (ni plus ni moins) ou d'avoir d'un côté la probabilité $\frac{1}{2}$ qu'on mourra dans l'année, ou plutôt dans l'heure, & de l'autre la probabilité $\frac{1}{2}$ qu'on vivra cent ans.

5. Les difficultés sont à peu près semblables pour la seconde méthode. Au lieu de supposer que les m personnes vivantes, meurent l'une après l'autre, ensorte qu'il n'en reste que $\frac{m}{2}$ au bout de p années, je suppose qu'elles vivent toutes p années, & qu'au bout de ce temps il en meure tout-à-coup la moitié, c'est-à-dire $\frac{m}{2}$. Suivant le calcul de la seconde méthode, l'espérance sera la même dans les deux cas ; mais cela se peut-il dire ?

6. Dans le cas dont on vient de parler, il n'y a pas seulement *espérance*, il y a *certitude* de vivre p années ;

dans l'autre il n'y a qu'*eſpérance* & non *certitude*; dans le premier cas, outre la certitude de vivre p années, on a encore l'eſpérance de vivre au-delà, puiſqu'on peut être du nombre des $\frac{m}{2}$ perſonnes qu'on ſuppoſe ne mourir qu'au bout de p années ; dans le ſecond on n'a pas même la certitude de vivre p années.

7. D'un autre côté, ſuppoſons que des m perſonnes vivantes il en meure tout-à-coup la moitié au commencement des p années ; par la ſeconde méthode, la probabilité de la durée de la vie ſera $= o$, puiſqu'au bout d'un temps $= o$ il y en a la moitié de mortes. Or peut-on dire que dans ce cas l'*eſpérance* ſoit $= o$? En effet, on pourroit ſuppoſer (Fig. 8) qu'après que la moitié AQ des perſonnes vivantes AB eſt morte tout-à-coup au commencement du temps $BD = p$ années, toute la moitié reſtante QB vive cent ans, & ne meure qu'au bout de ce terme. Or en ce cas ne pourroit-on pas dire : il y a un contre un à parier que je vivrai cent ans ou que je mourrai tout-à-l'heure ; donc mon *eſpérance* eſt cinquante ans.

8. De ces deux méthodes pour eſtimer la probabilité de la vie, la premiere eſt abſolument analogue aux calculs par leſquels on détermine l'eſpérance des Joueurs dans les jeux de haſard ; auſſi eſt-elle ſuivie par un beaucoup plus grand nombre d'Auteurs que la ſeconde, qui néanmoins peut avoir auſſi ſes partiſans. Si on enviſage l'eſpérance de vivre ſuivant l'idée de la premiere méthode

thode, il me ſemble que la difficulté eſt de ſavoir comment on doit eſtimer la vie en la regardant comme un *bien*, une *ſomme* miſe au *jeu*.

9. Qu'on ſuppoſe une Loterie où après le tirage la moitié des vivans meure tout-à-coup, & l'autre vive 100 ans, 1000 ans, &c. l'eſpérance ſera 50, 500 ans, &c. Quel eſt l'homme qui voudra mettre à cette Loterie, & qui ne crût, en y mettant, rendre ſon ſort bien pire, quoiqu'en reſtant dans l'état ordinaire, ſon *eſpérance* de vivre, à quelqu'âge que ce ſoit, ſoit moindre que 50 ans ?

10. Or pourquoi dans le premier cas le *ſort* eſt-il réellement plus déſavantageux que dans le ſecond, qui eſt l'état ordinaire, quoique le calcul donne dans le premier cas l'*eſpérance* plus grande ? C'eſt que dans le ſecond cas le riſque de mourir eſt réparti ſur un long eſpace de temps, & qu'il eſt aſſez léger à chaque petite partie de ce long temps ; au lieu que dans le ſecond cas, ce riſque ſe trouve tout d'un coup $\frac{1}{2}$ dans un temps très-court ; conſidération qui doit entrer dans le calcul, que tout homme même y fera entrer implicitement, & que néanmoins tous les calculateurs ont négligée.

11. Il me ſemble donc que dans tous les calculs ſur l'eſtimation de la vie, on n'a pas eu aſſez d'égard à une choſe, au temps qui doit s'écouler entre le moment où l'on vit, & celui où l'on peut mourir ; car, comme je l'ai déja obſervé ailleurs, le riſque de mourir eſt d'autant moindre, toutes choſes d'ailleurs égales, qu'on doit vivre un plus long temps avant de ſuccomber à ce

risque; considération qui est ici très-essentielle, & qui met sur-tout un grand poids dans la balance, lorsqu'il est question de perdre la vie sur le champ ou dans peu de jours. Voyez à ce sujet les *Réflexions sur l'Inoculation*, Tome II de mes *Opuscules Mathématiques*, & Tome V de mes *Mélanges de Philosophie.*

VIII. *Sur un Mémoire de M. Bernoulli concernant l'Inoculation.*

1. Puisqu'il est ici question de ces *Réflexions*, Monsieur, permettez-moi de me féliciter du suffrage dont vous voulez bien les honorer. Pour vous confirmer, autant qu'il me sera possible, dans l'opinion très-flatteuse pour moi, que vous paroissez en avoir, je vous invite à lire ce que M. Daniel Bernoulli m'a répondu à ce sujet (Mém. Acad. des Sciences de Paris, 1760). » Qu'on suppose, dit-il page 2, une génération de 13000 » enfans, il est sûr que si on pouvoit les affranchir de » la petite vérole, on sauveroit par ce moyen la vie » à environ 1000 de ces enfans. D'un autre côté, la » même exemption ne feroit qu'ajouter environ deux » ans à la vie moyenne de ces nouveaux-nés; voilà » deux manieres d'envisager le même objet; mais la » premiere intéressera beaucoup plus de monde que la » seconde, parce que dans la premiere on fait tomber » l'avantage immédiatement & uniquement sur les sau- » vés, & que dans la seconde, on distribue sur toute » la génération le même avantage, qui par l'événement,

» devient inutile pour douze treiziémes de cette géné-
» ration ; je ne suis donc point surpris que le vulgaire
» soit peu frappé de ce dernier aspect ; mais je ne puis
» m'empêcher de l'être quand je vois. . . . . demander sé-
» rieusement si c'est la peine de subir une opération telle
» que l'inoculation, dans l'espérance de prolonger sa
» vie de deux ans «. Je suis *très-surpris* à mon tour que M. Bernoulli ne sente pas le foible de cette réponse ; sans doute l'avantage de l'inoculation sera nul pour $\frac{12}{13}$ de la génération, & très grand pour $\frac{1}{13}$ qui seroit mort de la petite vérole ; mais il n'y a qu'un contre douze à parier qu'on se trouvera dans cette derniere classe ; il y a donc douze contre un à parier qu'on ne gagnera rien à se faire inoculer, & un contre douze à parier qu'on y gagnera beaucoup ; or cette considération (savoir l'incertitude où l'on est dans laquelle des deux classes on se trouve, & la probabilité douze fois plus grande qu'on est dans celle où il n'y a rien à gagner,) cette considération, dis-je, diminue beaucoup l'avantage, & fait qu'il se réduit (par les calculs même de M. Bernoulli) à l'espérance de deux ans seulement dont on peut se flatter d'augmenter sa vie. J'ose prendre ici tous les Analystes pour Juges entre M. Bernoulli & moi ; cependant (le croirez-vous ?) c'est après un tel raisonnement que M. Bernoulli m'exhorte à me *mettre au fait* des matieres que je traite.

2. Pour faire connoître à ce grand Géometre, & surtout à vous, Monsieur, dont le suffrage m'est si pré-

cieux, que j'ai tâché, avant & depuis ses conseils, de me *mettre au fait* de cette importante question; je vais vous faire part de quelques autres objections que m'a fournies la lecture de son Mémoire. M. Bernoulli trouve, (page 21) six ans un mois pour la vie moyenne des nouveaux-nés qui doivent mourir certainement de la petite vérole; & pour ceux qui n'en doivent point mourir, il trouve (page 33) la vie moyenne de vingt-neuf ans neuf mois. Or il y a, selon lui, douze contre un pour le second cas; donc la vie moyenne des nouveaux-nés en général devroit être, selon lui, [12 × 29 ans 9 mois + 1 × 6 ans 1 mois] : 13 = 29 ans 9 mois $-\frac{\text{29 ans 9 mois}}{13}+\frac{\text{6 ans 1 mois}}{13}$; ce qui ne seroit pas juste & ne s'accorderoit pas avec ses autres calculs; car 29 ans 9 mois $-\frac{\text{29 ans 9 mois}}{13}=$ 29 ans 9 mois $-$ 2 ans $-\frac{\text{3 ans 9 mois}}{13}=$ 27 ans 6 mois environ, ou exactement 27 ans 6 mois moins $\frac{6}{13}$, à quoi ajoutant $\frac{\text{6 ans 1 mois}}{13}=$ 5 mois $\frac{8}{13}$, on aura, d'après les hypothèses même de M. Bernoulli, 27 ans 11 mois moins $\frac{2}{13}$ pour la vie moyenne de ceux qui sont exposés à la petite vérole; ce qui est bien différent de 26 ans 7 mois que trouve M. Bernoulli, page 33 de son Mémoire. Peut-on compter après cela sur ses hypothèses & ses formules?

3. Cependant notre calcul est très-juste, d'après ces hypothèses. Car soit *a* le nombre des enfans nouveaux-

nés; b, ceux d'entr'eux qui mourront de la petite vérole; c, ceux qui mourront d'autres maladies; ſoit auſſi ζ ce qui reſte du nombre b au bout du temps x, n ce qui reſte du nombre c, on aura $\int \frac{\zeta dx}{b}$ pour la vie moyenne des enfans b, & $\int \frac{n dx}{c}$ pour celle des autres; & d'après le calcul que nous venons de faire, on aura pour la vie moyenne du total $\frac{b}{a} \int \frac{\zeta dx}{b} + \frac{c}{a} \times \int \frac{n dx}{c} = \int \frac{\int \zeta dx + n dx}{a}$; comme on le trouveroit directement par la méthode ordinaire.

4. En ſuppoſant avec M. Bernoulli 26 ans 7 mois pour la vie moyenne des hommes, ce qui eſt conforme aux tables de Halley, on devroit avoir (x étant la vie moyenne des nouveaux-nés qui doivent mourir de petite vérole) $\frac{x}{13} + \frac{(29 \text{ ans } 9 \text{ mois}) 12}{13} = 26$ ans 7 mois; donc x ſeroit négatif, ce qui eſt abſurde.

5. De-là il eſt aiſé de conclure que les réſultats des calculs de M. Bernoulli méritent aſſez peu de confiance, puiſque ces réſultats s'accordent ſi peu entr'eux. Je pourrois faire à ce grand Géométre d'autres objections ſur ſon analyſe même; mais je les réſerve pour un autre temps; celles-ci ſuffiſent pour lui inſpirer quelque défiance de l'exactitude de ſa méthode.

6. Je répondrai ſeulement en deux mots à une objection de M. Bernoulli. J'avois obſervé (*Opuſcules*,

Tome II, page 72) que, ſuivant l'opinion des Médecins, on eſt plus ſujet à la petite vérole dans les premieres années, & ſur-tout vers la dixiéme, que dans les précédentes & les ſuivantes ; d'où j'ai conclu que la fraction $\frac{1}{n}$ qui, ſelon M. Bernoulli, exprime ce rapport, n'eſt pas conſtante comme il prétend (en quoi il eſt contredit par l'expérience) & qu'elle paroît devoir augmenter juſqu'à l'âge de neuf à dix ans, & enſuite décroître. M. Bernoulli, dans une note de ſon Mémoire, page 19, m'exhorte à faire une répartition du nombre n, tel que la ſomme de ceux qui mourront de la petite vérole ſoit $= \frac{1}{13}$ des vivans. A cela voici ma réponſe: M. Bernoulli fait d'abord $\frac{1}{n} = \frac{1}{8}$; enſuite $\frac{1}{m}$ (nombre des variolés qui meurent à chaque âge) = auſſi $\frac{1}{8}$ & conſtant. Or, 1°. je dis qu'on ne doit pas ſuppoſer n conſtant, mais $= n + \omega$, n étant conſtante, & ω une variable, telle que $n + \omega$ diminue juſqu'à l'âge de neuf à dix ans, & augmente enſuite, de maniere que ω ſoit $= o$ à l'âge de neuf à dix ans. 2°. Qu'il n'eſt nullement certain que dans cette ſuppoſition on doive faire la conſtante $n = 8$. 3°. Qu'il eſt abſolument contre l'expérience unanimement reconnue, de dire que m ſoit conſtant pour chaque âge ; qu'il eſt au contraire certain que la petite vérole eſt beaucoup moins dangereuſe dans l'enfance ; d'où il ſuit qu'au lieu du nombre conſtant m, il faut ſuppoſer $m + k$, k étant poſitif d'abord, & négatif enſuite. 4°. Qu'il n'eſt nullement certain non plus que dans cette ſuppoſition, on doive faire le nombre conſtant m égal à 8, comme le ſuppoſe M. Bernoulli. Ainſi dans l'équation de M. Bernoulli, on n'a qu'à mettre $n+\omega$ au lieu de n, ω étant toujours poſitif, & allant d'abord en diminuant juſqu'à zero, puis en augmentant; & au lieu de m, on n'a qu'à mettre $m+k$, k étant poſitif d'abord & négatif enſuite, & m, n étant des nombres conſtans; on trouvera $\int \frac{s\,dx}{mn}$, ſomme des variolés morts

$$= \int \left(\frac{\xi\, dx\, c^{-\int \frac{dx}{n+\omega}}}{(n+\omega)(m+k)} : \left(1 + \int - \frac{dx\, c^{-\int \frac{dx}{n+\omega}}}{(m+k)(n+\omega)} \right) \right);$$

or pourquoi ne pourroit-on pas faire ſur m, n, k & ω des ſuppoſitions telles, que quand x eſt égal à environ cent ans, c'eſt-à-dire à la plus grande durée de la vie, cette quantité fût égale à $\int \left(\frac{\xi\, dx\, c^{-\int \frac{dx}{8}}}{64} : \left(1 + \int - \frac{dx\, c^{-\int \frac{dx}{8}}}{64} \right) \right)$ formule qui donne à M. Bernoulli le rapport $\frac{1}{13}$ pour ceux qui meurent de la petite vérole? Il me paroît évident qu'on peut, dans un grand nombre d'hypothèſes, rendre ces quantités égales pour une ſeule valeur de x; puiſque k & ω ſont variables & telles qu'on voudra, & m, n, conſtantes auſſi telles qu'on voudra. Il n'eſt pas d'ailleurs auſſi néceſſaire que M. Bernoulli le croit, que cette formule donne le nombre des morts de la petite vérole $=$ à $\frac{1}{13}$ exactement ou à très peu près. Car, 1°. selon M. Jurin, il meurt de la petite vérole soixante-douze personnes sur mille, c'est environ $\frac{1}{14}$, ou 93 sur 1300, & non 100 comme le prétend M. Bernoulli. 2°. Selon une autre supposition de M. Bernoulli, sur 1300 personnes, il y en a 800 qui prennent la petite vérole, & selon M. Jurin, il meurt $\frac{1}{7}$ de ceux qui prennent la petite vérole; or $\frac{800}{7} = 114$ à très peu près; donc sur 1300 personnes, il en devroit mourir 114; la différence très-considérable de ce résultat avec le précédent, prouve de nouveau combien les hypothèses de M. Bernoulli sont peu certaines. 3°. Selon M. Jurin (Voyez les Mémoires de l'Académie des Sciences de Paris, 1754, page 654) sur 614 enfans qui restent de 1000 à l'âge d'un an, il en meurt 72 de la petite vérole, le reste a péri depuis la naissance jusqu'à un an, par d'autres maladies; donc si on suppose que les 101 personnes qui, selon l'hypothèse de M. Bernoulli, meurent de la petite vérole sur 1300 enfans nouveaux-nés, ne commencent à mourir qu'après la premiere année, il faudra que $\frac{72}{614} = \frac{101}{1000}$, au moins à très peu près, ce qui n'est pas, puisque $\frac{72 \times 1000}{614}$ = environ 117. 4°. Selon le même M. Jurin, presque la moitié des hommes meurt avant d'avoir eu la petite vérole; donc puisque la moitié de 1300 est 650, il s'ensuit que 650 personnes sur les 1300 ont la petite vérole; & comme il en meurt $\frac{1}{7}$, il s'ensuit que sur 1300 personnes, il en meurt

93

93 à peu près de la petite vérole. En voilà, ce me semble, assez pour faire voir que les résultats des calculs de Bernoulli ne sont rien moins que certains, quelque ingénieuse que soit d'ailleurs son analyse. Je pourrai, Monsieur, dans une autre occasion, si ces remarques ne vous paroissent pas dépourvues de fondement, vous en communiquer de nouvelles sur l'analyse même de M. Bernoulli, & sur la maniere dont je pense que les avantages de l'inoculation doivent être calculés.

Fin du vingt-troisiéme Mémoire.

VINGT-QUAT^ME^ MÉMOIRE.

Nouvelles recherches sur les Verres Optiques.

§. I.

Précis des Recherches sur ce sujet, imprimées dans les Mémoires de l'Académie de 1764.

1. APRÈS avoir donné dans ces Mémoires une théorie de l'aberration, encore plus simple que celle qui est imprimée dans le troisiéme volume de mes *Opuscules*, chap. 5, j'ai remarqué que dans l'article 441 de ce même troisiéme volume, on a omis par mégarde dans le coëfficient de $\frac{2\alpha n}{\delta}$ le terme $\frac{p-1}{2\lambda}\left(\frac{1}{r}-\frac{1}{\delta}\right)$ qui résulte de l'opération indiquée dans cet article; cette omission, qui ne touche en rien au fond de la méthode, étant réparée, donne des résultats beaucoup plus simples que ceux qui ont été trouvés dans quelques endroits de cet Ouvrage.

2. Et d'abord dans les articles 446 & 758, μ doit

être augmenté de $\frac{P-1}{2\lambda r}$; dans l'article 759 le premier membre doit être augmenté de $\frac{P-1}{2\lambda r}+\frac{(1-P')k}{2\lambda r''}+\frac{(P-1)k(P'-1)}{2\lambda\lambda}$ (*a*); ce qui donne $\frac{P-m}{2r\lambda}+[P-P^2+k^2(P'-P'^2)+k(P-1)(2P'-1-m')]\times\frac{1}{2\lambda\lambda}+\frac{(m-P')k}{2r'\lambda}=0$; d'où l'on tire, pour le cas de $P=1,54$, $P'=1,598$, $k=\frac{2}{3}$ (qui est le seul cas que nous considérons quant à présent) l'équation $\frac{0,8906}{r}-\frac{0,6910}{\lambda}-\frac{0,6481}{r'}=0$, pour anéantir l'aberration en largeur.

3. Faisant de même des corrections semblables dans l'article 767 & les suivans, on aura aisément les formules pour le cas d'un objectif formé de deux matieres, dont l'une seroit renfermée au-dedans de l'autre. Nous trouverons dans cette hypothèse pour l'aberration en largeur, une équation beaucoup plus simple que celle de l'article 770 du volume cité; car le coëfficient de $\frac{1}{pp}$ s'évanouit, & l'équation se réduit (*Mém. Acad.* 1764, page 97 & 98) à $\frac{F+H}{r}+\frac{L'}{p}+\frac{K-H-L'}{\lambda}=0$, F étant le coëfficient de $\frac{1}{r}$ dans l'équation de l'aberration latitudinale pour deux lentilles, H le coëf-

(*a*) On fera aisément la correction analogue dans l'article 760, où l'on suppose finie la distance δ de l'objet.

ficient de $\frac{1}{r'}$ dans la même équation, *K* celui de $\frac{1}{\lambda}$, & *L'* étant $= k\,(P'm - Pm')$. Considérons ici seulement le cas de $P = 1,54$, $P' = 1,598$, $k = \frac{2}{3}$, ce qui donnera les deux équations $\frac{0{,}3436}{rr} + \frac{0{,}1200}{pr} - \frac{0{,}2433}{\lambda r} - \frac{0{,}1132}{pp} + \frac{0{,}0793}{\lambda p} + \frac{0{,}0172}{\lambda\lambda} = 0$, pour l'aberration en longueur. Et pour l'aberration en largeur, on aura l'équation $\frac{0{,}2425}{r} + \frac{0{,}0494}{p} - \frac{0{,}0922}{\lambda} = 0$.

Ces formules conduiront évidemment à des résultats beaucoup plus simples que ceux de l'article 770.

4. Nous avons de plus donné dans les Mémoires de 1764, les équations pour le cas de $P = 1,55$, $P' = 1,6$, $k = \frac{1}{2}$, & les courbures des surfaces qui en résultent; & ces formules, les seules que nous transcrirons ici, sont telles qu'il suit, en nommant par ordre, r, ρ, r', ρ' les rayons des surfaces des trois lentilles qu'on suppose immédiatement appliquées l'une contre l'autre, & *R* la distance focale qu'on veut donner à l'objectif;

$$r = +\,0{,}5986\,R$$
$$\rho = -\,0{,}3255\,R$$
$$r' = +\,0{,}7288\,R$$
$$\rho' = -\,1{,}8116\,R$$

ou bien

$$r = +\,0{,}4630\,R$$
$$\rho = +\,2{,}7574\,R$$

$$r' = + 0{,}2081\ R$$
$$\rho' = - 15{,}594\ R.$$

5. Enfin nous avons montré que si k ou $\frac{dP}{dP'} = \frac{10}{12}$, au lieu de $\frac{2}{3}$, on peut employer avec succès, en se servant des mêmes matieres, les deux objectifs suivans

$$r = + 0{,}5986\ R$$
$$\rho = - 0{,}3255\ R$$
$$r' = + 0{,}9135\ R$$
$$\rho' = - 1{,}2058\ R$$

ou bien $r = + \frac{3R}{5}$

$$\rho = - \frac{3R}{7}$$
$$r' = + \frac{6R}{11}$$
$$\rho' = - \frac{75R}{62}.$$

6. On peut voir dans les Mémoires de l'Académie de 1764, la théorie de ces objectifs composés de trois lentilles, & en quoi consistent leurs avantages sur les objectifs composés de deux lentilles seulement.

§. II. *Sur un endroit du troisième volume de nos Opuscules.*

1. Nous avons fait voir (Mém. Ac. de 1764, pag. 92) que les mêmes conditions qui servent à détruire (autant qu'il est possible) l'aberration en largeur, détruisent absolument cette aberration pour les rayons qui se trouvent dans un plan passant par le point rayonnant

& par l'axe de la lentille. Or nous allons montrer que la méthode particuliere que nous avons donnée (*Opuscules*, Tome III, chap. 5, §. I) pour détruire l'aberration de ces derniers rayons, conduit absolument au même résultat, en faisant exactement le calcul que cette méthode prescrit.

2. En supposant d'abord une lentille simple dont les deux rayons soient r, r', & imaginant deux rayons réfractés qui, après la seconde réfraction, soient également éloignés de l'axe, on trouve (articles 372 & 394 de l'Ouvrage cité) que $\zeta\left(\frac{1}{a}-\frac{1}{b}\right)+\frac{a\zeta^2}{r'\delta}(\Pi\rho)$ doit être constant, en faisant, pour abréger, $\delta=\infty$; on remarquera de plus que $\frac{1}{r'}=\frac{1}{r}-\frac{1}{\lambda}$, & $\Pi\rho=\frac{p-1}{\lambda}$; d'où $\frac{\Pi\rho}{r'}=\frac{p-1}{\lambda}\left(\frac{1}{r}-\frac{1}{\lambda}\right)$. Or les distances ζ (qu'on suppose égales après la seconde réfraction) donnent avant la premiere réfraction (en négligeant l'épaisseur, ou même en la regardant comme nulle) les distances des rayons incidens à l'axe $=\zeta\times\frac{\delta'-\frac{\zeta^2}{2r}}{\delta'-\frac{\zeta^2}{2r'}}$, ($\delta'$ étant la distance du foyer après la premiere réfraction); & cette quantité = à très peu près $=\zeta\left(1-\frac{\zeta^2}{2r\delta'}+\frac{\zeta^2}{2r'\delta'}\right)=\zeta\left(1-\frac{\zeta^2}{2\lambda\delta'}\right)$. Maintenant $\frac{1}{\delta'}=\frac{1-m}{r}-m\left(\frac{1}{\delta}\mp\frac{a}{\zeta}\right)$, savoir — pour

la valeur de $\frac{1}{a}$, & + pour celle de $\frac{1}{b}$; donc mettant dans la valeur de $\frac{1}{a}$ (art. 370, *Opusc.* Tom. III.) au lieu de $\frac{\alpha}{\zeta\delta}$ la quantité $\frac{\alpha}{\delta\zeta}\left(\frac{1}{1-\frac{\zeta^2}{2r'\delta'}+\frac{2}{2r'\delta'}}\right)=$ $\frac{\alpha}{\delta\zeta}\left(\frac{1}{1-\frac{\zeta^2}{2\lambda\delta'}}\right)=\frac{\alpha}{\delta\zeta}\left(1+\frac{\zeta^2}{2\lambda\delta'}\right)=\frac{\alpha}{\zeta\delta}$ $\left[1+\frac{\zeta^2}{2\lambda}\left(\frac{1-m}{r}+\frac{m\alpha}{\zeta}\right)\right]$ &, par la même raison, au lieu de $-\frac{\alpha}{\zeta\delta}$ dans la valeur de $\frac{1}{b}$ la quantité $-\frac{\alpha}{\delta\zeta}\left[1+\frac{\zeta^2}{2\lambda}\left(\frac{1-m}{r}-\frac{m\alpha}{\zeta}\right)\right]$, la condition que $\zeta\left(\frac{1}{a}-\frac{1}{b}\right)+\frac{\alpha\zeta^2}{r'\delta}\left(\frac{P-1}{\lambda}\right)$ soit constant, donnera $-2N+\frac{1-m}{r\lambda}+\left(\frac{P-1}{\lambda}\right)\left(\frac{1}{r}-\frac{1}{\lambda}\right)=0$: or (article 183, Opuscules, Tome III) $N=$ $\frac{4P-4m}{r\lambda}+\frac{2P+1-3P^2}{\lambda^2}$; donc substituant, on aura l'équation $-\frac{3P-3m}{r\lambda}+\frac{3P^2-3P}{\lambda^2}=0$, ou $\frac{P-m}{r}+\frac{P-P^2}{\lambda}=0$; ce qui est l'équation même qui résulte de nos formules (Mém. 1764, page 87) pour anéantir, autant qu'il est possible, les aberrations des rayons qui ne partent point de l'axe dans une lentille simple ; d'où il est évident que le même résultat aura lieu dans les lentilles composées.

§. III. *Sur un autre endroit du même volume.*

1. Dans l'article 713 du IIIe vol. de nos Opuscules, nous avons donné la valeur de λ pour une lentille dans laquelle l'aberration de réfrangibilité est diminuée en raison donnée. Dans cette formule nous avons supposé que le rapport de réfraction ϖ dans le verre commun est $\frac{3}{2}$, ce qui n'est pas exactement vrai; & nous avons supposé encore que $d\varpi = dP'$, en prenant indifféremment $P' = 1,54$, ou $P' = 1,598$; ce qui n'est pas non plus exactement vrai: de plus dans ces formules R exprimoit, non la distance focale, mais le rayon d'une lentille biconvexe dans laquelle le rapport de réfraction seroit ϖ. Pour rendre les suppositions plus exactes, & le résultat plus commode & plus simple, nous supposerons dans les calculs suivans $\frac{P-1}{\lambda} + \frac{P'-1}{\lambda'} = \frac{1}{R}$, R étant la distance focale d'une lentille biconvexe isocèle de verre commun, ou le rapport de réfraction soit ϖ, ensorte que $\frac{1}{R} = \frac{2\varpi - 2}{\rho}$, ρ étant le rayon de la lentille.

2. Donc puisque $\frac{dP}{\lambda} + \frac{dP'}{\lambda'} = \frac{2\theta d\varpi}{\rho} = \frac{\theta d\varpi}{R(\varpi - 1)}$; on aura, en faisant $P - 1 = \omega$, $P' - 1 = \omega'$, $\frac{dP}{dP'} = \frac{R(\omega - \omega' k)}{1 - \frac{\theta\omega' d\varpi}{dP'(\varpi - 1)}}$.

3. Donc si $P = \varpi$, & par conséquent $d\varpi = dP$, &

& $\frac{d\varpi}{dP'} = \frac{dP}{dP'} = k$, on aura l'équation $\lambda = \frac{R(\omega - \omega' k)}{1 - \frac{\theta k \omega'}{P-1}}$.

4. Et si $P' = \varpi$, & par conséquent $\frac{d\varpi}{dP'} = 1$; on aura $\lambda = \frac{R(\omega - \omega' k)}{1 - \theta}$. Soit $k = \frac{2}{3}$ dans le premier cas, $P = 1,55$, $P' = 1,6$; & dans le second, $P = 1,6$, $P' = 1,55$, $k = \frac{3}{2}$, on aura dans le premier cas $\lambda = \frac{0,15R}{1 - \frac{8\theta}{11}}$; & dans le second $\lambda = -\frac{3}{2} \times \frac{0,15R}{1-\theta}$.

5. Dans ces mêmes hypothèses, on aura $\frac{1}{\lambda'} = -\frac{k}{\lambda} + \frac{\theta\, d\varpi}{R\, dP'(\varpi - 1)}$; donc si $P = \varpi$, & $d\varpi = dP$, on aura cette équation $\frac{1}{\lambda'} = -\frac{k\left(1 - \frac{\theta k \omega'}{P-1}\right)}{R(\omega - \omega' k)} + \frac{\theta k}{(P-1)R} = \frac{-k + \theta k}{R(\omega - \omega' k)}$; & si $P' = \varpi$, & $d\varpi' = dP'$, on aura l'équation $\frac{1}{\lambda'} = -\frac{k(1-\theta)}{R(\omega - \omega' k)} + \frac{\theta}{R(P' - 1)} = \frac{-k + \frac{\theta\omega}{\omega'}}{k(\omega - \omega' k)}$.

§. IV. *Précis des recherches sur les Verres (a) optiques, imprimées dans les Mémoires de 1765.*

Personne n'ignore le grand degré de perfection que l'Optique a acquis dans ces derniers temps par la construction des lunettes *achromatiques* ; on les a nommées ainsi, comme l'on sait, parce que les objectifs de ces lunettes sont formés de plusieurs lentilles de différentes matieres, qui par leur disposition respective, anéantissent entiérement ou du moins sensiblement les couleurs qui défigureroient trop les images dans un objectif simple. Plusieurs des lunettes qu'on a construites dans cette vûe, soit en Angleterre, soit en France, ont eu un effet très-avantageux ; mais une de ces lunettes construite en Angleterre, paroît très-supérieure aux autres : elle est d'environ 3 pieds & demi de longueur ; elle porte 3 pouces 4 lignes d'ouverture, & augmente 150 fois le diametre des objets. Ainsi cette lunette est très-supérieure à un télescope de même longueur ; parce qu'un tel télescope ne porteroit pas une plus grande ouverture, n'augmenteroit pas davantage l'objet, & auroit d'ailleurs moins de champ & beaucoup moins de clarté.

L'objectif de cette lunette est composé de deux lentilles convexes de *crownglass*, matiere qui a beaucoup

(a) Ce Précis a été lû à l'Académie des Sciences, dans l'Assemblée du 14 Mai 1766, à laquelle M. le Prince Héréditaire de Brunswick assista. Il a été imprimé dans le Journal de Trévoux de Janvier 1767 ; on le redonne ici avec quelques changemens.

de rapport à notre verre commun, & d'une Lentille concave de *flintglass* ou *crystal d'Angleterre*; on ne nous dit point d'ailleurs les dimensions de ces lentilles, qui paroissent avoir été trouvées par une espéce de tâtonnement, à la vérité fort heureux.

Dans un Mémoire que j'ai lû à l'Académie (*a*), non-seulement j'ai donné les dimensions exactes que doit avoir cet objectif, j'ai fait voir encore qu'on pouvoit se servir avec le même avantage d'un autre objectif de forme très-différente, mais toujours composé comme celui-là de deux lentilles de verre commun qui en renferment une de crystal d'Angleterre. J'ai prouvé que l'avantage de ces objectifs consiste, non-seulement en ce que les courbures des surfaces y sont beaucoup moins grandes que dans les meilleurs objectifs construits jusqu'à présent avec deux lentilles, mais encore en ce que les erreurs qu'on peut commettre dans la construction des surfaces, y produisent, pour la plûpart, un effet beaucoup moins considérable que dans les autres objectifs.

Je dis *pour la plûpart;* car il est une erreur dont l'inconvénient est le même dans tous les objectifs de même foyer, composés de tant de lentilles qu'on voudra; & s'il faut l'avouer, cet inconvénient est le plus dangereux de tous pour la perfection de ces objectifs. L'erreur dont je veux parler, est celle qu'on peut commettre en mesurant le rapport de la diffusion des couleurs dans les

(*a*) Ce Mémoire est imprimé dans le volume de l'Académie de 1764 : on en a donné le précis dans le §. I ci-dessus.

différentes matieres dont l'objectif est formé. Ce rapport, comme l'on sait, se détermine de deux manieres; ou en mesurant l'espace qu'occupent les couleurs au foyer de deux différentes lentilles formées de ces matieres, ou en mesurant l'angle de deux prismes adossés, dont l'un est formé d'une de ces matieres, l'autre de la seconde, & à travers lesquels on fait passer l'image solaire. Or il est visible qu'on peut se tromper aisément d'une quantité assez sensible dans ces différentes mesures; 1°. parce que l'image colorée du foyer des lentilles n'est pas bien exactement terminée, & qu'il est par conséquent difficile d'en fixer les limites à deux ou trois lignes près: or, comme cette image n'a jamais beaucoup d'étendue, (car on ne peut employer commodément à cette expérience des lentilles d'un très-grand foyer) il est clair qu'une erreur de quelques lignes sur la mesure de l'image peut être une quantité sensible par rapport à l'image totale. Par exemple, si l'image est d'un pied, ce qui suppose un foyer de douze pieds, & qu'on se trompe de 3 lignes à chaque extrémité, l'erreur totale pourra être d'un vingt-quatriéme. 2°. La mesure du rapport de la diffusion par le moyen des prismes peut être à certains égards plus exacte, qu'en se servant des lentilles; cependant, comme cette méthode exige que les angles des prismes soient petits, & que ces angles ne sont pas faciles à mesurer avec une grande précision, il est clair qu'on peut aussi se tromper aisément d'une petite quantité dans la mesure de ces angles, & par conséquent d'une quantité qui sera assez sensible dans le rapport de cette erreur à l'angle total. Or l'effet de cette erreur devient encore beaucoup plus considérable dans le rapport qui en résulte pour la diffusion des couleurs ; je trouve, par exemple, qu'en comparant la diffusion du verre commun à celle du crystal d'Angleterre, si on s'est trompé d'une certaine quantité dans le rapport des images des lentilles ou des angles des prismes, l'erreur qui en résulte dans la quantité qui exprime le rapport de diffusion, peut être plus grande que cette premiere erreur, en raison de 5 à 3 ou même davantage. Ce n'est pas tout; l'effet de cette erreur est encore beaucoup plus grand dans l'aberration de l'objectif; car je trouve, toujours en comparant le verre commun au crystal d'Angleterre, que l'erreur commise dans le rapport de diffusion, est encore augmentée dans l'aberration de l'objectif, en raison de 11 à 3 ; & cette erreur demeure toujours la même de quelque maniere qu'on dispose entr'elles les lentilles qui forment l'objectif composé, avec cette seule différence qu'elle deviendra de signe contraire, lorsqu'on donnera aux lentilles une disposition absolument différente.

De-là il est aisé de conclure qu'une erreur commise dans les premieres mesures, augmentera plus de six fois dans l'aberration ; ensuite que si on s'est trompé seulement de $\frac{1}{30}$ dans ces premieres mesures, ce qui est très-facile, l'aberration des couleurs, au lieu d'être nulle, comme elle le devroit être dans l'objectif composé, sera encore plus d'un cinquiéme de l'aberration d'un objectif ſimple de verre commun. C'eſt ſans doute pour cette raiſon que la plûpart des lunettes achromatiques conſtruites juſqu'à préſent, quoique très-ſupérieures aux lunettes ſimples ordinaires, & même à pluſieurs égards aux téleſcopes de réflexion, n'ont pas encore eu ſur ces téleſcopes tous les avantages qu'on pouvoit déſirer, & même eſpérer. En effet, dans la plûpart des objectifs achromatiques conſtruits juſqu'à préſent, on a ſuppoſé que la diffuſion des couleurs, cauſée par le cryſtal d'Angleterre, étoit à la diffuſion cauſée par le verre commun, comme 3 à 2. Or ſi ce rapport, au lieu d'être de 3 à 2, étoit de 32 à 20, ou de 8 à 5, comme d'autres Obſervateurs l'ont trouvé, l'aberration d'un objectif conſtruit d'après le rapport de 3 à 2, au lieu d'être nulle, ou au moins inſenſible, comme la théorie le donne, ne feroit guères que le quart de l'aberration d'un objectif ſimple. Ainſi une lunette de trois pieds, par exemple, conſtruite avec cet objectif, ne produiroit l'effet que d'une lunette ordinaire d'environ douze pieds; tandis qu'un téleſcope de trois pieds produit l'effet d'une lunette de 50. Pour remédier à cet inconvénient, autant qu'il eſt poſſible, voici, je crois, le moyen le plus ſimple dont on puiſſe faire uſage.

Suppoſons d'abord que l'erreur qu'on a commiſe dans la meſure du rapport de diffuſion eſt en moins, c'eſt-à-dire, que ce rapport eſt un peu plus grand que celui qu'on a trouvé; on écartera tant ſoit peu la ſeconde lentille de la premiere, ſi on ſe ſert du premier de nos objectifs à trois lentilles, (*Mém. de l'Acad.* 1764) ou la troisiéme de la seconde, si on se sert du second objectif; on parviendra par ce moyen à détruire sensiblement l'aberration pour les objets placés dans l'axe. De plus, si après ce premier écartement on écarte encore d'une petite quantité que l'expérience donnera, les deux lentilles qui étoient restées appliquées l'une contre l'autre, on parviendra à détruire l'aberration des couleurs, autant qu'il sera possible, pour les objets même qui ne seront pas placés dans l'axe.

Supposons ensuite que l'erreur commise dans la mesure du rapport de diffusion est en plus, c'est-a-dire, que le rapport trouvé est plus grand que le rapport véritable; en ce cas, on ne sauroit employer le moyen précédent, parce que l'écartement des lentilles ne feroit qu'augmenter encore l'aberration. Mais pour lors, il suffira de donner un peu moins de courbure à la premiere des surfaces de l'objectif, à celle qui est tournée vers l'objet, en laissant d'ailleurs les lentilles appliquées l'une contre l'autre. Il faudroit faire une opération contraire dans le cas où l'erreur seroit en moins; c'est-à-dire, que si on laissoit les lentilles appliquées l'une contre l'autre, il faudroit augmenter la courbure de la premiere des surfaces; ce qui est beaucoup moins aisé à faire que de la diminuer. Ainsi l'on voit que les deux cas d'une erreur en moins ou d'une erreur en plus, fournissent chacun un moyen particulier & fort simple de corriger cette erreur, lequel ne réussiroit pas aussi-bien dans le cas opposé.

Cependant il est visible que le moyen de corriger l'erreur quand elle est en moins, se réduisant à un simple écartement des lentilles, est beaucoup plus facile, plus court & plus sûr que le moyen de corriger l'erreur quand elle est en plus, lequel exige qu'on retravaille tant soit peu la surface d'une des lentilles, ou qu'on ait à y substituer une autre lentille un peu moins convexe par-devant. Nous croyons donc qu'en général, lorsqu'on mesure le rapport de diffusion, il faut tâcher que l'erreur, s'il y en a, soit plutôt en moins qu'en plus. Ainsi dans les calculs qu'on fera, pour déterminer les rayons des surfaces, il vaudra mieux supposer le rapport de diffusion un peu au-dessous de celui que l'expérience a donné, que de le prendre au-dessus.

Il y a encore un autre avantage à ce que l'erreur, si elle a lieu, soit plutôt en moins qu'en plus. C'est qu'on peut la corriger par le moyen de l'oculaire convexe adapté à ces sortes d'objectifs; car il se trouve, par une circonstance heureuse, que l'aberration de cet oculaire est alors en sens contraire de l'aberration de l'objectif; d'où il est aisé de voir qu'on peut trouver facilement un oculaire dont l'aberration détruise, au moins presqu'entiérement, celle qui peut rester dans l'objectif. Il est vrai que si l'erreur étoit en plus, on pourroit employer au même effet un oculaire concave; mais on sait que ces oculaires ont l'inconvénient de diminuer le champ de la lunette. Cependant on pourroit encore, ce me semble, s'en servir avec avantage, sur-tout si la lunette n'étoit pas trop longue.

A

A l'occasion des oculaires adaptés aux objectifs achromatiques, j'ai deux remarques essentielles à faire. La premiere, c'est qu'au lieu de construire ces oculaires de verre commun, on feroit très-bien d'y employer une matiere dans laquelle la diffusion des rayons seroit plus grande, par exemple, une matiere semblable à celle qu'a trouvée M. Zeiher, & qui ayant une réfraction moyenne à peu près la même que celle du cryſtal d'Angleterre, écarte les couleurs environ deux fois davantage que ce cryſtal, & trois fois plus que le verre commun. Ces oculaires auroient cet avantage, qu'avec un foyer beaucoup plus court que ceux de verre commun, ils repréſenteroient l'objet auſſi nettement; & comme ils permettroient de donner aux objectifs une ouverture plus grande, ils donneroient donc à-la-fois plus de netteté, de grandeur & de vivacité à l'image.

La ſeconde remarque que j'ai à propoſer, eſt ſur le rapport des courbures qu'on doit donner aux ſurfaces de ces oculaires, pour que l'aberration qui viendra de leur figure ſphérique ſoit la moindre qu'il ſera poſſible. Les formules données juſqu'ici par les Opticiens, aſſignent aiſément ce rapport; mais ces formules ne ſont bonnes que pour les objets placés dans l'axe; pour peu qu'ils s'en écartent, l'aberration devient plus conſidérable que dans des lentilles d'une autre forme. J'ai donc enviſagé la choſe autrement; j'ai cherché le rapport que doivent avoir les rayons d'une lentille ſimple, pour que l'aberration dans les objets placés hors de l'axe, ne ſoit pas plus grande que celle des objets placés dans l'axe même, ce qui se réduit à rendre nulle l'aberration en largeur; & je trouve que ces sortes de lentilles ont l'avantage de donner dans l'axe très-peu d'aberration, & l'aberration la moindre qu'il est possible pour les objets qui ne sont pas dans l'axe. Je ne doute donc point que ces sortes de lentilles ne soient en effet beaucoup plus avantageuses que les autres; le calcul m'a donné aisément les formules des courbures pour différentes matieres, entr'autres pour le verre commun, & pour le verre de M. Zeiher mentionné ci-dessus. Je trouve, par exemple, que si l'oculaire est de verre commun, & le rapport de réfraction $\frac{31}{20}$, le rayon de la surface tournée vers l'objet doit être égal à environ 9 fois la distance focale de l'oculaire, & le rayon de l'autre surface égal à environ $\frac{3}{5}$ de cette même distance. M. de Castillon, de l'Académie des Sciences de Berlin, qui cultive l'optique avec succès, m'écrit qu'ayant construit un oculaire d'après ces proportions, & l'ayant adapté à un objectif achromatique de trois lentilles, cet Oculaire a produit un très-bon effet.

Cette observation sur le rapport le plus avantageux entre les rayons des surfaces, est d'autant plus importante, qu'elle a lieu non-seulement pour les oculaires, mais aussi pour les objectifs simples, lorsqu'on jugera à propos de construire des lunettes avec de tels objectifs. Je trouve, par exemple, que pour qu'un objectif simple de verre commun ait la moindre aberration (le rapport de réfraction étant $\frac{3}{2}$) le rapport des surfaces ne doit pas être de 1 à 6, comme tous les Opticiens l'ont cru jusqu'ici; mais que la premiere surface, celle qui est tournée vers l'objet, doit avoir un rayon égal à environ $\frac{5}{9}$ de la distance focale, & la seconde un rayon égal à cinq fois cette même distance.

De pareils objectifs convexes de verre commun & d'une seule matiere, pourroient, si je ne me trompe, être combinés fort avantageusement avec des oculaires simples concaves, formés de la matiere trouvée par M. Zeiher, & construits suivant les proportions que nous avons données plus haut pour ces sortes d'oculaires: on en formeroit d'excellentes lunettes de poche, qui, en augmentant l'objet environ trois fois, ce qui est suffisant pour ces sortes de lunettes, auroient l'avantage d'être exemptes de couleurs, d'avoir d'ailleurs, par la courbure des surfaces, le moins d'aberration qu'il seroit possible, de souffrir une grande ouverture de l'objectif, & par conséquent de donner à l'image beaucoup de netteté & de vivacité.

Revenons aux objectifs composés de plusieurs lentilles. Je n'ai encore parlé jusqu'à présent que de la combinaison d'un seul oculaire simple avec ces objectifs. Mais je trouve qu'en employant deux oculaires, même d'une matiere semblable, on peut toujours donner à leurs surfaces une telle courbure que l'aberration qui vient de leur figure sphérique soit entiérement détruite; & il est évident que ce double oculaire étant supposé de même foyer que l'oculaire ſimple dont il a été parlé ci-deſſus, aura l'avantage d'anéantir ou entiérement ou preſqu'entiérement toute aberration, tant celle qui vient des couleurs, que celle qui vient de la figure des verres. Ainſi une lunette conſtruite exactement ſur cette théorie & portant deux oculaires, tels que je viens de les propoſer, avec un objectif formé de trois lentilles, ſeroit infailliblement très-ſupérieure aux téleſcopes de réflexion.

J'ai donné dans le Mémoire dont celui-ci eſt l'extrait, le détail des calculs ſur leſquels eſt fondée toute la théorie que je viens d'établir. J'y ai joint quelques autres vûes utiles pour remédier à l'inconvénient qui réſulte de l'erreur qu'on peut commettre dans le rapport de diffuſion des rayons, erreur dont l'effet eſt celui qu'on doit avoir le plus de ſoin d'éviter. A l'égard des inconvéniens qui naîtront des autres erreurs qu'on peut commettre, ſoit en meſurant le rapport de réfraction dans les deux matieres, ſoit dans la conſtruction des lentilles d'après les meſures que donne la théorie, non-ſeulement ces inconvéniens ſeront beaucoup moins conſidérables, & auront même très-ſouvent un effet inſenſible; mais on peut trouver aiſément différens moyens d'y remédier. Ces moyens conſiſtent en général à multiplier les lentilles qui compoſent l'objectif, & à ne pas donner le même rayon aux ſurfaces contigues de ces lentilles. Par-là on aura dans la ſolution du problême un beaucoup plus grand nombre d'indéterminées, qui mettront à portée de donner aux différentes ſurfaces, la courbure la plus propre pour anéantir (au moins presqu'entiérement) l'inconvénient qui naîtroit de ces différentes erreurs. L'expérience fait voir que cette multiplication des lentilles est peu nuisible à la vivacité de l'image, dont elle peut d'ailleurs augmenter beaucoup la netteté : elle a de plus un autre avantage, c'est qu'elle offre un plus grand nombre de combinaisons pour la disposition des lentilles, & par conséquent pour trouver l'arrangement le plus avantageux qu'on puisse leur donner ; car, en n'employant que deux matieres à la formation de l'objectif, il est aisé de voir que les lentilles qui le composent, peuvent être combinées en deux façons seulement s'il n'y en a que deux ; au lieu qu'elles peuvent l'être en six s'il y en a trois, en douze s'il en a quatre, en vingt s'il y en a cinq, & ainsi du reste, suivant une progression croissante, dont la différence est la progression arithmétique 2, 4, 6, 8, &c. Il est vrai que ces différentes combinaisons exigeront d'assez longs calculs pour trouver celles qui seroient les plus avantageuses ; mais on en sera dédommagé par l'avantage qu'elles produiront pour la perfection des objectifs.

Cette perfection, ou plutôt l'effet avantageux qui en résultera, pourra encore augmenter beaucoup, si on s'applique ensuite à perfectionner sur le même plan, la théorie du rapport des ouvertures avec les Oculaires. J'ai déja fait voir dans le troisiéme volume de mes Opuscules, combien la théorie donnée jusqu'ici par les Opticiens pour assigner ce rapport, étoit fautive & imparfaite, & j'y ai ſubſtitué des formules beaucoup plus exactes, au moyen deſquelles on pourra déterminer ce rapport d'une maniere bien plus ſûre & plus avantageuſe. Je ne doute pas que par ces différens moyens on ne parvienne à donner aux lunettes achromatiques, de nouveaux dégrés de perfection très-conſidérables, & peut-être juſqu'à un point dont on n'auroit oſé ſe flatter. Je ſais qu'un grand Géometre a paru douter qu'il ſoit poſſible de porter ces lunettes à un grand degré de perfection. La raiſon principale qu'il en apporte, c'eſt que le *crownglaſſ* étant verdâtre, & par conſéquent, ſelon lui, ne laiſſant paſſer ſenſiblement que les rayons verds, il n'eſt pas étonnant qu'il paroiſſe moins écarter les rayons colorés que le *flintglaſſ* ou cryſtal d'Angleterre ; d'où notre Savant conclud que la meſure du rapport de diffuſion qu'on trouve entre ces deux matieres par le moyen de l'expérience, eſt illuſoire & fautive, & par conſéquent auſſi la théorie qui en réſulte pour les objectifs achromatiques. Il eſt facile de répondre à cette objection par l'expérience, qui fait voir que les objectifs déja conſtruits d'après la théorie, ſont excellens, & qui ne laiſſe point douter qu'ils ne puiſſent le devenir encore davantage. D'ailleurs quand le *Crownglaſſ* auroit l'inconvénient par ſa couleur verdâtre d'abſorber quelque partie des rayons rouges ou violets, cet inconvénient n'auroit pas lieu en ſe ſervant de notre verre commun qui eſt blanc, & qui par conſéquent laiſſe paſſer tous les rayons. Je crois par cette raiſon que notre verre commun doit être encore plus avantageux que le *Crownglass*, dans la construction des objectifs achromatiques.

On trouvera encore d'autres recherches sur les verres optiques dans les Mémoires de l'Académie de 1766, *auxquels nous renvoyons.*

Fin du vingt-quatriéme Mémoire.

VINGT-CINQ^ME MÉMOIRE.

Nouvelles réflexions sur les vibrations des Cordes sonores.

DANS le premier volume de mes *Opuscules*, j'ai fait sur cette matiere différentes réflexions, dont une partie avoit pour objet la savante solution du problême des cordes vibrantes, donnée par M. de la Grange, dans le premier volume des Mémoires de l'Académie des Sciences de Turin; solution par laquelle ce grand Géométre prétendoit prouver contre moi, que ce problême pouvoit toujours se résoudre, quelle que fût la figure initiale de la corde. Ce célébre Mathématicien a fait une savante réponse à mes réflexions dans le second volume des mêmes Mémoires; c'est cette réponse que je me propose de discuter encore, non pour prolonger cette controverse avec un Savant pour lequel je suis rempli de la plus grande estime, & qui d'ailleurs paroît aujourd'hui s'être presqu'entiérement rapproché de mon avis (*a*); mais parce qu'il me semble que cette discussion épineu-

(*a*) Voyez le troisiéme volume des Mémoires de Turin, page 389.

se

se & délicate en recevra de nouveaux éclaircissemens, qui pourront être utiles dans d'autres occasions.

1. J'avois objecté à M. de la Grange qu'il suppose sans fondement qu'en général dans sa solution sin. $\frac{(m-1).\pi}{4m} = \frac{(m-1).\pi}{4m}$; ce qui n'a pas lieu quand $m = \infty$. Il convient que cette objection prise en elle-même est solide; mais il prétend qu'elle n'a pas d'application au cas dont il s'agit, & il se propose de prouver que dans ce cas sin. $\frac{(m-1).\pi}{4m}$ est $= \frac{(m-1).\pi}{4m}$, même lorsque $m = \infty$.

2. M. de la Grange, dans la preuve qu'il en donne, suppose (*a*) que $\frac{R^2 T^2}{m^2 H^2}$ doit être infiniment petite du second ordre lorsque $m = \infty$; donc $- \frac{f^2}{m^2}$ qui lui est égale, par la supposition que fait encore M. de la Grange, doit être aussi infiniment petite du second ordre dans le même cas. Cependant si f étoit $= \frac{r\pi}{2} = \frac{(m-1).\pi}{2}$, comme M. de la Grange le trouve par son calcul, on auroit $\frac{f^2}{m^2}$ (lorsque $m = \infty$) $= \frac{\pi^2}{4}$ qui n'est pas une quantité infiniment petite du second ordre, mais une quantité finie, puisque π est le rapport

(*a*) Je suppose ici qu'on ait le savant Mémoire de M. de la Grange sous les yeux; *Mém. de la Soc. des Sciences de Turin*, tome II, pages 323 & suivantes.

de la circonférence au rayon. La ſuppoſition ſur laquelle le calcul eſt appuyé, eſt donc infirmée, ce me ſemble, par le réſultat même de ce calcul.

3. De plus l'équation finale en f à laquelle parvient M. de la Grange, ayant tous ſes termes multipliés par f, donneroit non-ſeulement ſin. $f = 0$, qui eſt la concluſion de M. de la Grange, mais encore $f = 0$, & par conſéquent $f =$ ſin. $\frac{r\pi}{2}$ (r étant un nombre entier quelconque) & $R = \frac{\sqrt{e}}{m} \times \sqrt{-1}$ ſin. $\frac{r\pi}{2}$, quantité qui eſt toujours infiniment petite, au lieu que la quantité $R = 2\sqrt{e} \,.\, \frac{r\pi}{4m} \sqrt{-1}$ trouvée par M. de la Grange eſt finie quand r eſt infini & $= m - 1$. Or la ſolution de M. de la Grange ne montre pas laquelle de ces deux conditions, ſin. $f = 0$, ou $f = 0$, il faut choiſir; & par conſéquent elle ne prouve pas, ce me ſemble, que la valeur qu'il aſſigne pour R ſoit la véritable.

4. Enfin la ſuppoſition de M. de la Grange, que R eſt une quantité finie, eſt contraire, ſi je ne me trompe, au réſultat même de ſon calcul; car, ſuivant ce calcul, $R = 2\sqrt{e} \times \frac{r\pi}{4m} \times \sqrt{-1}$. Or $\sqrt{e} = m \times \frac{H}{T}$; donc $R = \frac{r\pi \,.\, H\sqrt{-1}}{2T}$; donc, puiſque ſuivant une autre ſuppoſition de M. de la Grange, $\frac{H}{T}$ eſt une quantité finie, il eſt clair que quand m eſt infini, on a R infini, car $r = m - 1$.

5. M. de la Grange prétend que R doit être fini par la nature du calcul ; c'eſt ce que je ne vois pas. Je vois ſeulement que R doit être conſtant ; on peut même prouver que R n'eſt fini que quand r eſt fini ; car alors ſin. $\frac{r\pi}{4m} = \frac{r\pi}{4m}$, & $R = \frac{H}{T} \times \frac{r\pi}{2} \sqrt{-1}$.

6. On pourroit d'ailleurs, à ce que je crois, révoquer en doute ſi l'équation finale $\frac{1}{2\sqrt{-1}} [(1 + \frac{f}{m}\sqrt{-1})^m - (1 - \frac{f}{m}\sqrt{-1})^m] = 0$, à laquelle parvient M. de la Grange, repréſente bien (lorſque m eſt infinie) le ſinus de l'angle f ; cette quantité, je l'avoue, eſt $= f - \frac{f^3}{2.3} + \frac{f^5}{2.3.4.5} + \frac{f^7}{2.3.4.5.6.7}$, &c. & c'eſt l'expreſſion que les Géometres donnent ordinairement du ſinus d'un angle quelconque. Mais cette expreſſion en ſerie du ſinus par l'arc, eſt-elle bien exacte & applicable à tous les cas ?

7. Il faudroit pour cela, ce me ſemble, que l'expreſſion en ſerie de l'arc par le ſinus, d'où l'expreſſion du ſinus par l'arc eſt tirée, ou du moins peut être tirée, fût auſſi généralement vraie & exacte ; c'eſt-à-dire, il faudroit, en nommant x un ſinus quelconque, & le rayon 1, que l'intégrale de $\frac{dx}{\sqrt{1-xx}}$, développée en ſerie, fût toujours l'expreſſion exacte de l'arc ; or c'eſt ce qui n'eſt pas, 1°. parce que cette intégrale eſt évidemment illuſoire & fautive quand $x > 1$, puiſqu'elle ne renferme

que des quantités réelles, & qu'alors néanmoins l'arc eſt imaginaire. 2°. Parce que cette intégrale n'exprime qu'un ſeul arc, le moindre de tous ceux qui répondent au ſinus x; quoique l'intégrale réelle de $\frac{dx}{\sqrt{1 - xx}}$ renferme une infinité d'arcs. Cependant je n'inſiſte pas à la rigueur ſur cette premiere raiſon contre la généralité & l'exactitude de l'expreſſion $f - \frac{f^3}{2 \cdot 3} + \frac{f^5}{2 \cdot 3 \cdot 4 \cdot 5}$, &c. du ſinus par l'arc f; parce que cette expreſſion peut ſe trouver d'une maniere directe en développant en ſerie $\frac{c^{f\sqrt{-1}} - c^{-f\sqrt{-1}}}{2\sqrt{-1}}$, qui eſt une expreſſion exacte du ſinus.

8. J'ajoute donc, comme une raiſon plus forte contre la ſerie $f - \frac{f^3}{2 \cdot 3} + \frac{f^7}{2 \cdot 3 \cdot 4 \cdot 5} - \frac{f^7}{2.3.4.5.6.7}$, &c. ou du moins contre ſon uſage dans le cas dont il s'agit, qu'elle a l'inconvénient d'être très divergente dans un grand nombre de ſes premiers termes, ſi f eſt très-grand, & même toujours divergente ſi $f = \infty$; car ſuppoſant n le rang d'un terme quelconque, le rapport de ce terme au précédent ſera $\frac{ff}{(2n-2)(2n-1)}$; donc ſi $f = 2\mu\pi$, μ exprimant un nombre entier, le rapport ſera $= \pi\pi$ lorſque μ ſera $= \infty$, c'eſt-à-dire > 36, puiſque π eſt ſuppoſé la circonférence dont le rayon eſt 1. Donc cette expreſſion du ſinus en ſerie infinie, ne ſau-

roit être prise pour exacte, au moins lorsque $f = \infty$; or c'est principalement le cas dont il est question ici, & celui qui forme la difficulté.

9. J'avois objecté que dans la serie géométrique $e^{x\sqrt{-1}}$, $e^{2x\sqrt{-1}}$, &c. on n'étoit pas en droit de supposer le dernier terme $e^{\infty x\sqrt{-1}} = 0$; puisque ce dernier terme est infini; à cela on oppose qu'à la serie géométrique $1 + x + x^2 + x^3$, &c. on peut substituer $\frac{1}{1-x}$, quoique cette derniere quantité ne soit égale à la somme de la serie proposée que quand le dernier terme x^{∞} est nul. Je réponds que la serie $1 + x + x^2 + x^3$, &c. est égale à $\frac{x^{\infty} - 1}{x - 1}$, & qu'ainsi il n'est permis de substituer à cette quantité $\frac{1}{x-1}$ que quand x^{∞} est nulle, c'est-à-dire, x plus petite que l'unité; par la même raison, il me paroît incontestable que $e^{x\sqrt{-1}} + e^{2x\sqrt{-1}} + e^{3x\sqrt{-1}}$, &c. est évidemment $= \frac{e^{(\infty+2)x\sqrt{-1}} - e^{2x\sqrt{-1}}}{e^{2x\sqrt{-1}} - e^{x\sqrt{-1}}}$, & non pas $\frac{e^{x\sqrt{-1}}}{-e^{x\sqrt{-1}} + 1}$.

10. J'ajoute que le développement de la fraction $\frac{1}{1-x}$ en $1 + x + x^2 + x^3$, &c. représente d'une maniere très-fautive la valeur de cette fraction, lorsque x est plus grand que l'unité, & qu'en conséquence toute proposition qui seroit fondée sur la prétendue égalité de ces deux quantités, me paroîtroit très douteuse.

11. J'avois prouvé facilement que dans le cas où $x = 45^{o}$, on ne sauroit avoir cos. $x +$ cos. $2x +$ cos. $3x$, &c. $= - \frac{1}{2}$; on répond que la même raison prouveroit que $\frac{1}{1+x}$, n'est point $= 1 - x + x^2 - x^3$, &c. puisque quand $x = 1$, le premier membre est $= \frac{1}{2}$, & le second o ou 1. Aussi suis-je persuadé que la serie $1 - x + x^2 - x^3$, &c. n'est point $= \frac{1}{1+x}$, quand x est $=$ ou > 1; ce qui est évident par l'article 9, & reconnu d'ailleurs de tous les Géometres. En général, tout raisonnement fondé sur des series divergentes, qu'on suppose égales à des quantités finies, me paroît très-sujet à erreur; autrement il faudroit dire que l'expression de la quantité radicale $\sqrt{1 - xx}$ développée en serie représente cette quantité, même lorsque x est > 1; ce qui est évidemment faux; puisqu'alors $\sqrt{1 - xx}$ est imaginaire, & que la serie ne contient pourtant que des quantités réelles.

12. J'avois prouvé contre M. Euler que l'équation $\frac{ddy}{dx^2} = \frac{ddy}{dt^2}$ n'a pas lieu quand la courbure de la corde n'est pas uniforme, cette équation étant prise dans le sens naturel qu'elle présente, c'est-à-dire en prenant d'abord ddy dans le premier membre pour la différence seconde de trois ordonnées, dont la premiere répond à x, la seconde à $x + dx$, la troisiéme à $x + 2dx$; & ensuite ddy dans le second membre pour la diffé-

rence ſeconde de trois ordonnées répondantes à t, $t+dt$, $t+2dt$. On me réplique que dans cette équation le premier ddy répond rigoureuſement, non a x, $x+dx$, $x+2dx$, mais à $x-dx$, x, $x+dx$, & que le ſecond ddy répond de même rigoureuſement à $t-dt$, t, $t+dt$. J'en conviens, & je l'ai même expreſſément remarqué, comme on me l'objecte. Mais, 1°. il eſt certain que l'équation $\frac{ddy}{dx^2} = \frac{ddy}{dt^2}$ préſentera naturellement à tout Géometre l'idée ſur laquelle j'ai appuyé ma conſtruction, ſavoir que la différence ſeconde de y, en ſuppoſant que t ſoit conſtant, & que x croiſſe ſucceſſivement de dx & de $2dx$, eſt égale à la différence ſeconde de y en ſuppoſant que x ſoit conſtant, & que t croiſſe ſucceſſivement dt & de $2dt$. Or dans cette ſuppoſition ſi naturelle, j'ai démontré, & on n'en diſconvient pas, que la conſtruction ſeroit fautive. Lorſqu'on eſt une fois arrivé à l'équation $\frac{ddy}{dx^2} = \frac{ddy}{dt^2}$, il faut alors regarder le problême comme purement algébrique, faire abſtraction du mouvement de la corde, & intégrer ou conſtruire l'équation propoſée comme ſi elle n'y avoit aucun rapport. Or l'équation étant conſidérée ſous ce point de vûe, il eſt évident que la conſtruction ne s'y prête pas lorſque $\frac{ddy}{dx^2}$ fait des ſauts. 2°. La diſtinction qu'on fait ici pour me répondre, diſtinction que j'avois prévue, comme on le remarque, n'eſt, ce me ſemble, qu'un ſubterfuge qui ne devoit ſervir qu'à rendre la ſolution ſuſpecte, & à montrer que cette ſolution ne peut avoir lieu que quand la courbure de la corde eſt continue; car alors on n'eſt pas obligé, pour faire quadrer la conſtruction avec l'équation, de recourir à de pareilles ſubtilités; & l'on va voir en effet dans l'article ſuivant, que quand on eſt forcé d'y recourir, on tombe dans d'autres inconvéniens.

13. Car en ſuppoſant même que les trois y répondent à $x-dx$, x, $x+dx$, & à $t-dt, t, t+dt$; on eſt obligé de convenir que l'équation $\frac{ddy}{dx^2}=\frac{ddy}{dt^2}$, ne ſauroit avoir lieu généralement, à moins de ſuppoſer $dx=dt$; j'avoue que cette ſuppoſition eſt permiſe; mais on m'accordera que celle de $dx=ndt$, n étant un nombre quelconque, eſt permiſe auſſi, puiſque rien n'oblige à ſuppoſer $dx=dt$; & on convient que dans ce cas l'équation $\frac{ddy}{dx^2}=\frac{ddy}{dt^2}$ n'a pas lieu. Or je demande ce qu'on doit penſer de l'exactitude d'une ſolution qui n'eſt bonne que dans une certaine ſuppoſition arbitraire, & qui ne l'eſt plus dans une autre ſuppoſition dont on eſt également le maître? N'eſt-ce pas une preuve démonſtrative que cette ſolution n'eſt en effet à l'abri de toute atteinte que dans le cas où l'on peut ſuppoſer ſans inconvénient dx en rapport quelconque avec dt, c'eſt-à-dire, dans le cas où la courbure de la corde ne fait pas de ſauts! A cette conſidération, il faut ajouter qu'en ſuppoſant $dx=dt$, ou ce qui revient

au

au même $\frac{dx}{a} = \frac{Hdt}{T}$ avec M. de la Grange, la différence de la quantité $\frac{x}{a} - \frac{Ht}{T}$ ſera toujours $= 0$; par conſéquent l'opération que fait M. de la Grange, page 60 de ſa premiere ſolution (Mém. de Turin, tome I.) pour prendre la différence de coſ. $\frac{\pi}{2}\left(\frac{x}{a} - \frac{Ht}{T}\right)$ ne donnera aucun réſultat; la quantité dont il cherche à trouver la valeur par cette opération demeurera toujours $= \frac{0}{0}$, comme il eſt aiſé de s'en aſſurer en jettant les yeux ſur l'endroit qu'on vient de citer du Mémoire de la Grange; cette opération eſt pourtant une des principales ſur leſquelles la ſolution de ce grand Géometre eſt appuyée.

14. Ce n'eſt pas tout encore; il faut non-ſeulement faire $dx = dt$, il faut ſuppoſer de plus que le point C (Fig. 9.) où on ſuppoſe que la courbure de la corde change, ne réponde jamais qu'à l'origine du dx. En effet, ſoit pris $mx = mC$, la force accélératrice du point M ſera en raiſon de $\frac{1}{R}$, en nommant R le rayon oſculateur en m; mais ſi on prend $m\mu = mM$, la force accélératrice en m ſera en raiſon de $\frac{1}{2R} + \frac{1}{2\rho}$, en nommant R & ρ les deux rayons oſculateurs en M & en μ; ou pour s'exprimer d'une autre maniere, la force accélératrice du point m, ſi on prend $mM = m\mu$, ſera égale à la différence ſeconde des trois ordonnées aux

points M, m, μ (a), diviſée par mM^2; & ſi on prend $mx = mC$, la force accélératrice du même point ſe trouvera égale à la différence ſeconde des trois ordonnées en x, m, C, diviſé par mx^2. Or ces deux valeurs ne ſont pas égales; voilà donc un point m dont la force accélératrice aura deux valeurs différentes ſelon qu'on prendra dx plus ou moins grand à compter de ce point m. Or je demande ſi cela n'eſt pas choquant?

15. Enfin, quand on voudroit même s'aſtreindre à prendre l'origine du dx au point C où la courbure change, on tomberoit dans un autre inconvénient. En effet, la force accélératrice du point C, conſidéré comme appartenant à l'arc Cm, ſera & devra être ſuppoſée la même que la force accélératrice de tous les autres points de l'arc Cm, c'eſt-à-dire, en raiſon inverſe du rayon de courbure de la partie mC; & la force accélératrice de ce même point C, conſidéré comme appartenant à l'arc $C\mu$, ſera en raiſon inverſe du rayon de courbure de l'arc $C\mu$, c'eſt-à-dire, aura une valeur toute différente de la premiere. Voilà donc un point qui, ſelon les différentes manieres

(a) Je n'enviſage ici la force accélératrice comme repréſentée par la différence ſeconde de ces trois ordonnées infiniment proches, que pour me conformer au langage de ceux qui en conſidérant ainſi la force accélératrice croiroient éviter la difficulté tirée du rayon oſculateur; car il eſt viſible d'ailleurs que ſi on veut s'exprimer nettement, & ne point recourir à des quantités infiniment petites qui n'exiſtent que par une ſuppoſition métaphyſique, l'expreſſion $\frac{ddy}{dx^2}$ de la force accélératrice eſt $= -\frac{1}{R}$, R étant le rayon oſculateur au point qui répond à l'ordonnée x. La diſtinction qu'on voudroit faire entre le rayon oſculateur en ce point, & la quantité $\frac{dx^2}{ddy}$, me paroîtroit illuſoire.

dont on le considére, se trouve avoir deux forces différentes ; ce qui ne sauroit être.

16. Cette considération nous conduira à une autre remarque encore plus décisive. Pourquoi la quantité $\frac{ddy}{dx^2}$ représente-t-elle la force accélératrice de chaque point de la corde ? C'est que dans la solution du problême $\frac{ddy}{dx}$ est regardé comme la force motrice d'une petite portion dx de la courbe, & dx comme la masse à mouvoir, & que cette force motrice $\frac{ddy}{dx}$ divisé par la masse dx donne la force accélératrice de chaque point. Or qu'on y prenne garde ; ce calcul suppose tacitement que dans toute l'étendue du dx, la force motrice $\frac{ddy}{dx}$ est la même, agit de la même maniere, & se répartit également sur tous les points de la masse dx ; c'est-à-dire, que dans toute l'étendue de la masse dx, la force accélératrice est la même. Cependant cette supposition ne peut plus subsister, dès qu'il y a dans le dx un point qui ne doit pas être supposé avoir la même force accélératrice que les autres, c'est-à-dire, un point où la courbure de la corde change brusquement.

17. Cette réflexion sert à donner un nouveau dégré de force à toutes les objections que j'ai faites dans mon premier Mémoire contre l'usage de l'équation $\frac{ddy}{dx^2} = \frac{ddy}{dt^2}$, lorsque la courbe n'a pas une courbure conti-

nue; elle prouve, ce me ſemble, démonſtrativement & d'après l'eſprit même de la ſolution, que cette ſolution n'eſt pas poſſible analytiquement, ſi la corde vibrante eſt telle que ſa courbure ne ſoit pas continue; parce que, ſuivant l'eſprit de cette ſolution, de quelque maniere qu'on prenne la partie infiniment petite dx, il faut que la force accélératrice ſoit la même dans tous les points de cette partie infiniment petite. Le même raiſonnement prouve que, ſuivant l'eſprit de la ſolution, il eſt néceſſaire que deux points quelconques infiniment proches, ayent des forces accélératrices qui ne different que d'une quantité infiniment petite par rapport à elles; ce qui ne peut être que dans une courbe de courbure continue; ce raiſonnement prouve encore que la courbure de la corde ne ſçauroit être finie aux extrémités, parce qu'en ce cas, deux points infiniment proches de l'extrémité auroient au commencement du mouvement des forces accélératrices très-ſenſibles à peu près égales, & un mouvement à peu près égal & très-ſenſible, tandis qu'au contraire l'extrémité n'en auroit aucun; ce qui eſt auſſi choquant que de ſuppoſer une courbe dans laquelle faiſant $x = 0$, on ait $y = 0$, & prenant enſuite deux dx conſécutifs égaux, ou inégaux, les deux ordonnées correſpondantes ſoient à peu près égales, ſoit finies, ſoit infiniment petites; ſuppoſition abſurde en géométrie.

18. Auſſi l'objection que j'ai tirée de l'équation $\frac{ddy}{dx^2} =$

$\frac{ddy}{dt^2}$, dans laquelle j'ai obſervé que $\frac{ddy}{dx^2}$ ne pourroit jamais être ſuppoſée finie, lorſque $x = 0$, cette objection, dis-je, a beaucoup plus de force, ce me ſemble, qu'on ne paroît lui en accorder. Je conviens que les deux points extrêmes par leſquels la corde eſt attachée, ne ſont réellement ſollicités par aucune force accélératrice, mais ſimplement fixés par la force de tenſion de la corde; ou pour parler plus exactement, que l'effet de la force accélératrice en ces points eſt détruit, par cette raiſon qu'ils ſont fixement attachés; mais il n'en eſt pas moins vrai que dans l'équation $\frac{ddy}{dx^2} = \frac{ddy}{dt^2}$; la quantité $\frac{ddy}{dx^2}$ repréſente, lorſque $x = 0$, la force accélératrice à l'extrémité de la corde, comme dans tout autre point, & que ſi la courbure eſt finie aux extrémités, cette force accélératrice n'eſt pas nulle, comme elle le devroit être, pour qu'il n'en réſultât aucun inconvénient. En effet, ſi l'extrémité eſt fixe, il eſt viſible que prenant au commencement du mouvement un petit arc dx qui ait ſon origine à cette extrémité, les points de ce petit arc dx doivent parcourir d'autant moins d'eſpace qu'ils ſont plus proches de ce point, autrement il ſeroit impoſſible de concevoir comment l'extrémité reſteroit en repos. Cependant il n'eſt pas moins viſible que dans tous les points de ce petit arc dx, la force accélératrice $\frac{ddy}{dx^2}$ ſera à peu près la même au premier inſtant, ſi la courbure n'eſt pas nulle à l'origine; d'où il eſt évident que, comme tous ces points ſont libres à l'exception de l'extrémité, ils devroient tous parcourir au premier inſtant des eſpaces à peu près égaux, quelque près qu'on les ſuppoſe de l'extrémité de la corde, pourvû qu'ils ne ſoient pas l'extrémité même. Or cela eſt impoſſible à concevoir dès qu'on ſuppoſe l'extrémité fixe. Voilà la véritable raiſon ſur laquelle eſt fondée la difficulté tirée de l'équation $\frac{ddy}{dx^2} = \frac{ddy}{dt^2} = 0$ lorſque $x = 0$ & $t = 0$; difficulté qu'on ne fait, ce me ſemble, qu'éluder, en diſant qu'il ne faut pas s'embarraſſer de la valeur du rayon oſculateur lorſque $x = 0$: Car il eſt viſible, par les premieres notions de la théorie des développées, que lorſque $t = 0$, $\frac{ddy}{dx^2}$ repréſente la valeur inverſe du rayon oſculateur à tous les points de la courbe, auſſi-bien au point où $x = 0$, qu'en tout autre point. M. de la Grange ſe trompe, ce me ſemble, dans la preuve qu'il tâche de donner, que $\frac{ddy}{dx^2}$ eſt toujours égal à zero à l'extrémité de la corde. Quand même la preuve qu'il donne de la conformité de ſa conſtruction avec l'équation $\frac{ddy}{dx^2} = \frac{ddy}{dt^2}$, ne ſeroit pas ſujette à toutes les difficultés expoſées ci-deſſus, (art. 12 & ſuiv.) cette preuve, ce me ſemble, ne pourroit s'appliquer au cas où $t = 0$ & $x = 0$; car pour déterminer $\frac{ddy}{dx^2}$, il faut prendre, ſuivant M. de la Grange, la différence de trois ordonnées, qui répondent aux abſciſſes $x-dx$; x, $x+dx$; or quand $x=0$, & $t=0$, l'abſciſſe $=x+dx=+dx$; & pour avoir l'ordonnée correſpondante à $-dx$, il faudra ſuppoſer la courbe continuée au-delà de ſon origine, ſuivant ſon cours naturel, & non, comme le veut M. de la Grange, retournée en ſens contraire au-deſſous de l'axe; par la raiſon que ſi on s'y prenoit de cette derniere maniere, alors ſuppoſant $t=0$, on auroit à-la-fois $\frac{ddy}{dx^2}=0$ lorſque $x=0$, & $\frac{ddy}{dx^2}$ d'une grandeur finie & à peu près la même, quelque point qu'on prît infiniment proche de l'extrémité, ce qui ſeroit abſurde.

19. Aucune des difficultés précédentes n'a lieu quand la courbure eſt nulle à l'origine; car alors le rayon oſculateur, ou, ce qui eſt la même choſe, la quantité $\frac{ddy}{dx^2}$, qui eſt en raiſon inverſe du rayon oſculateur, varie beaucoup dans toute l'étendue du dx; l'extrémité reſte fixe, & les points voiſins ont d'autant moins de mouvement qu'ils en ſont plus proches.

20. J'ai objecté que quand la courbure de la corde a des ſauts, alors la force accélératrice d'un même point change bruſquement & tout-à-coup de valeur d'un inſtant à l'autre ſans paſſer par les dégrés intermédiaires. On répond que ce changement ſeroit en effet choquant, ſi la force accélératrice avoit une valeur finie, mais qu'il ne l'eſt pas, parce que cette force a une valeur infiniment petite. Mais il eſt auſſi choquant en géomé-

trie qu'une quantité infiniment petite change de valeur brusquement & par sauts, qu'une quantité finie ; ainsi la difficulté subsiste toujours ; & il n'est pas plus naturel de supposer que la force accélératrice $\frac{ddy}{dx^2}$ change brusquement d'un instant à l'autre, qu'il ne l'est de supposer que le rayon de courbure $\frac{dx^2}{ddy}$ qui est en raison inverse de cette force, change brusquement d'un instant à l'autre, d'une quantité qui dans la présente hypothèse pourra être non-seulement finie, mais même infiniment grande.

21. Ajoutons que cette difficulté dont on paroît avoir senti la valeur, contre le changement brusque qui arriveroit à la force accélératrice d'un même point dans deux instans voisins, doit avoir le même poids contre le changement brusque qui arriveroit à la force accélératrice dans deux points voisins infiniment proches, si la courbure de la corde n'étoit pas continue.

22. On m'accorde que l'équation différentielle $\frac{ddy}{dx^2} = \frac{ddy}{dt^2}$, & par conséquent la construction qui en résulte, ne sauroit avoir lieu dans les cas où la figure initiale de la corde est composée d'une ou de plusieurs lignes droites, & en cela on me donne gain de cause (au moins à cet égard) contre Messieurs Euler & Bernoulli ; cependant si la solution de M. Euler est aussi générale qu'on le prétend, & applicable aux cas où la courbure n'est pas

pas continue, je ne vois pas, je l'avoue, pourquoi cette ſolution ne s'appliqueroit pas à ce cas-là comme aux autres; il me ſemble que ſi les objections que j'ai faites contre la conſtruction de M. Euler ſont ſans force, lorſque la courbure n'eſt pas continue, il leur en reſtera fort peu, dans le cas où la courbe eſt composée de deux ou pluſieurs lignes droites. En effet, ſi l'équation différentielle $\frac{ddy}{dx^2} = \frac{ddy}{dt^2}$ n'a pas lieu dans une corde formée de pluſieurs lignes droites, comme on en convient, ce ne peut être que par des raiſons ſemblables à celles qui ont été expoſées ci-deſſus dans les articles 12, 13, 14, &c. raiſons qui s'appliquent également au cas où la courbure de la corde n'eſt pas continue; & ſi les réponſes qu'on a faites à mes objections dans ce dernier cas étoient valables, elles le ſeroient auſſi, ce me ſemble, dans le cas où la corde ſeroit composée de lignes droites.

23. Pour le faire encore mieux ſentir, ſuppoſons une corde d'une courbure non continue, & dont les deux portions ayent une tangente commune au point où la courbure change. On prétend que la ſolution donnée par M. Euler pour générale, peut s'appliquer à ce cas-là : or au lieu de ſuppoſer les tangentes coincidentes au point de réunion des deux courbes, ſuppoſons qu'elles faſſent un angle qui ſera toujours ici infiniment petit, parce que l'étendue des vibrations eſt toujours ſuppoſée infiniment petite; je ne vois pas quel changement cette ſuppoſition apporteroit aux raiſonnemens & à la ſolution.

Maintenant au lieu des deux courbes, ſuppoſons deux lignes droites qui faſſent entr'elles un angle, lequel ſera toujours infiniment petit ; il eſt évident que les mêmes raiſonnemens auront encore lieu, & que par conſéquent ſi la ſolution eſt bonne dans un cas, elle le ſera dans tous.

24. Auſſi M. Euler me mande-t-il dans une lettre du 26 Juillet 1763 : » Je ne ſais pas pourquoi on donneroit » l'excluſion à un compoſé de lignes droites pour la » figure initiale d'une corde, ſi ce n'eſt que les angles » pourroient troubler la conſtruction fournie par notre ſo- » lution. Mais ſi on prend garde qu'en vertu de la ſolution » même, la courbe initiale ne doit différer qu'infiniment » peu de la ligne droite, & que l'inclinaiſon de tous » les élémens y doit être infiniment petite, je ne vois pas » qu'un tel aſſemblage de lignes droites puiſſe déranger » la conſtruction «. Il faut donc, ce me ſemble, ſi on veut être conſéquent, ſoutenir que la ſolution de M. Euler eſt abſolument générale, même pour le cas où la corde eſt compoſée de lignes droites. Mais alors les objections que j'ai faites dans les articles 12, 13, 14, 15, 16, 17, 18, ſubſiſteront toujours dans toute leur force.

25. On prétend que quand la figure initiale de la corde eſt d'abord compoſée de deux ou pluſieurs lignes droites, la roideur de la corde & l'action réciproque de ſes parties obligent bientôt la corde vibrante à prendre la figure d'une courbe, & que dans cet état la ſolu-

tion de M. Euler s'y applique. Cette assertion me paroît douteuse, même en accordant tout ce que j'ai contesté jusqu'ici; car, quand la corde, qui étoit d'abord formée de deux ou de plusieurs lignes droites, a pris la figure d'une courbe continue, la vitesse de ses points n'est pas nulle, comme quand sa figure initiale est une courbe continue; & il faut que $\frac{dy}{dt}$ soit $= \varphi x$, en supposant que φx soit en ce moment l'expression de la vitesse de chaque point. Donc si on suppose alors $y = \frac{\Gamma(x+t)}{2} - \frac{\Gamma(t-x)}{2}$, on aura $\frac{dy}{dt} = \frac{\Delta x}{2} - \frac{\Delta - x}{2} = \varphi x$; donc $\int dx \varphi x = \frac{\Gamma x}{2} + \frac{\Gamma - x}{2}$; donc non-seulement il faut supposer que la corde parvienne à former une courbe continue, qui aura pour équation $y = \frac{\Gamma x}{2} - \frac{\Gamma - x}{2}$; mais encore que la vîtesse φx en ce moment soit telle que $\int dx \varphi x + y = \Gamma x$; sans cette condition la solution ne pourroit avoir lieu. Encore ne peut-elle avoir lieu dans tous les cas, avec cette restriction même. Car soit $y = \psi x$; on aura $\Gamma x + \Gamma - x = 2\int dx \varphi x$; & $\Gamma x - \Gamma - x = 2\psi x$; donc $\Gamma x = \psi x + \int dx \varphi x$, & $\Gamma - x = \int dx \varphi x - \psi x$; donc ψx doit être une fonction impaire de x, & $\int dx \varphi x$ une fonction paire, & par conséquent φx une fonction impaire.

26. Nous remarquerons ici en passant que dans ce dernier cas, où $\frac{dy}{dt}$ n'est pas $= 0$ lorsque $t = 0$, il ne

faut pas prendre $y = \frac{\Gamma(x+t)}{2} + \frac{\Gamma(x-t)}{2}$ parce qu'on auroit $\frac{dy}{dt} = 0$ lorſque $t = 0$; il faut prendre comme nous avons fait $y = \frac{\Gamma(x+t)}{2} - \frac{\Gamma(t-x)}{2}$. Cette derniere formule eſt plus générale que la formule $y = \frac{\Gamma(x+t)}{2} + \frac{\Gamma(x-t)}{2}$, qui pour ſatisfaire à la condition que y ſoit $= 0$ lorſque $x = 0$, ne doit renfermer que des puiſſances impaires de $x+t$ & de $x-t$; au lieu que $y = \frac{\Gamma(t+x)}{2} - \frac{\Gamma(t-x)}{2}$ peut en renfermer de paires & d'impaires, & ſatisfaire d'ailleurs à cette condition indiſpenſable. L'expreſſion $y = \frac{\Gamma(t+x)}{2} - \frac{\Gamma(t-x)}{2}$ a encore cet avantage ſur l'expreſſion $\frac{\Gamma(x+t)}{2} + \frac{\Gamma(x-t)}{2}$, que la ſeconde ne peut ſervir que dans le cas où $\frac{dy}{dt} = 0$, lorſque $t = 0$, & où par conſéquent Γx ne peut être qu'une fonction impaire; au lieu que dans $y = \frac{\Gamma(t+x)}{2} - \frac{\Gamma(t-x)}{2}$, $\frac{dy}{dt}$ peut être une fonction impaire de x lorſque $t = 0$, & par conſéquent avoir une valeur réelle. Ainſi dans la ſolution générale du problême, l'équation $y = \frac{\Gamma(x+t) - \Gamma(t-x)}{2}$ eſt préférable à l'équation $y = \frac{\Gamma(x+t) + \Gamma(x-t)}{2}$, qui ne peut être appliquée qu'au cas particulier où la courbe vibrante part du repos, au lieu que la premiere est applicable au cas où chaque point de la corde a une vîtesse initiale donnée, du moins quand le problême a une solution possible. Je reviens maintenant à mon sujet.

27. J'ajoute à ce qui a été dit dans l'article 23, que si on convient que la solution de M. Euler ne peut s'appliquer à l'hypothèse où la courbe initiale est composée de deux ou plusieurs lignes droites, en ce cas cette solution n'aura guères plus d'étendue que la mienne. Car l'hypothèse dont il s'agit, est, pour ainsi dire, la seule qui ait lieu dans la nature; puisque la maniere ordinaire de mettre une corde musicale en vibration est de la tirer de sa situation rectiligne par un ou tout au plus par plusieurs de ses points, & de lui donner par ce moyen dans sa figure initiale, une forme triangulaire, ou tout au plus polygone. A l'égard de ce qu'on ajoute, que la roideur de la corde, & l'action réciproque de toutes ses parties l'obligeront de prendre bientôt la figure d'une courbe continue, rien n'empêche de dire aussi que cette courbe continue sera du genre de celles que j'exige pour la bonté de la solution; du moins il sera impossible de prouver le contraire par la théorie, comme il l'est de prouver par la théorie que la corde prenne la figure d'une courbe continue lorsqu'elle a commencé par former deux ou plusieurs lignes droites. Il y a plus; quoique le raisonnement dont M. Taylor s'est servi pour prouver que la corde doit prendre dans ses vibrations successives la fi-

gure d'une trochoïde allongée, ne ſoit pas exact dans la théorie mathématique (comme je l'ai prouvé dans les Mémoires de Berlin de 1747) il pourra être employé avec moins d'inconvénient quand on aura égard à la roideur de la corde, & à la réſiſtance qu'elle éprouve dans ſon mouvement, & qui oblige tous ſes points d'arriver au même inſtant à l'état de repos après un temps aſſez court. On pourroit auſſi, en généraliſant la ſolution de M. Taylor avec M. Daniel Bernoulli, ſuppoſer que la corde prend à la fin la figure d'un aſſemblage de trochoïdes. Mais encore une fois, toutes ces ſolutions du problême ne ſeroient qu'hypothétiques & précaires, & non pas (comme nous le demandons) mathématiques & générales.

28. M. de la Grange m'objecte que mes difficultés contre la ſolution qu'il a donnée dans le premier volume des Mémoires de Turin, difficultés expoſées dans le premier Mémoire de mes *Opuſcules*, s'appliqueroient également au cas où la courbe eſt compoſée de parties ſerpentantes à l'infini, quoique dans ce cas, de mon propre aveu, la ſolution ait lieu; je réponds qu'à la vérité la ſolution a lieu dans ce cas; mais que l'analyſe ſur laquelle la ſolution de M. de la Grange eſt appuyée, me paroît inſuffiſante pour ce cas même, quoique par d'autres raiſons la ſolution ſe trouve bonne pour ce cas-là. Rien n'eſt plus ordinaire en géométrie que de voir une ſolution peu exacte dans ſa généralité, être exacte dans un cas particulier; ſans doute parce qu'alors les

méprises qu'on peut avoir commises dans la solution générale, se compensent & se détruisent mutuellement dans ce cas particulier ; il ne faut donc pas conclure de ce qu'une solution se trouve bonne, comme par hasard, dans un cas particulier, qu'elle est exacte dans tous les autres cas. Par exemple, on a vu ci-dessus (article 13) que la supposition de $dx = dt$ est illusoire, dans le cas où la courbure de la corde varie brusquement en un de ses points ; inconvénient qui n'a pas lieu quand la courbure de la corde est continue ; parce qu'alors la supposition de $dx = dt$, n'est point nécessaire pour la solution, & que celle de $dx = n\,dt$ seroit également bonne. Donc la supposition de $dx = dt$, qui n'a point d'inconvénient dans ce dernier cas, en auroit dans tout autre.

29. Cette derniere réflexion peut donner lieu à une objection qu'il est nécessaire de résoudre. On dira peut être qu'à la vérité, suivant les démonstrations précédentes, la solution de M. Euler n'a pas lieu quand la courbure de la corde a des sauts, & quand elle n'est pas nulle aux extrémités ; mais qu'au moins la solution aura lieu, quand la courbure de la corde vibrante sera nulle aux extrémités, & quand cette courbure ne changera brusquement en aucun point ; car en ce cas, toutes les objections tirées de la considération de l'équation $\frac{ddy}{dx^2} = \frac{ddy}{dt^2}$ n'ont plus de force.

30. Pour répondre à cette objection, je supplie le Lecteur de relire les §. XVIII, XIX & XX du pre-

mier Mémoire de mes *Opuſcules*, dans leſquels je crois avoir prouvé que ſi on ſe permet de faire changer de forme aux fonctions $\varphi(x+t)$ & $\varphi(x-t)$, on ne pourra plus s'aſſurer que la ſolution ſoit déterminée ni exacte (*a*). On doit ſentir au reſte que la ſeule force de la vérité a fait naître en moi les différens doutes que j'ai propoſés juſqu'ici ſur la ſolution qu'on prétend générale; car ſi j'avois quelque choſe à déſirer, ce ſeroit qu'elle le fût en effet, puiſque je ſuis le premier qui aye imaginé cette ſolution ſi ſimple, en la reſtraignant à la vérité aux ſeuls cas où je la croyois & où je la crois encore exacte & hors d'atteinte.

31. Après toutes les nouvelles raiſons que j'ai apportées dans ce Mémoire, pour prouver que la ſolution géométrique du problême des cordes vibrantes eſt en effet renfermée dans les limites que je lui ai aſſignées, je ne crois pas qu'il ſoit néceſſaire de diſcuter la nouvelle & très-ſavante ſolution que M. de la Grange a donnée de ce problême; ſolution qui eſt d'ailleurs extrêmement compliquée, & que d'autres occupations ne m'ont pas permis d'étudier juſqu'à préſent avec aſſez de ſoin pour me ſatisfaire ſur les principes qui en ſont la baſe, & ſur les différentes opérations dont elle eſt compoſée. On verra d'ailleurs plus bas, dans le ſecond Supplément à ce Mémoire, que ce grand Géometre a changé d'avis ſur le réſultat général que lui donne cette

(*a*) Voyez auſſi plus bas, de nouvelles preuves de cette vérité dans le ſecond Supplément à ce Mémoire.

ſolution,

solution, ce qui en rend ici l'examen moins nécessaire.

32. En finissant cette discussion, je placerai ici quelques remarques sur les vibrations des cordes, qui n'ont point de rapport à la controverse précédente. J'ai prouvé, si je ne me trompe, contre M. Bernoulli, dans le premier Mémoire de mes *Opuscules*, que l'équation de la corde vibrante ne pouvoit être supposée en général $y = \alpha \text{ sin. } \frac{\pi x}{a} + \beta \text{ sin. } \frac{2 \pi x}{a} + \delta \text{ sin. } \frac{3 \pi x}{a}$, &c. à l'infini. On peut ajouter aux raisons que j'en ai apportées, que si la corde vibrante, dans son premier état, pouvoit être représentée par une telle équation, il seroit permis de regarder cette corde vibrante comme composée de branches alternatives à l'infini au-dessus & au-dessous de l'axe; car la courbe dont l'équation seroit $y = \alpha \text{ sin. } \frac{\pi x}{a} + \beta \text{ sin. } \frac{2 \pi x}{a} + \delta \text{ sin. } \frac{3 \pi x}{a}$, &c. seroit composée de telles branches. Or il est évident qu'on peut supposer à la corde vibrante une infinité de figures initiales, telles, qu'elle ne soit pas composée de branches alternatives à l'infini. Donc l'équation dont il s'agit, est illusoire pour représenter le premier état de la courbe vibrante dans tous les cas possibles.

33. Mais, dira-t-on, ne peut-on pas au moins regarder une corde vibrante, physiquement parlant, comme composée d'un nombre de corpuscules très-grand, quoique fini, & pour lors ne sera-t-il pas permis de regar-

der les vibrations de ses points comme composées de vibrations multiples ? Je réponds, 1°. que dans cette supposition même, ces prétendues vibrations multiples seroient souvent illusoires, comme je l'ai prouvé dans le premier tome de mes *Opuscules*, pages 61, 62 & 63. 2°. Qu'il peut y avoir une très-grande différence entre les vibrations d'une courbe continue, considérée comme composée d'une infinité de poids, & les vibrations de la même courbe considérée comme chargée d'un nombre très-grand, mais *fini*, de poids, unis ensemble par de petites lignes droites. Car j'ai prouvé dans les Mémoires de Berlin de 1750, page 359, & dans le premier tome de mes *Opuscules*, page 39, qu'une corde infiniment petite, chargée d'un ou de plusieurs poids, fait ses vibrations dans un temps très-différent de celui des vibrations de la même corde, si on la supposoit une trochoïde allongée, ou quelque autre courbe. En effet, les rapports des temps dans les formules des endroits cités subsistent, quand même la longueur de la corde vibrante seroit infiniment petite, pourvû qu'elle soit la même dans les deux cas. C'est donc s'exposer à tomber dans des paralogismes, que de prétendre réduire la courbe vibrante à un polygone chargé d'un nombre indéfini de poids; par la même raison qu'on se tromperoit en regardant le temps de la descente par un arc de cercle très-petit, comme sensiblement égal au temps de la descente par une ou plusieurs cordes qu'on supposeroit inscrites dans cet arc. J'avois déja touché quelque chose de cette réflexion dans l'article 22 du premier Mémoire de mes *Opuſcules*; mais elle ne tomboit en rigueur que ſur les cordes ſuppoſées chargées d'un petit nombre de poids; ici elle s'applique aux cordes ſuppoſées chargées de tant de poids qu'on voudra, & prouve qu'on ne ſauroit les confondre avec des *courbes* vibrantes.

PREMIER SUPPLÉMENT

AU MÉMOIRE PRÉCÉDENT.

1. DEPUIS l'année 1762 que ce Mémoire est écrit, j'ai eu occasion de faire de nouvelles réflexions sur les différens objets qui y sont traités. Je placerai ici ces réflexions, à peu près dans l'ordre des temps où je les ai faites.

2. Un célèbre Géometre, qui n'est ni M. de la Grange ni M. Euler, prétend prouver par un singulier raisonnement, dans un écrit non imprimé que j'ai vu, que la somme de cos. x + cos. $2x$ + cos. $3x$, &c. à l'infini $= -\frac{1}{2}$ lorsque $x = 45^\circ$. Puisque la suite dont il s'agit, dit ce savant Géometre, est $\frac{1}{\sqrt{2}}, 0, -\frac{1}{\sqrt{2}}, -1, -\frac{1}{\sqrt{2}}, 0, +\frac{1}{\sqrt{2}}, +1$, donc la somme est égale à l'une des quantités suivantes $\frac{1}{\sqrt{2}}, \frac{1}{\sqrt{2}} + 0, 0, -1, -1 - \frac{1}{\sqrt{2}}, -1 - \frac{1}{\sqrt{2}} + 0, -1, 0$. Or dans cette combinaison, qui forme huit cas, il y a deux cas pour $\frac{1}{\sqrt{2}}$, deux pour 0, deux pour -1, deux pour $-1 - \frac{1}{\sqrt{2}}$; donc par les régles des probabilités, la somme

ſera $\frac{2}{3}\left(\frac{1}{\sqrt{2}}+0-1-1-\frac{1}{\sqrt{2}}\right)=-\frac{1}{2}$.

3. Le même Géometre prétend prouver par un raiſonnement ſemblable que la ſomme de la ſuite $1-1+1-1+1-1$, &c. $=\frac{1}{2}$, parce que dans la moitié des cas elle eſt $=0$, & dans l'autre moitié $=1$.

4. Avant que de répondre à ce Géometre, nous allons rendre ſa propoſition encore plus générale. Nous prouverons qu'en effet la ſomme moyenne entre toutes les ſommes de la ſerie coſ. x + coſ. $2x$ + coſ. $3x$, &c. eſt $=-\frac{1}{2}$; mais nous le prouverons rigoureuſement, & non par le calcul des probabilités, dont l'uſage, nous l'oſons dire, eſt dans le cas préſent tout-à-fait chimérique. Il ne s'agit pas ici de *conjecturer*, mais de *démontrer*; & il ſeroit dangereux, (quoiqu'à la vérité ce malheur ſoit peu à craindre) qu'un genre de démonſtration ſi ſingulier s'introduisît en géométrie. Ce qui pourra ſeulement paroître ſurprenant, c'eſt que de pareils raiſonnemens ſoient employés comme démonſtratifs par un Mathématicien célèbre, & dans un écrit où il s'exprime avec très-peu de ménagement ſur le dixiéme Mémoire de mes *Opuſcules*, concernant la théorie des probabilités; théorie qui n'a pourtant (ce me ſemble) rien de plus choquant que l'uſage qu'il fait ici de l'analyſe des jeux de haſard. Quoi qu'il en ſoit, après avoir prouvé, non par cette analyſe, mais par un calcul rigoureux, que la ſomme moyenne dont il s'agit, eſt en effet $=-\frac{1}{2}$ dans tous les cas, nous prouverons en-

suite qu'on n'en peut rien conclure pour la somme réelle de la serie, que cette fraction $-\frac{1}{2}$ ne représente point.

5. Si on faisoit $x = 60$ dégrés, dans la formule cos. $x +$ cos. $2x +$ &c. la suite seroit $\frac{1}{2}, -\frac{1}{2}, -1, -\frac{1}{2}, +\frac{1}{2}, +1$, ce qui donne pour la somme, l'une des quantités suivantes, $\frac{1}{2}, 0, -1, -1 -\frac{1}{2}, -1, 0$, & employant les méthodes usitées en pareil cas, on auroit la somme générale $= \frac{1}{2.6} - \frac{2}{6} - \frac{3}{2.6} = -\frac{1}{2}$.

6. Si $x = 90^{0}$, on auroit $0, -1, -1, 0$, & par conséquent la somme seroit encore $= -\frac{1}{2}$. Mais laissons-là cette démonstration limitée & par induction, & cherchons-en une qui soit tout-à-la-fois plus rigoureuse & plus générale.

7. Supposons d'abord $x =$ à une partie aliquote de 90 dégrés, on aura, comme on voit ici, la suite des cosinus sur quatre colonnes. Dans la premiere, il faudra, pour avoir la suite des cosinus, aller de haut en bas, dans la seconde remonter de bas en haut, dans la troisiéme de haut en bas, & dans la quatriéme de bas en haut.

Premiere colonne.	*Seconde colonne.*	*Troisiéme colonne.*	*Quatriéme colonne.*
cos. $1x$ .... a	cos. 180 .... -1	cos. $180 + x$ .. $-a$	cos. 360 .... $+1$
cos. $2x$ .... b	cos. $180 - x$ .... $-a$	cos. $180 + 2x$ .. $-b$	
cos. $3x$ c	cos. $180 - 2x$ .. $-b$		
cos. $4x$ .... d	$-c$		
e	$-d$		
f	$-e$		
cos. $7x$ g	cos. $90 + 8x$ .. $-f$		cos. $270 + 8x$ .. $+f$
cos. $90 - x$ ...... m		cos. $270 - x$ .. $-m$	
cos. 90 .... o	cos. $90 + x$ .. $-m$	cos. 270 .... o	cos. $270 + x$ .. $+m$

8. Il eſt viſible que chacune de ces quatre colonnes aura un nombre de termes $= \mu$, ien ſuppoſant $\mu x = 90^{\circ}$.

9. Soit à préſent $a = A$, $a + b = B$, $a + b + c = C$, &c. les ſommes ſeront pour chaque colonne, en comptant ſucceſſivement de haut en bas, & de bas en haut;

1	A	-1	$-1 - A$	$-1 + 1$
2	B	0	$-1 - B$	$-1 - 0$
3	C	A	$-1 - C$	$-1 - A$
4	D	B	.	.
.	.	C	.	.
.	.	D	.	.
.	.	.	.	.
.	.	.	.	.
$\mu - 2$	L	.	.	.
$\mu - 1$	M	.	$-1 - M$	.
μ	M	L	$-1 - M$	$-1 - L$

ce qui fait en tout 4μ ſommes, & 4μ cas. Or ajoutant toutes ces ſommes enſemble, & les diviſant par 4μ, on verra que les quantités A, B, C, M dans les ſommes de la premiere & de la quatriéme colonne ſont détruites par des quantités pareilles dans la troiſiéme & la quatriéme; & qu'il reſte à la troiſiéme colonne $- 1 \times \mu = -\mu$, & à la quatriéme $- 1 \times \mu = -\mu$; donc on aura -2μ pour la ſomme totale de toutes les ſommes particulieres; & cette ſomme totale diviſée par 4μ (nombre de ces ſommes) donne $-\frac{1}{2}$.

10. Pour démontrer maintenant cette propoſition dans tous les cas, même dans ceux où x n'eſt pas une partie aliquote exacte de 90 dégrés, je remarque d'abord que la ſerie coſ. x + coſ. $2x$ + coſ. $3x$, &c. recommence après

le terme cos. Mx, Mx étant $= 360^\circ$; 2°. que la somme des termes y compris le M^e est $\frac{\text{cos.}\, Mx - \text{cos.}\, (M+1)\, x}{2\, (1 - \text{cos.}\, x)} - \frac{1}{2} = 0$, puisque cos. $Mx = 1$, & qu'on a cos. $(M+1)\, x =$ cos. x. 3°. Que la somme de 1, 2, 3, &c. termes est respectivement, $\frac{\text{cos.}\, x - \text{cos.}\, 2x}{2\, (1 - \text{cos.}\, x)} - \frac{1}{2}$, $\frac{\text{cos.}\, 2x - \text{cos.}\, 3x}{2\, (1 - \text{cos.}\, x)} - \frac{1}{2}$, $\frac{\text{cos.}\, 3x - \text{cos.}\, 4x}{2\, (1 - \text{cos.}\, x)} - \frac{1}{2}$, ... $\frac{\text{cos.}\, Mx - \text{cos.}\, (M+1)\, x}{2\, (1 - \text{cos.}\, x)} - \frac{1}{2}$. Donc la somme de ces sommes est $\frac{\text{cos.}\, x - \text{cos.}\, (M+1)\, x}{2\, (1 - \text{cos.}\, x)} - \frac{1}{2} \times M$; & cette somme divisée par M donne $- \frac{1}{2}$, parce que cos. $(M+1)\, x =$ cos. x.

11. Donc puisque la somme de M termes de la serie est $= 0$, & que la somme moyenne de toutes les sommes depuis le premier terme jusqu'au M^e est $= - \frac{1}{2}$, il s'ensuit que la somme moyenne de toutes les sommes depuis le premier jusqu'au pM^e terme, p exprimant un nombre entier positif, est aussi $= - \frac{1}{2}$; vérité curieuse en elle-même, indépendamment de la conséquence qu'on prétend en tirer, & qui n'est nullement exacte.

12. En effet, cette somme $- \frac{1}{2}$, moyenne entre toutes les sommes possibles, n'est pas pour cela la vraie somme de la suite; c'est seulement la quantité moyenne entre toutes les sommes que la suite peut avoir, quantité qui n'exprime la vraie somme de la suite en aucun cas. Car cette somme, rigoureusement & exactement calculée,

lée, est, comme nous avons vu, $\frac{\text{cos.}\, Mx - \text{cos.}\,(M+1)\,x}{2\,(1-\text{cos.}\,x)}$ $-\frac{1}{2}$, qui (comme il est évident) ne pourroit être $-\frac{1}{2}$ que dans le cas où cos. Mx seroit $=$ cos. $(M+1)\,x$; c'est-à-dire, lorsque la différence de Mx & de $(M+1)\,x$ seroit $= 0$ ou $360°$; ce qui donne $x = 0$, ou $x = 360°$. Or dans ce cas la somme de la serie cos. $x +$ cos. $2\,x +$ &c. est $= \infty$. Donc en aucun cas elle n'est $= -\frac{1}{2}$.

13. Il est aisé de voir que quand $x = 0$ ou $360°$, le numérateur & le dénominateur de la fraction..... $\frac{\text{cos.}\, Mx - \text{cos.}\,(M+1)\,x}{2\,(1-\text{cos.}\,x)}$ deviennent chacun $= 0$; ce qui ne fait point connoître la valeur de la somme de la serie; mais on trouve par un autre moyen que cette somme est $= 1 + 1 + 1 + 1$, &c. $= \infty$; puisque la somme cherchée est celle de cos. $x +$ cos. $2\,x +$ cos. $3\,x +$, &c. qui dans le cas présent devient $1 + 1 + 1$, &c.

14. Je remarquerai à cette occasion & en passant, que la formule ordinaire pour la somme d'une progression géométrique ne donne point la somme de cette progression, quand tous les termes y sont égaux; en effet, soient a, b, les deux premiers termes, e, le dernier, & s la somme, on aura $s = \frac{aa - be}{a - b}$; & si $a = b = e$, on aura $s = \frac{aa - aa}{a - a} = \frac{0}{0}$; ce qui ne fait rien connoître, quoique la somme se trouve d'ailleurs être infinie.

15. On peut aussi observer que, quoique $\frac{aa - bb}{a - b} =$

$a+b$, il n'en faut pas conclure que quand $b=a$, on ait $\frac{aa-aa}{a-a}=a+a=2a$; car la ſomme de la progreſſion n'eſt pas $=2a$, mais ∞. Toutes ces petites inconſéquences qui ſemblent réſulter du calcul, méritent d'être remarquées quand l'occaſion s'en préſente, afin de ſe précautionner contre les erreurs où elles pourroient conduire. Revenons maintenant aux cordes vibrantes.

16. Le célèbre M. Euler, qui a beaucoup réfléchi ſur les vibrations des cordes, & qui croyoit d'abord la ſolution bonne & générale, quelle que ſoit la figure initiale de la courbe, croit aujourd'hui, comme il m'a fait l'honneur de me le marquer dans une de ſes lettres, du 20 Décembre 1763, que cette ſolution n'a pas lieu, lorſque la courbe initiale a dans quelque point une tangente perpendiculaire à l'axe. Les raiſons qu'il en donne, ſont que la ſolution générale exige les deux conditions ſuivantes; 1°. que la longueur de la courbe ne différe qu'infiniment peu de la ligne droite qui en eſt l'axe ou la baſe. 2°. Que le mouvement de chaque point ſe faſſe conſtamment ou au moins à très-peu près ſur l'appliquée perpendiculaire à l'axe, & qu'on puiſſe regarder l'arc comme égal à l'abſciſſe; or, ſelon lui, pour ſatisfaire à ces conditions, il faut non-ſeulement que l'appliquée ſoit infiniment petite, il faut encore que les tangentes à chaque point faſſent des angles infiniment petits avec l'axe.

17. Je ferai sur cela plusieurs réflexions.

1°. Il est d'abord certain que quand la tangente est perpendiculaire à l'axe en quelques points, l'arc de la courbe qui se termine à ce point, & qu'on suppose compté depuis l'origine, c'est-à-dire, depuis un des points fixes, peut être toujours censé égal à l'abscisse correspondante, pourvû que les appliquées soient par-tout infiniment petites; il est certain de plus que dans ces points mêmes le mouvement se fera dans la direction de l'appliquée : mais il ne l'est pas moins que dans les points voisins, le mouvement se fera dans une direction fort différente, & presque parallèle à l'axe; direction qui est exclue par les conditions du problême.

2°. Si cette figure dans une ou plusieurs parties de la courbe empêche la solution d'avoir lieu, comme il paroît que cela doit être, il s'ensuivra qu'il y aura même des cas assujettis à la loi de continuité, ou la solution ne sera pas bonne; par exemple, soit $u = \sqrt{(2z - zz)}$, l'équation d'un cercle, & soient élevées perpendiculairement aux lignes z des appliquées = aux aires correspondantes $\int dz \sqrt{(2z - zz)}$, on formera une courbe telle qu'en faisant passer par le centre du cercle une ligne perpendiculaire à l'axe des z, c'est-à-dire, à l'axe commun du cercle & de la courbe, la courbe aura des branches alternatives à l'infini, toutes égales & semblables au-dessus & au-dessous de cette ligne; de plus, il est aisé de voir que la courbe aura des tangentes perpendiculaires à cette ligne, répondantes à tous les points dans lesquels $\sqrt{(2z - zz)} = 0$, c'est-à-dire, dans lesquels l'aire $\int dz \sqrt{(2z - zz)}$ est $= 0$, ou $=$ à un nombre quelconque de fois l'aire du demi cercle, prise positivement ou négativement. Diminuons maintenant les ordonnées de cette courbe (perpendiculaires à cette derniere ligne, & par conséquent parallèles à la ligne des z) en raison de α à 1, α exprimant un nombre très-petit; & cette courbe sera dans le cas de celles auxquelles nous avons jugé (Mémoires de Berlin, 1747 & 1750) que notre solution peut s'appliquer. Cependant il est évident que la perpendicularité des tangentes par rapport à l'axe, exclut alors la solution. Voilà donc des courbes assujetties même à la loi de continuité, dans lesquelles la solution semble n'avoir pas lieu.

18. Par la même raison la solution semble ne devoit pas avoir lieu lorsque la courbe est perpendiculaire à son axe en l'une de ses extrémités, quand même elle seroit assujettie d'ailleurs à la loi de continuité, & qu'elle auroit des branches alternatives semblables & égales au-dessus & au-dessous de son axe; par exemple, si en prenant les x sur l'axe ou sur la base de cette courbe, on avoit $y = \alpha \sqrt{(\text{sin. } x)}$, α étant une très-petite quantité, cette courbe seroit évidemment dans le cas dont il s'agit; & il en est de même d'une infinité d'autres cas; il suffit pour cela que dans la valeur de y exprimée en sin. x & sinus des multiples de x, il se trouve un seul terme, $(\alpha \text{ sin. } x)^p$ dans lequel p soit $=$ à une fraction moin-

dre que l'unité ; car alors $\frac{dy}{dx}$ feroit $=\infty$ à l'origine de la courbe.

19. Il faut feulement remarquer qu'alors le dénominateur & le numérateur de la fraction p doivent être tous deux fuppofés impairs, afin qu'en faifant x négatif, $\alpha(\text{fin.}\ x)^p$ ait une valeur égale & de figne contraire, comme il eft néceffaire pour que les branches alternatives de la courbe foient affujetties à la loi de continuité.

20. Je pourrois même ajouter que la folution femble ne devoir pas avoir lieu fi à l'origine de la courbe $y=\alpha(\text{fin.}\ x)^m$, m étant une fraction plus grande que l'unité, pourvû qu'elle n'en foit pas le double. Car alors $\frac{ddy}{dx^2}=\infty$, lorfque $x=0$; & la courbure fe trouvant infinie à l'extrémité, la folution paroît alors n'être plus applicable ; en effet, quand $x=0$, $\frac{ddy}{dt^2}$ femble devoir toujours être $=0$, & par conféquent $\frac{ddy}{dx^2}$ ne peut être $=\infty$.

21. Mais il faut remarquer que ce raifonnement n'aura lieu que pour le feul inftant où l'on a à-la-fois $x=0$ & $t=0$; en effet, fi on fuppofe $x=0$ & t quelconque, l'équation $y=\frac{\phi(x+t)}{2}+\frac{\phi(x-t)}{2}$ donnera $\frac{ddy}{dt^2}$ & $\frac{ddy}{dx^2}$, toutes deux égales à zero, lorfque $x=0$,

excepté dans le cas où l'on auroit à-la-fois $x=0$ & $t=0$; car $\frac{ddy}{dx^2}=\frac{\varphi''(x+t)+\varphi''(x-t)}{2}$ & $\frac{ddv}{dt^2}=\frac{\varphi''(x+t)+\varphi''(x-t)}{2}$; &, si on suppose φx une fonction impaire, ainsi que $\varphi'' x$, chacune de ces quantités est $=0$ lorsque $x=0$, à moins que l'on n'eut aussi $t=0$, auquel cas $\varphi''(x)+\varphi''(x)$ peut être $=\infty$, comme il arriveroit, par exemple, si $\varphi''(x)$ étoit une puissance négative de x.

22. C'est une chose singuliere qu'il y ait des quantités comme $(x+t)^{-\frac{1}{3}}+(x-t)^{-\frac{1}{3}}$, & une infinité d'autres semblables, qui sont égales à l'infini quand $x=0$ & $t=0$, & qui deviennent $=0$, pour peu qu'on donne la moindre valeur à t, en laissant toujours $x=0$. Le calcul nous offre ainsi en plusieurs occasions d'assez étranges paradoxes. Mais, sans nous arrêter sur ce sujet, venons à l'examen de la question proposée.

23. Il s'agit donc de sçavoir si un seul point & un seul instant où l'équation $\frac{ddy}{dx^2}=\frac{ddy}{dt^2}$ paroît n'avoir pas lieu, empêchent la solution d'être bonne.

24. Sur quoi je remarquerai d'abord qu'on peut apporter une infinité d'exemples, où une solution n'en est pas moins bonne, quoiqu'il y ait des points où l'équation proposée n'a pas lieu; par exemple, soit $dy=\frac{(a-x)dx}{\sqrt{(2ax-xx)}}$, on en tirera $y=\sqrt{(2ax-xx)}$ qui est

l'équation du cercle, & qui a lieu pour tous les points de cette courbe; cependant lorsque x est $= 0$, le dy, c'est-à-dire, la différence de deux ordonnées consécutives, dont la premiere est $= 0$, & la seconde infiniment petite, est $\frac{(2a - x)\,dx}{\sqrt{(2ax - xx)}}$, ou simplement $= \frac{2\,a\,dx}{\sqrt{(2ax - xx)}}$ & non pas $\frac{a\,dx}{\sqrt{(2ax - xx)}}$ comme l'équation $dy = \frac{(a - x)\,dx}{\sqrt{(2ax - xx)}}$ semble le donner. De-là on peut d'abord conclure, ce me semble, que quoique l'équation $\frac{ddy}{dx^2} = \frac{ddy}{dt^2}$ n'ait pas lieu dans un seul instant & dans un seul point, la construction générale pourroit n'en avoir pas moins lieu dans ce cas-là.

25. Mais, dira-t-on, si la solution n'en est pas moins bonne & moins générale, quoiqu'il y ait un point de la courbe où dans un seul moment l'équation $\frac{ddy}{dx^2} = \frac{ddy}{dt^2}$ n'a pas lieu, n'en pourroit-on pas conclure que la solution est bonne en général, quoique dans certains cas il y ait des points isolés & en petit nombre où l'équation $\frac{ddy}{dx^2} = \frac{ddy}{dt^2}$ n'a pas lieu, comme il arrive lorsque la courbure de la courbe a des sauts, & n'est pas nulle aux extrémités? Cette réflexion affoibliroit beaucoup les objections que nous avons faites contre la construction que Messieurs de la Grange & Euler prétendent être générale.

26. Voici, ce me semble, le dénouement de toutes ces difficultés. D'abord il est évident que si $\frac{dy}{dx} = \infty$ en quelque point de la courbe initiale, la solution générale ne peut plus représenter les vibrations de la corde; quand même les branches alternatives seroient assujetties à la loi de continuité. Mais pourquoi cette solution n'a-t-elle pas lieu alors? Ce n'est pas parce que l'intégrale $y = \frac{\varphi(x+t)}{2} + \frac{\varphi(x-t)}{2}$, ou pour plus de simplicité $y = \varphi(x+t) + \varphi(x-t)$, ne représente pas l'équation $\frac{ddy}{dx^2} = \frac{ddy}{dt^2}$; car elle la représente alors toujours. C'est parce que l'équation $\frac{ddy}{dx^2} = \frac{ddy}{dx^2}$ ne représente pas les mouvemens des points de la corde, dont plusieurs ne se meuvent pas dans la direction de l'ordonnée y, comme on le suppose dans la solution.

27. Au contraire, lorsque dans la courbe initiale le $\frac{ddy}{dx^2}$ fait des sauts, alors non-seulement l'équation $\frac{ddy}{dx^2} = \frac{ddy}{dt^2}$ ne représente pas le mouvement des points élémentaires de la courbe, comme il résulte du précédent Mémoire (art. 14 & suiv.); mais encore l'équation $\varphi(x+t) + \varphi(x-t)$ ne représente plus l'équation $\frac{ddy}{dx^2} = \frac{ddy}{dt^2}$, comme nous l'avons prouvé, & voilà pourquoi la solution est alors fautive.

28. Il y a cependant un point de vûe sous lequel on peut

peut faire uſage de la ſolution ou conſtruction générale, même dans le cas où $\frac{dy}{dx} = \infty$ en quelque point de la courbe ; c'eſt de ne point ſuppoſer qu'on veuille déterminer le mouvement des points d'une *corde vibrante*; mais ſeulement celui d'une infinité de points ou corpuſcules iſolés infiniment proches, animés par des forces égales à $\frac{ddy}{dx^2}$, perpendiculairement à l'axe des x, & par conſéquent dans la direction des y. En ce cas, l'intégrale propoſée, & la conſtruction qui en réſulte, repréſenteront parfaitement le mouvement de ces points iſolés, dont on ſuppoſe que les deux extrêmes demeurent fixés par quelque force qui les retient, *s'il eſt néceſſaire*; je dis *s'il eſt néceſſaire*; car il eſt évident que la ſeule condition que $\frac{dy}{dt} = 0$ lorſque $t = 0$, donnera $y = \varphi(x+t) + \varphi(x-t)$; & que ſi φx eſt une fonction impaire, comme on le ſuppoſe ici, on aura $y = 0$, lorſque $x = 0$, quel que ſoit t, & qu'ainſi les points extrêmes reſteront toujours *d'eux-mêmes* en repos.

29. A l'égard du cas où $\frac{ddy}{dx^2}$ eſt $= \infty$ lorſque $x = 0$ ſans que $\frac{dy}{dx}$ ſoit auſſi $= \infty$, je dis que la ſolution s'applique entiérement à ces cas-là, & qu'elle repréſente le vrai mouvement de la corde.

30. Pour le faire voir, ſuppoſons, par exemple, $y = a(\text{ſin.}\, x)^{\frac{5}{3}}$, on aura $\frac{dy}{dt}$ toujours égale à zero, lorſque

$x = 0$, t étant tout ce qu'on voudra ; ainsi les extrémités de la corde resteront toujours fixes & immobiles, comme la solution exige qu'elles le soient. Il est vrai que dans ce cas $\frac{ddy}{dt^2}$ paroîtra devoir être infinie, ainsi que $\frac{ddy}{dx^2}$, lorsque l'on a à-la-fois $x = 0$ & $t = 0$. Mais il faut remarquer que quoique $\frac{dy}{dt}$ soit toujours $= 0$, lorsque x & $t = 0$, cependant $\frac{ddy}{dt^2}$ peut être infini dans ce même cas. Car $\frac{ddy}{dt^2}$ n'exprime que la limite de l'accroissement de la vîtesse u pendant l'instant dt, ou plutôt la limite du rapport de du à dt; or quoique deux valeurs consécutives de u pendant deux instans consécutifs soient égales à zero, savoir $= t^{\frac{1}{3}} + (-t)^{\frac{1}{3}}$, cependant la limite du rapport $du : dt$ qui est proportionnelle à $t^{-\frac{2}{3}} + (-t)^{-\frac{2}{3}}$ peut être $= \infty$ lorsque $t = 0$.

31. En un mot, il suffit pour la bonté de la solution que $\frac{dy}{dt}$ soit toujours $= 0$, lorsque $x = 0$, comme il l'est en effet ; il n'est point nécessaire que $\frac{ddy}{dt^2}$ soit aussi égale à zero, & cela ne s'ensuit pas de ce que $\frac{dy}{dt} = 0$; comme dans l'équation d'une courbe, il ne s'ensuit pas que $\frac{ddy}{dx^2} = 0$, quoique $\frac{dy}{dx}$ soit $= 0$, ni

que $\frac{dy}{dx}$ soit $= 0$, quoique $y = 0$.

32. L'équation $\frac{ddy}{dt^2} = \frac{ddy}{dx^2}$, & l'intégrale ainsi que la construction qui en résulte, ont donc toujours lieu dans les courbes dont il s'agit, c'est-à-dire, dans celles où $\frac{dy}{dx}$ n'est jamais $= \infty$, quoique $\frac{ddy}{dx^2}$ le puisse être.

33. Je remarquerai à cette occasion, par rapport à l'équation $dy = \frac{(a-x)dx}{\sqrt{(2ax-xx)}}$, alléguée ci-dessus comme fautive lorsque $x = 0$, que cette équation, bien entendue, est toujours très-exacte, même dans ce cas de $x = 0$; en effet, dans cette équation (Voyez l'article DIFFÉRENTIEL dans l'Encyclopedie) $\frac{dy}{dx}$ exprime la limite du rapport de la différence de deux ordonnées (qu'on suppose distantes de la quantité finie dx) à cette quantité finie dx. Or il est aisé de voir, par la Géométrie élémentaire, que la limite de ce rapport est toujours rigoureusement égale à $\frac{a-x}{\sqrt{(2ax-xx)}}$. Ainsi l'équation $dy = \frac{(a-x)dx}{\sqrt{(2ax-xx)}}$ bien entendue, est rigoureusement vraie dans tous les cas.

34. Mais, insistera-t-on, si $\frac{ddy}{dt^2}$ peut ne pas être $= 0$, même lorsque $\frac{dy}{dt}$ est toujours zero, que devient une de vos objections (a) contre la construction de M. Euler,

(a) Opusc. Math. tom. 1, page 25.

objection qui est fondée sur ce que $\frac{ddy}{dx^2}$ ne doit jamais être finie lorsque $x = 0$, par la raison que $\frac{ddy}{dt^2}$ doit toujours être $= 0$ en ce point-là ? Je réponds que cette objection feroit en effet sans force, si on la bornoit à cette seule considération ; mais que si on y joint celles qu'on trouve, art. 18 du Mém. précédent, elle subsiste en son entier ; & qu'il est impossible de supposer $\frac{ddy}{dx^2}$ finie à l'origine de la courbe sans tomber dans des conséquences choquantes. En effet, quand la courbe est continue, & que $\frac{ddy}{dx^2}$ est infini à l'origine des x, ce qui peut arriver, $\frac{ddy}{dx^2}$ n'est infini (article 21.) que dans le seul moment où $t = 0$, & devient nul dans les momens suivans ; au lieu que quand la courbe n'est pas continue, mais qu'on la retourne simplement en sens contraire, la force $\frac{ddy}{dx^2}$ n'est $= 0$ ni au moment où $t = 0$, ni dans les momens suivans. On conçoit donc que dans le premier cas le point de l'origine peut être censé rester en repos, puisqu'il n'est frappé que dans un seul instant, (Voyez le Supplément suivant, article 21) ; au lieu que dans le second cas il reçoit à chaque instant de nouveaux coups, & par conséquent il doit naturellement se mouvoir, ou tendre à se mouvoir.

35. D'ailleurs dans les cas où $\frac{ddy}{dx^2}$ est finie à l'ori-

gine, si on retourne cette courbe en sens contraire, comme l'exige la construction de M. Euler, alors la force accélératrice $\frac{ddy}{dx^2}$ aura deux différentes valeurs au point qu'on prend pour l'origine; savoir, deux valeurs égales de différent signe; ce qui retombe dans le cas où la courbe changeroit brusquement de courbure en un de ses points; cas auquel la solution est illusoire, comme nous croyons l'avoir prouvé.

36. On pourroit nous faire encore une objection sur les cordes vibrantes, dans lesquelles $\frac{ddy}{dx^2} = \infty$ lorsque $x = 0$, quoique $\frac{dy}{dx}$ soit $= 0$. On dira que la force infinie $\frac{ddy}{dx^2}$ étant décomposée suivant dy & suivant dx peut produire dans le sens de dx une force finie, à laquelle il faut avoir égard; & qu'en ce cas le mouvement des points de la corde ne se faisant pas dans le sens de dy, comme on le suppose dans la solution, cette solution n'est plus applicable aux cordes. Je réponds, 1°. que cette objection n'auroit lieu tout au plus que pour les cas où la force $\frac{ddy}{dx^2} \times \frac{dy}{dx}$ suivant dx seroit finie ou infinie, c'est-à-dire, (en supposant $y = Ax^m$ à l'origine) où $m - 2 + m - 1 = 2m - 3$ seroit $= 0$ ou négatif; & par conséquent dans les seuls cas où m seroit $=$ ou $< \frac{3}{2}$, en restant toujours plus grand que l'unité. 2°. Qu'en supposant même infinie la force $\frac{ddy}{dx^2} \times$

$\frac{dy}{dx}$ qui agit dans le ſens de dx, elle ſera toujours nulle par rapport à la force $\frac{ddy}{dx^2}$ qui agit dans le ſens de dy; & qu'ainſi la direction du point mobile ſera toujours à peu près dans le ſens de l'ordonnée y, comme on le ſuppoſe dans la ſolution générale. Ainſi cette nouvelle objection n'empêche point la ſolution d'avoir lieu pour les cordes vibrantes où $\frac{ddy}{dx^2}$ eſt $= \infty$ à l'origine, pourvû qu'en ce point $\frac{dy}{dx}$ ſoit $= 0$.

37. Au reſte dans le cas même où les points extrêmes ſeroient ſuppoſés mobiles, & où, pour ſatisfaire à l'équation $y = \frac{\phi(x+t) + \phi(x-t)}{2}$, on prendroit $\phi(x+t)$ & $\phi(x-t)$ toujours de la même forme, ce qui paroît indiſpenſablement néceſſaire, il eſt viſible que ſi la courbe qui a pour équation $y = \phi x$ ne s'étend pas à l'infini, la ſolution ne ſera poſſible que juſqu'au moment auquel $\phi(x+t)$ ou $\phi(x-t)$ deviendront imaginaires.

38. C'eſt pourquoi ſi a eſt la longueur entiere de la corde, & que $x = a + b$ & $x = -c$ donnent les points où y ceſſe d'être réelle, alors dès que t ſera $> c$, ou $> b$, la valeur de y ne ſera plus qu'imaginaire. Ce n'eſt pas qu'alors le mouvement des points dont il s'agit, ceſſe d'être réelle, mais c'eſt que l'analyſe ſe refuſe à la détermination de ce mouvement.

39. Dans l'article 32 du Mémoire précédent, & dans le §. XXIV du premier Mémoire de mes Opuscules, Tome premier, page 42 & suivantes, j'ai démontré, si je ne me trompe, que l'équation $y = \alpha$ sin. $\frac{\pi x}{a} + \mathcal{C}$ sin. $\frac{2\pi x}{a}$ &c. ne donnoit point en général la figure initiale de la corde sonore, & que par conséquent l'équation générale de la corde vibrante ne pouvoit être supposée $y = \alpha$ sin. $\frac{\pi x}{a}$ cos. $\frac{2\pi t}{2} + \mathcal{C}$ sin. $\frac{2\pi x}{a}$ cos. $\frac{2\pi t}{a} +$, &c. comme le prétend M. Daniel Bernoulli. Ce grand Géometre objecte dans les Mémoires de l'Académie des Sciences de 1762, page 442, que dans le cas où le nombre des corpuscules est fini, quelque grand qu'il soit, on peut regarder leurs vibrations comme composées de vibrations qui, chacune en particulier, peuvent être regardées comme synchrones; pourquoi donc, conclut-il, lorsque la distance des corpuscules est nulle, ne peut-on pas regarder les vibrations de ces points comme composées de vibrations partielles synchrones & Tayloriennes, ce qui donne nécessairement pour la figure initiale l'équation $y = \alpha$ sin. $\frac{\pi x}{a} + \mathcal{C}$ sin. $\frac{2\pi x}{a} +$, &c.? Je réponds que c'est ici un de ces cas où une quantité qui devient absolument nulle, change absolument la nature du résultat qu'on avoit eu dans un calcul où cette quantité étoit supposée très-petite; nous en avons

vû des exemples dans ce Supplément même où nous avons remarqué que la fonction $(x+t)^{\frac{1}{3}} + (x-t)^{\frac{1}{3}}$ qui est égale à zero lorsque t est finie & si petite qu'on voudra, x étant supposée $=0$, ne l'est plus lorsque t est aussi supposée $=0$. C'est par la même raison que si on diminue la hauteur a d'un quarré aa en la réduisant à na, & qu'on augmente en même-temps la hauteur de ce rectangle en même raison, en la faisant la hauteur $=\frac{a}{n}$, le produit aa restera toujours le même, excepté dans le cas de $n=0$, ou le quarré se réduira à une ligne droite infinie. Cette métaphysique, quoi qu'en dise M. Bernoulli dans l'endroit cité, n'a rien de choquant, à moins qu'il ne prétende (ce qui seroit bien plus choquant encore, & contraire à toutes les notions) *qu'une ligne droite infinie est égale à une surface.*

40. M. Daniel Bernoulli dit encore que les êtres physiques ne pouvant être composés de parties absolument nulles, on ne peut faire aucune objection valable contre la conclusion qu'il tire du cas où le nombre des corpuscules seroit fini & quelconque, au cas où le nombre de ces corpuscules seroit infini. Je réponds que dans le cas où le nombre des corpuscules est infini, ces corpuscules sont regardés comme des atômes *infiniment petits*, mais non absolument nuls, séparés par de petites lignes droites; & que dans le cas de la corde vibrante, les corpuscules sont aussi des atômes infiniment petits, mais non absolument nuls, dont la distance

tance eſt rigoureuſement = o, & qu'on ne les conſidere pas comme des points mathématiques dont la diſtance eſt nulle ; ſuppoſition qui en effet feroit illuſoire ; ce ne feroit pourtant que dans ce dernier cas que l'objection de M. Bernoulli auroit quelque force. Ainſi cette objection tombe d'elle-même.

41. Il me ſemble qu'on peut conclure de-là, pour le dire en paſſant, que toute analyſe du problême des cordes vibrantes, dans laquelle on concluroit des loix du mouvement d'un nombre fini quelconque de corpuſcules, aux loix du mouvement d'un nombre infini des mêmes corpuſcules, pourroit, avec aſſez de droit, être regardée comme ſuſpecte.

42. On peut encore remarquer que l'équation $y = \varphi(x+t) + \varphi(x-t)$ qui convient à une corde ſonore, ne convient pas, de la même maniere, à une corde chargée d'un nombre fini de poids : en voici la preuve. Puiſque la valeur de y, lorſque le nombre des poids eſt fini, eſt $y = A$ coſ. $\mu t + B$ coſ. $\nu t + C$ coſ. ρt, &c. μ, ν, ρ, &c. étant des coëfficiens conſtans qui ne dépendent point de la poſition de chaque corpuſcule, & A, B, C, des coëfficiens conſtans qui dépendent de cette poſition, il eſt clair qu'on peut ſuppoſer $A = K$ ſin. $\mu A'$, $B = K$ ſin. $\nu B'$, $C = K$ ſin. $\rho C'$ &c. A', B', C', &c. dépendant de la poſition de chaque corpuſcule ; donc $y = \frac{K}{2}$[ſin. $\mu(A'+t)$ + ſin. $\mu(A'-t)$ + ſin. $\nu(B'+t)$ + ſin. $\nu(B'-t)$ + ſin. $\rho(C'+t)$ + ſin. $\nu(C'-t)$], &c.

43. Or il eſt aiſé de montrer que les quantités B', C', &c. ne ſeront pas les mêmes que la quantité A'; car ſi cela étoit, on auroit $y =$ à une ſuite de termes B ſin. $\rho (A' + t) + B$ ſin. $\rho (A' - t)$, A' étant une quantité uniquement dépendante de la poſition de chaque corpuſcule. Or cette formule ſi ſimple ne s'accorderoit nullement avec celle que le célèbre M. de la Grange a donnée, Tome premier des Mémoires de Turin, page 44; car chaque terme $\frac{2}{m} P^{m-n}$ ſin. $[m-n] \frac{\mu\pi}{2m} \times$ coſ. $(2t\sqrt{e} \times$ ſin. $[m-n] \frac{\pi}{4m})$ de la formule de M. de la Grange donnera P^{m-n} (ſin. $([m-n] \frac{\mu\pi}{2m}$ $+ 2t\sqrt{e}$ ſin. $[m-n] \frac{\pi}{4m}) +$ ſin. $([m-n] \frac{\mu\pi}{2m}$ $- 2t\sqrt{e}$ ſin. $[m-n] \frac{\pi}{4m}))$; ce qui donne $P^{m-n} = B$; $\rho = 2\sqrt{e}$ ſin. $(m-n) \frac{\pi}{4m}$; & $\rho A' = (m-n) \frac{\pi\mu}{2m}$; donc $A' = \frac{(m-n)\frac{\pi\mu}{2m}}{2\sqrt{e}\text{ ſin.}(m-n)\frac{\pi}{4m}}$. Il ſuit clairement de ces équations que la quantité B eſt conſtante pour chaque corps comme elle le doit être; que ρ eſt auſſi conſtant pour chaque corps comme elle le doit être; mais que A' qui [illegible] it dépendre de la place de chaque corps, & qui, pour chaque corps en particulier, devroit être la même à chaque terme, ne l'eſt pas. En effet, il eſt aiſé de voir, en ſubſtituant ſucceſſivement 1, 2, 3, &c.

à $m-n$ jusqu'à $m-1$, que $\frac{(m-n)}{\text{fin.}\,(m-n)\frac{\pi}{4m}}$ n'est pas constant, puisque $\frac{(m-n)\pi}{4m\,\text{fin.}\,(m-n)\frac{\pi}{4m}}$ ne l'est pas ; car $\frac{\pi}{4m\,\text{fin.}\,\frac{\pi}{4m}}$ n'est pas $=\frac{2\pi}{4m\,\text{fin.}\,\frac{2\pi}{4m}}$, ni $\frac{3\pi}{4m\,\text{fin.}\,\frac{3\pi}{4m}}$; &c. d'où il s'ensuit que A' n'est pas proportionnel à μ comme il le devroit être pour repréſenter x.

44. Si le nombre des corps m eſt infini, comme dans les cordes vibrantes, alors μ étant infini auſſi, on ne ſauroit regarder A' comme proportionnel à x ou à μ, à moins que $m-n$ ne ſoit fini ; car les ſeuls arcs infiniment petits ſont entr'eux comme leurs ſinus; d'où il ſuit qu'on ne peut ſuppoſer la corde vibrante repréſentée par une équation de cette forme $y=\alpha$ ſin. $\pi x+6$ ſin. $\lambda\pi x+$ &c. Vérité que nous avons déja prouvée de pluſieurs autres manieres, tant dans le premier Mémoire de nos Opuſcules, Tome I, que dans le préſent Supplément.

SECOND SUPPLÉMENT

AU MÉMOIRE PRÉCÉDENT.

1. VOICI de nouvelles réflexions & de nouveaux doutes ſur la conſtruction générale des courbes vibrantes propoſée par M. Euler.

2. Suppoſons que dans l'inſtant où la corde ſe met en mouvement, ſes deux extrémités deviennent tout-à-coup mobiles, de fixes qu'elles étoient auparavant; il eſt certain, 1°. que l'équation $\frac{ddy}{dx^2} = \frac{ddy}{dt^2}$ aura toujours lieu; puiſque cette équation n'eſt nullement fondée ſur l'immobilité des deux extrémités de la corde; comme il eſt aiſé de le voir en ſe rappellant les raiſonnemens qui conduiſent à cette équation. 2°. Il n'eſt pas moins certain qu'on aura $y = \frac{\phi(x+t)}{2} + \frac{\phi(x-t)}{2}$, par la condition que $\frac{dy}{dt}$ ſoit $=0$ lorſque $t=0$, quelle que ſoit x; & que la ſeule condition qu'il y ait à remplir, c'eſt que $y=0$ lorſque x & $t=0$; ce qui a lieu en effet dans l'équation qu'on vient de donner, puiſque $x=0$ donne ϕx ou $y=0$, lorſque $t=0$. 3°. Si

dans cette équation $y = \frac{\varphi(x+t)}{2} + \frac{\varphi(x-t)}{2}$, on se permettoit de faire changer de forme aux fonctions $\varphi(x+t)$ & $\varphi(x-t)$, le problême auroit une infinité de solutions possibles. Car en continuant la courbe initiale (dont l'équation est $y = \varphi x$) par-delà les deux points extrêmes, & lui donnant telle forme qu'on voudroit, sans s'assujettir à l'équation $y = \varphi x$, on satisferoit toujours à l'équation $y = \varphi(x+t) + \varphi(x-t)$; dans laquelle φx changeroit de forme à volonté, au-delà des deux extrémités de la corde; cependant il est évident par la nature de la question que le problême ne peut avoir qu'une solution, & que la position initiale de tous les points étant donnée, le mouvement de tous ces points est déterminé & unique. Donc il ne suffit pas que l'équation trouvée satisfasse en apparence à la condition que $\frac{ddy}{dx^2} = \frac{ddy}{dt^2}$, ainsi qu'à celle de $y = 0$ lorsque $x = 0$ & $t = 0$; il faut encore que $\varphi(x+t)$ & $\varphi(x-t)$ ne change point de forme, pour que le problême reste déterminé, & susceptible d'une seule solution comme il le doit être.

3. On dira peut-être que dans ce cas la valeur de y pourra-être très-grande lorsque t sera très-grand, & qu'ainsi alors l'équation $y = \frac{\varphi(x+t)}{2} + \frac{\varphi(x-t)}{2}$ ne pourroit avoir lieu, puisqu'on suppose dans la solution générale que y soit toujours très-petit; je réponds, 1°. qu'il y a une infinité de cas où cela n'arrivera pas; savoir, tous

ceux où l'équation $y = \varphi x$ ne donneroit jamais y infinie; 2°. qu'en faisant abstraction de toute idée de cordes vibrantes, on peut réduire l'équation $\frac{ddy}{dx^2} = \frac{ddy}{dt^2}$, à représenter le mouvement d'un système de points isolés & infiniment proches, qui se mouvroient constamment le long des ordonnées y, avec des forces accélératrices proportionnelles à $\frac{ddy}{dx^2}$. En ce cas l'équation $y = \frac{\Phi(x+t)}{2} + \frac{\Phi(x-t)}{2}$ représenteroit rigoureusement le mouvement de ces points; soit que les deux points extrêmes restassent toujours fixes, soit qu'ils fussent mobiles; & la difficulté proposée subsisteroit dans toute sa force.

4. Cette derniere réponse peut servir aussi contre ceux qui voudroient objecter que dès qu'on ne suppose pas les extrémités de la corde fixes, il n'y a plus de tension dans la corde, ni par conséquent de force $\frac{ddy}{dx^2}$, en sorte que l'équation $\frac{ddy}{dx^2} = \frac{ddy}{dt^2}$ ne peut plus s'appliquer à ce cas-là. En effet, pour n'avoir point à répondre à cette objection, il suffit de considérer, ce qui est permis, les points mûs comme isolés, & mûs suivant les ordonnées y par des forces accélératrices proportionnelles à $\frac{ddy}{dx^2}$. Or cela posé, l'objection fondée sur l'inconvénient de faire changer de forme à la fonction φx, subsistera dans toute sa force.

5. Ce n'eſt pas au reſte que je convienne de la ſolidité de l'objection par laquelle on prétend que la force de tenſion s'évanouit, dès qu'on ſuppoſe la corde lâche par ſes extrémités. En effet, qu'on prenne une corde élaſtique avec les deux mains, qu'on la tende fortement en ligne droite par ſes extrémités, & qu'enſuite on l'abandonne à elle-même, dira-t-on que la force de tenſion s'évanouit tout-à-coup dès qu'on lâche la corde? Non aſſurément : il me paroît évident au contraire que cette corde fera des vibrations longitudinales à l'infini, en ſe dilatant & ſe contractant alternativement, abſtraction faite au moins des cauſes phyſiques qui doivent faire enfin ceſſer ces vibrations. Or pourquoi une corde tendue fortement en ligne courbe, & relâchée enſuite ſubitement par ſes extrémités, ne continueroit-elle pas par les mêmes raiſons à éprouver l'effet de ſa tenſion primitive, & à faire des vibrations ? Toute la théorie du mouvement des cordes vibrantes eſt fondée ſur ce que les arcs infiniment petits de la corde ſont tendus chacun dans leur direction, par une force $= F$; or cette force ne vient pas des points fixes, elle vient de la puiſſance, quelle qu'elle ſoit, par laquelle on ſuppoſe la corde tendue; cela eſt ſi vrai, 1°. qu'on peut ſuppoſer dans la ſolution, comme pluſieurs Géometres l'ont fait, que les points fixes ſont deux poulies infiniment petites ſur leſquelles la corde paſſe, étant d'ailleurs entiérement libre, & tendue par un poids donné attaché à ſes deux extrémités. 2°. Sans faire varier les points fixes, ni la

longueur ni la grosseur de la corde, on peut supposer que sa force de tension est plus ou moins grande, ce qui rendra les vibrations plus ou moins promptes, & suffit pour prouver que la tension n'est pas dûe aux seuls points fixes. La seule différence que les points fixes doivent produire entre une corde tendue & une autre corde pareillement tendue qu'on abandonne ensuite à elle-même en lâchant les points fixes, c'est que ces points doivent toujours rester fixes dans la premiere, au lieu qu'ils sont mobiles dans la seconde, comme on le trouve en effet par l'équation $y = \frac{\phi(x+t)}{2} + \frac{\phi(x-t)}{2}$.

6. Voilà où j'en étois de ces recherches sur les cordes vibrantes, & de mes réflexions sur l'impossibilité de résoudre généralement ce problême par l'analyse, la figure initiale de la corde étant supposée quelconque, lorsque j'ai reçu (en 1765) différentes lettres de M. de la Grange, par lesquelles ce grand Géometre m'apprend qu'ayant examiné de nouveau cette matiere, & traité le problême par une analyse qui lui est propre, (& qu'il a depuis savamment exposée dans le Tome III des Mémoires de Turin) il a enfin trouvé que la solution n'est possible que pour les cas où dans la courbe génératrice il ne se trouve point de $\frac{d^2 y}{dx^2}$, $\frac{d^3 y}{dx^2}$, $\frac{d^4 y}{dx^3}$, &c. finies; ce qui exclut évidemment, ajoute M. de la Grange, les cas où $\frac{ddy}{dx^2}$, c'est-à-dire, la courbure de

la

la courbe fait des sauts, & où $\frac{ddy}{dx^2}$ n'est pas nulle aux extrémités. Il est aisé de conclure de ce nouveau théorême de M. de la Grange, (& c'est aussi la conclusion que ce grand Géométre en tire) qu'aucune courbe, exprimée par une équation, ne peut être soumise à la solution générale, à moins que ses branches alternatives à l'infini ne soient assujetties à la loi de continuité; c'est-à-dire, à moins que la valeur de y en x ne soit telle qu'en faisant x infiniment petite, y ne soit exprimé par des puissances de x impaires. En effet, j'ai démontré, page 26 & 27 du Tome premier de mes *Opuscules*, que si $y=p(ax-xx)$, p étant fort petite ou telle qu'on voudra, l'équation $\frac{d^2y}{dx^2}=\frac{d^2y}{dt^2}$ ne sauroit avoir lieu lorsque $x=0$; ce qu'il est aisé d'ailleurs de voir en remarquant, 1°. que $\frac{ddy}{dx^2}=-2p$ lorsque $x=0$; 2°. que si cette courbe est retournée en sens contraire, alors l'équation sera $y=p(-ax+xx)$; & $\frac{ddy}{-dx\times -dx}=\frac{d^2y}{dx^2}=2p$; c'est-à-dire, égale & de signe contraire à $\frac{ddy}{dx^2}=-2p$; ainsi quand $x=0$, $\frac{ddy}{dx^2}$ auroit dans cette courbe deux valeurs finies égales, & de signe contraire; par conséquent le $\frac{ddy}{dx^2}$ feroit un saut; d'où il s'ensuit, comme nous l'avons démontré, que l'équation $\frac{ddy}{dx^2}=\frac{ddy}{dt^2}$ n'a pas lieu; ce qui arrête la solution du problême. Or il eſt aiſé de voir par la même raiſon que ſi on exprime y par une ſerie formée de x, lorſque x eſt infiniment petite, & que dans cette valeur de y, il y ait un terme de cette forme $\mp pxx$, on aura un ſaut dans le $\frac{ddy}{dx^2}$ lorſque $x=0$; en ſorte que $\frac{ddy}{dx^2}$ ne ſera pas $=\frac{ddy}{dt^2}$ en ce point, comme la ſolution le demande.

7. Soit maintenant $\frac{ddy}{dx^2}=\frac{ddy}{dt^2}$; donc $\frac{d^ny}{dx^n}$ ſera $=\frac{d^ny}{dt^2\,dx^{n-2}}$. Faiſons $\frac{d^{n-2}y}{dx^{n-2}}=z$, on aura $\frac{ddz}{dx^2}=\frac{ddz}{dt^2}$; or je dis que cette équation ne pourra avoir lieu ſi dans la valeur de y en x lorſque x eſt infiniment petite, il ſe rencontre un terme de cette forme $\pm px^n$, n étant un nombre entier pair; car alors on auroit dans la valeur de z un terme de cette forme $\pm Ax^2$; d'où il s'enſuit qu'on n'auroit pas $\frac{ddz}{dx^2}=\frac{ddz}{dt^2}$; par conſéquent on n'auroit pas réellement $\frac{ddy}{dx^2}=\frac{ddy}{dt^2}$, puiſque la premiere de ces équations dérive de la ſeconde.

8. C'eſt ce qu'on peut encore prouver en conſidérant que ſi dans la courbe propoſée il y a un terme $\pm px^n$, n étant un nombre pair, ce terme dans la courbe retournée en ſens contraire deviendra $\mp px^n$, en ſorte que $\frac{d^ny}{dx^n}$ lorſque $x=0$, ſera $=$ à $(n.n-1\ldots\ldots)$ $\times\pm p$, dans la courbe *propoſée*; & dans la courbe *re-*

tournée $\frac{d^n y}{(-dx)^n} = \frac{d^n y}{dx^n} = (n.n-1....) \times \mp p.$

9. Cet inconvénient n'a pas lieu pour les termes où n eſt impair; car alors $y = \mp p x^n$ dans la courbe *retournée*; & $\frac{d^n y}{(-dx)^n} = \frac{-d^n y}{dx^n} = (n.n-1....) \times \pm p$ $= \frac{d^n y}{dx^n}$ comme dans la courbe propoſée. Ainſi $\frac{d^n y}{dx^n}$ ne fait point de ſauts quand n eſt impair, mais ſeulement quand n eſt pair.

10. Donc ſi dans la valeur de y lorſque x eſt infiniment petite, il y a un terme de cette forme $\pm p x^n$, n étant pair & poſitif, on n'aura point $\frac{ddy}{dx^2} = \frac{ddy}{dt^2}$; donc la valeur de y en x, lorſque x eſt très-petite, ne doit contenir que des puiſſances impaires de x.

11. Suppoſons d'abord que ces puiſſances impaires ſoient des nombres entiers poſitifs. Donc à l'origine des x l'équation de la courbe ſera $y = Ax + Bx^3 + Cx^5 +$ &c. Or imaginons qu'à l'autre extrémité, qu'on peut auſſi prendre pour origine, l'équation ſoit de même $y = A'x + B'x^3 + C'x^5$, &c. Il eſt aiſé de voir que la courbe aura trois branches alternatives ſemblables & conſécutives, celle du milieu en-deſſus de l'axe, & les deux autres en-deſſous. Donc (page 30, Tome premier de nos *Opuſcules*) elles ont des branches alternatives à l'infini.

12. Il eſt clair que parmi les puiſſances impaires x^n, toutes celles où n ſeroit un nombre entier négatif, ſont excluës, puiſque y ſeroit $= \infty$ lorſque $x = 0$, au lieu

que y doit être $=0$ lorſque $x=0$. Mais doit-on exclure de même toutes les puiſſances fractionnaires impaires? Si $\frac{d^n y}{dx^{n-1}}$ doit n'être *finie*, comme on le prétend, en aucun point de la courbe, $\frac{d^n y}{dx^n}$ ne doit y être nulle part infini; or ſi n étoit fractionnaire, $\frac{d^{n'} y}{dx^{n'}}$ ſeroit toujours infini dès que le nombre entier n' ſeroit devenu $> n$. Donc alors la ſolution & la conſtruction générale n'auroient pas lieu.

13. Je remarque d'abord que ſi $n=\frac{p}{q}$, q exprimant un nombre pair, & p un impair, alors x négative rend y imaginaire, & qu'ainſi la courbe n'a point de branches alternatives; d'où il s'enſuit que la ſolution ne doit point avoir lieu.

14. Je remarque de plus que ſi $n=\frac{p}{q}$, p exprimant un nombre pair, & q un nombre impair, & qu'on ait un terme $=Ax^n$ dans la courbe propoſée, on aura ce même terme $=-Ax^n$ dans la courbe retournée; d'où il s'enſuit qu'en prenant n' pair & poſitif, on aura $\frac{d^{n'} y}{dx^{n'}}=A.n.n-1\ldots\ldots x^{n-n'}$ dans la courbe propoſée, $n-n'$ étant égale à $\frac{p-n'q}{q}$; c'eſt-à-dire, à une fraction dont le numérateur eſt pair, & le dénominateur impair; & dans la courbe retournée $\frac{d^{n'} y}{(-dx)^{n'}}$

$= \frac{d^{n'}y}{dx^{n'}} = -A.n.n-1\ldots..(x)^{n-n'}$, &c. Or $n-n'$ étant égale à une fraction dont le numérateur eſt pair, & le dénominateur impair, $x^{n-n'}$ a la même valeur, x étant poſitif ou négatif. Ainſi $\frac{d^{n'}y}{dx^{n'}}$ auroit deux valeurs différentes quand $x=0$, & par conſéquent, comme on la vu ci-deſſus, la ſolution ne pourroit avoir lieu.

15. Mais ſi $n=\frac{p}{q}$, p & q étant tous deux impairs, alors on auroit $-Ax^n$ dans la courbe retournée, ou plutôt en ce cas ſimplement continuée; & en ſuppoſant n' impair, on auroit $\frac{d^{n'}y}{dx^{n'}} = A.n.n-1\ldots.x^{n-n'}$, $n-n'$ ou $\frac{p-n'q}{q}$ étant une fraction dont le numérateur eſt pair, & le dénominateur impair; & $\frac{d_{n'}y}{(-dx)^{n'}} = -\frac{d^{n'}y}{dx^{n'}} = -1\times -An.n-1\ldots..(x)^{n-n'} = An.n-1\ldots..x^{n-n'}$; car $n-n'$ étant égale à une fraction dont le numérateur eſt pair & le dénominateur impair, $x^{n-n'}$ ne change point de valeur, ſoit qu'on faſſe x poſitif ou négatif. De même faiſant n' pair dans ce même cas, on aura $\frac{d^{n'}y}{dx^{n'}} = An.n-1\ldots x^{n-n'}$, $n-n'$ étant égal à une fraction dont le numérateur eſt impair ainſi que le dénominateur; & dans la courbe retournée on aura $\frac{d^{n'}y}{(-dx)^{n'}} = \frac{d^{n'}y}{dx^{n'}} = -An.n-1\ldots(x)^{n-n'}$,

qui eſt la même que $An.n-1....x^{n-n'}$ dans la courbe donnée, parce que $n-n'$ étant égale à une fraction dont le numérateur & le dénominateur ſont impairs, $x^{n-n'}$ & $-x^{n-n'}$ ſont de ſigne différent.

16. Ainſi lorſque $n=\frac{p}{q}$, p & q étant des nombres impairs tous deux poſitifs (car le cas de n négatif eſt exclu par l'article 12), il eſt évident que la conſtruction & ſolution générale peut avoir lieu, puiſqu'alors $\frac{d^{n'}y}{dx^{n'}}$ ne fait de ſaut nulle part. C'eſt auſſi ce qui réſulte de notre ſolution générale, comme on l'a vu plus haut (art. 29 & 30, *premier Supplément*). Il n'en faut excepter que le cas où $\frac{dy}{dx}$ eſt infini lorſque $x=0$, ou dans quelqu'autre point de la courbe. Encore ſi dans ce cas la ſolution n'a pas lieu, c'eſt (article 26, *ibid.*) parce que l'équation $\frac{d^2y}{dx^2}=\frac{d^2y}{dt^2}$ ne repréſente pas alors le mouvement des points de la corde; mais cette ſolution (article 27.) repréſenteroit très-bien dans ce même cas le mouvement d'une ſuite de points iſolés, & infiniment proches, qui ſeroient ſuppoſés ſe mouvoir dans la direction de y avec des forces accélératrices proportionnelles à $\frac{ddy}{dx^2}$.

17. Il me ſemble donc que le Savant Analiſte, qui d'abord avoit étendu la ſolution de ce problême à toutes les courbes initiales poſſibles, la reſtreint trop

aujourd'hui en la bornant aux seules courbes initiales dans lesquelles $y = Ax + Bx^3 + Cx^5$, &c. lorsque x est infiniment petite. Je pense au contraire, & je crois avoir prouvé par ce qui précéde, que la solution sera possible, toutes les fois que dans la valeur initiale de y, il n'y aura que des termes de cette forme $Ax^{\frac{p}{q}}$, p & q étant l'un & l'autre des nombres impairs, pourvû que p soit $> q$.

18. Ainsi, par exemple, je pense qu'une courbe vibrante qui auroit pour équation primitive $y = a(\text{sin}.x)^{\frac{5}{3}}$, seroit susceptible de la solution générale, d'où M. de la Grange paroît l'exclure. On peut voir sur ce sujet les Mém. de la Soc. Roy. des Sciences de Turin, Tom. III, pages 221, 222, 259, 260, 261, 262, & 389, 390, 391. L'analyse apportée par M. de la Grange en preuve de son sentiment, est fondée sur ce que $\varphi(t \pm a)$ peut toujours être supposée $= \varphi t \pm a d\varphi t + \frac{a^2 d^2 \varphi t}{2} \pm \frac{a^3 d^3 \varphi t}{2 \cdot 3}$: mais je ne crois pas cette supposition exacte; car soit, par exemple, $\varphi(t + a) = [\text{sin}.(t + a)]^{\frac{2}{3}}$; il est visible que cette quantité est toujours finie; or si on supposoit $[\text{sin}.(t + a)]^{\frac{1}{3}} = \text{sin}.t^{\frac{1}{3}} + \frac{ad(\text{sin}.t)^{\frac{1}{3}}}{dt} +$ &c. cette quantité seroit infinie dès le second terme lorsque t seroit $= 0$; ce qui ne sauroit être. Donc l'expression de $[\text{sin}.(t + a)]^{\frac{1}{3}}$ réduite en serie est fautive

Donc avant que de connoître la valeur de $\varphi(t+a)$ on ne sauroit supposer que sa valeur soit en général $\varphi t + \frac{a d\varphi t}{dt} + \frac{a\, d\, \varphi t}{2dt^2}$, &c. Je crois pouvoir conclure de-là que l'équation des courbes vibrantes est renfermée dans une formule beaucoup plus générale que l'équation $y = A$ sin. $\pi x + B$ sin. $2\pi x +$ &c. donnée par M. de la Grange dans le troisiéme volume des Mémoires de Turin, laquelle équation devient $y = \alpha x + \zeta x^3 +$ &c. lorsque x est infiniment petite.

19. La conclusion que nous avons tirée (article 7.) de l'équation $\frac{ddy}{dx^2} = \frac{ddy}{dt^2}$, à l'équation $\frac{d^n y}{dx^n} = \frac{d^n y}{dt^2 dx^{n-2}}$, fait voir que la seconde de ces équations doit s'observer aussi nécessairement que la premiere dans le mouvement de la corde, si on veut que ce mouvement soit soumis à des loix déterminables par le calcul analytique. C'est aussi par la nécessité de cette seconde équation dans le mouvement de la corde, & en général dans le mouvement d'une suite de points quelconques assujettis à l'équation $\frac{ddy}{dx^2} = \frac{ddy}{dx^2}$, qu'on peut expliquer pourquoi dans le cas de l'article 2, où les points extrêmes ne sont pas supposés fixes, on ne sauroit arriver à la vraie solution sans supposer que $\varphi(x)$ ne change jamais de forme, & appartient à une courbe continue. Car si on faisoit changer de forme à la fonction $\varphi(x)$, l'équation $\frac{d^n y}{dx^n} = \frac{d^n y}{dt^2 dx^{n-2}}$ n'auroit

roit pas lieu, par la raison que $\frac{d^n y}{dx^n}$ feroit un saut au point ou $\varphi(x)$ feroit supposée changer; c'est par la nécessité de ne point s'écarter de cette équation, qu'on ne sçauroit donner au problême dont il s'agit une solution qui paroîtroit le rendre indéterminé, quoiqu'il soit évidemment déterminé.

20. On concevra aisément comment l'équation $\frac{d^n y}{dx^n} = \frac{d^n y}{dt^2\, dx^{n-2}}$ est nécessaire pour assurer la vérité de l'équation $\frac{ddy}{dx^2} = \frac{ddy}{dt^2}$, si l'on fait la réflexion suivante. L'équation $\frac{ddy}{dx^2} = \frac{ddy}{dt^2}$ ne peut avoir *rigoureusement* lieu, si l'équation $\frac{d^n y}{dx^n} = \frac{d^n y}{dt^2\, dx^{n-2}}$ n'est pas aussi *rigoureusement* vraie; ou, ce qui revient au même, si cette derniere équation n'a point lieu, quelque soit le nombre n, la courbure de la courbe initiale ne sera pas assujettie à une loi continue, mais il y aura au moins un point où cette loi changera. Or je dis que ce changement, quelque petit qu'il soit, doit influer d'une maniere très-sensible sur le mouvement au bout d'un temps fini. Pour le faire sentir par un exemple très-simple, représentons-nous un corpuscule poussé vers un point donné avec une force proportionnelle à $X + (a-x)^n$, X étant une fonction quelconque de la distance x de ce corpuscule au point donné, & a la distance initiale; il est certain que le quarré de la vîtesse

sera $-\int 2Xdx + 2A + \frac{2(a-x)^{n+1}}{n+1}$; A étant supposée la valeur de $\int Xdx$ lorsque $x=a$. Il est certain de plus que si on suppose un autre corpuscule partant de la même distance a, & poussé par une force $= X + (a-x)^m$, les forces accélératrices initiales de ces deux corpuscules seront les mêmes quand $a-x=0$, & ne différeront, quand $a-x$ sera infiniment petite, que d'une différentielle d'un ordre très-élevé, si m & n sont supposées fort grandes. Ainsi au commencement du mouvement, & même pendant un temps infiniment petit, les mouvemens de ces deux corps pourront être regardés comme les mêmes. Cependant il n'en sera pas ainsi au bout d'un temps fini, car alors les vîtesses seront sensiblement différentes. On voit donc comment une différence infiniment petite (même d'un ordre très-élevé) dans la loi de la force accélératrice au premier instant, peut influer très-sensiblement sur le mouvement du corps, & par conséquent comment une variation infiniment petite (même d'un ordre très-élevé) dans la courbure initiale, peut, au bout d'un temps fini, produire une différence très-sensible dans le mouvement du corps. Donc l'on est en droit de conclure, ce me semble, que la construction donnée par M. Euler de l'équation $\frac{ddy}{dt^2} = \frac{ddy}{dx^2}$, n'est à l'abri de toute atteinte, que quand cette construction satisfait aussi à l'équation $\frac{d^n y}{dx^n} = \frac{d^n y}{dt^2 dx^{n-2}}$, c'eſt-à-dire quand $\frac{ddy}{dx^2}$ eſt aſſujetti à une loi uniforme dans la courbe initiale, & lorſque de plus la même loi s'obſervera dans les branches alternatives de cette courbe continuée à l'infini; c'eſt-à-dire, quand toutes ces branches ſont liées par la loi de continuité.

21. Il eſt à remarquer que quand même $\frac{d^n y}{dx^n}$ deviendroit infini, la loi de la courbure ne changera pas pour cela, pourvû que $\frac{d^n y}{dx^n}$ n'ait pas deux différentes valeurs infinies au même point; en général pour que $\frac{d^n y}{dx^n}$ ne faſſe point de ſaut, il n'eſt pas néceſſaire qu'il ſoit toujours fini ou zero, il ſuffit qu'il n'ait pas deux valeurs différentes à un même point de la courbe; & ces deux valeurs différentes n'auront lieu, 1°. que quand la courbe initiale ne ſera pas aſſujettie à une équation continue, & ſera compoſée de courbes différentes. 2°. Quand les branches alternatives ne ſeront pas aſſujetties à la loi de continuité.

22. Nous devons ajouter, pour l'éclairciſſement & la confirmation de ce que nous venons de dire, que la démonſtration donnée, tome premier de nos *Opuſcules*, pages 17 & ſuivantes, de l'impoſſibilité de l'équation $\frac{d^2 y}{dx^2} = \frac{d^2 y}{dt^2}$ lorſque $\frac{d^2 y}{dx^2}$ fait un ſaut en quelque point, n'a pas lieu quand $\frac{d^2 y}{dx^2}$ eſt infini en quelque point, pourvû qu'en-deçà & au-delà de ce point, il

ſoit aſſujetti à une même loi uniforme & continue.

23. Il eſt à remarquer encore que quand même $\frac{d^n y}{d x^n}$ feroit infini en quelque point, y n'en feroit pas moins fini, ou même $= 0$ en ce point, ce qui eſt évident; que par conſéquent une force $\frac{d^2 y}{dx^2}$ qui feroit infinie pendant quelques inſtans, ne feroit pas pour cela parcourir aux élémens de la courbe un eſpace infini. Pour le faire ſentir, ſuppoſons un corpuſcule animé par une force accélératrice $\frac{1}{\sqrt{(x)}}$, x étant la diſtance du corps au point d'où il eſt ſuppoſé partir; on aura, en nommant u la vîteſſe, $u du = \frac{dx}{\sqrt{(x)}}$, dont l'intégrale complette (en ſuppoſant $u = 0$ lorſque $x = 0$) eſt $\frac{uu}{2} = 2\sqrt{x}$; & $t = \int \frac{dx}{u} = \frac{2}{3} x^{\frac{3}{4}}$; ainſi on voit par cet exemple, comment une force accélératrice, qui eſt d'abord infinie, peut ne produire qu'une vîteſſe finie, & ne faire parcourir qu'un eſpace très-petit dans un temps fini très-petit. En général ſi la force eſt x^{-m}, m étant un nombre plus petit que l'unité, la vîteſſe ſera nulle quand $x = 0$, c'eſt-à-dire, au premier inſtant, quoique la force ſoit infinie. Or c'eſt préciſément ce qui arrive dans le cas des cordes vibrantes lorſque $\frac{ddy}{dx^2}$ eſt infini à l'origine; car nous avons prouvé qu'à cette origine $\frac{dy}{dx}$ ne doit

jamais être $=\infty$; d'où il s'ensuit que $\frac{ddy}{dx^2}$ étant supposé infini lorsque $x=0$, peut être représenté par une quantité Ax^{-m}, telle que m soit plus petit que l'unité. Voyez ci-dessus le premier Supplément, art. 30 & 36.

24. Nous venons de voir qu'on restreindroit sans nécessité la possibilité de la solution aux cas où l'équation de la courbe initiale peut être supposée $y=Ax+Bx^3+Cx^5$, &c. lorsque x est infiniment petite; mais un grand Géométre semble croire outre cela que cette solution peut avoir lieu quand la courbe initiale n'est absolument assujettie à aucune équation, pourvû que $\frac{d^ny}{dx^n}$ n'y soit infini nulle part. Sur cet article je ne puis encore être de l'opinion de ce savant Mathématicien; pour en faire sentir les raisons, je supposerai d'abord avec lui le principe dont nous convenons tous deux, que $\frac{d^2y}{dx^2}$, $\frac{d^3y}{dx^3}$, &c. & en général $\frac{d^ny}{dx^n}$ ne doivent nulle part faire de saut; d'où il est clair qu'en faisant commencer à tel point de l'axe qu'on voudra l'origine des y & des x, on doit avoir $y=A+\alpha x^m+\beta x^n+cx^r+\delta x^t$, &c., au moins dans une partie infiniment petite; & que si l'origine des x est prise à l'un des deux points fixes, on aura m, n, r, &c. égaux à des fractions $\frac{p}{q}$, dont le numérateur & le dénominateur seront impairs.

25. Donc la courbe ou corde vibrante pourra être regardée comme assujettie à une équation continue, au

moins dans chaque partie infiniment petite de fon cours.

26. Donc deux parties voifines infiniment petites pourront être regardées comme affujetties à la même équation continue ; car fi elles ne l'étoient pas, fuppofons que l'origine des x réponde au point par lequel ces deux parties infiniment proches font contigues ; alors l'équation $y = A + a x^m + b x^n$, &c. qui appartient à l'une de ces petites portions de courbe, en faifant x pofitive, n'appartiendroit pas à l'autre en faifant x négative, puifque (*hyp.*) ces deux portions ne font pas affujetties à une même équation continue ; donc alors il y auroit quelque $\frac{d^n y}{dx^n}$ qui feroit un faut ; & par conféquent la folution générale ne pourroit avoir lieu.

27. Donc pour que $\frac{d^n y}{d x^n}$ ne faffe point de faut, il faut que deux parties quelconques de la courbe, infiniment petites & contigues, foient affujetties rigoureufement à la même équation.

28. Donc toutes les parties infiniment petites de la courbe, c'eft-à-dire, tous les points de la courbe, doivent néceffairement être affujetties à une même équation continue.

29. Donc fi la courbe initiale eft tracée au hafard, & n'a point d'équation, il y aura néceffairement quelque point ou quelque $\frac{d^n y}{dx^n}$ fera un faut ; & par conféquent la folution ne pourra avoir lieu.

30. On peut ajouter que fi la courbe n'eft affujettie

à aucune équation, il eſt néceſſaire de la regarder alors comme un compoſé d'arcs de cercle infiniment petits qui ne ſont liés entr'eux en aucun point de la courbe par la loi de continuité; je dis en aucun point de la courbe; car ſi quelque partie de la courbe étoit aſſujettie à une équation, & que le reſte ne le fût pas, ou ne le fût pas à la même équation, on a vu que dès-lors le problême ne pourroit ſe réſoudre. Or ſi le problême eſt impoſſible quand la courbe eſt compoſée de portions finies qui ne ſont pas liées par une équation, à plus forte raiſon le ſera-t-il quand elle eſt compoſée de parties infiniment petites qui ne ſont pas liées entr'elles par une équation commune; en effet $\frac{d^n y}{dx^n}$, qui dans le premier cas, ne faiſoit de ſaut qu'en quelques points de la courbe, en fera ici, pour ainſi dire, à tous les points; & par conſéquent la courbe dans tous ſes points ſe refuſera à la ſolution.

31. D'ailleurs quand la courbe ne ſera aſſujettie à aucune équation, & qu'elle ſera ſuppoſée tracée à la main & au haſard, comment pourra-t-on s'aſſurer que $\frac{d^n y}{dx^n}$ n'y faſſe pas de ſaut en quelqu'endroit? La ſolution ſeroit donc alors illuſoire. Voyez les Mémoires de Turin, Tome III, page 390.

TROISIÉME SUPPLÉMENT
AU MÉMOIRE PRÉCÉDENT.

1. L'EXPÉRIENCE, dit-on, fait connoître qu'une corde tendue, quelque figure initiale qu'on lui donne, acheve toujours ses vibrations dans le même temps, & rend toujours le même son; or comment peut-on expliquer ce fait, si on ne convient que la solution de M. Euler peut s'appliquer à une figure initiale quelconque?

2. Je réponds, 1°. que de l'aveu des Adversaires de notre opinion, il y a une infinité de figures initiales, même ayant une équation, auxquelles la solution ne sauroit s'appliquer; & qu'ainsi l'objection tourneroit contr'eux dans les cas où la corde vibrante auroit une de ces figures initiales, qu'il est évident qu'elle peut avoir.

2°. Que la figure initiale la plus ordinaire, & peut-être la seule qui ait jamais existé pour les cordes vibrantes, est celle d'un triangle, ou tout au plus d'un polygone. Or on a vu (page 144, art. 22) que dans ce cas-là on ne peut appliquer la solution; ainsi l'objection qu'on fait, nous est encore commune.

3°. Que si la construction paroît donner des résultats conformes à l'expérience sur le son que rend une corde tendue,

tendue, elle s'écarte de l'expérience ſur d'autres points, par exemple en ce qu'elle donne à la corde un mouvement qui ne doit jamais finir, ce qui eſt contre l'expérience. Or quel argument ſolide peut-on tirer d'un accord avec l'expérience qui n'eſt pas univerſel ſur tous les points?

4°. Quant à l'accord de la théorie avec l'expérience par rapport au ſon que donne une corde tendue, on peut voir les conjectures que nous avons haſardées ſur ce ſujet dans l'art. 27 du Mém. précéd. p. 149, conjectures que nous ne donnons que pour ce qu'elles ſont, c'eſt-à-dire, pour de légeres probabilités.

3. Voyons maintenant ſi l'on peut faire des hypothèſes de réſiſtance, telles que le mouvement de la corde ſe réduiſe enfin à zéro. Imaginons d'abord que la réſiſtance eſt proportionnelle à la ſimple vîteſſe; hypothéſe aſſez naturelle dans les petits mouvemens, & commode d'ailleurs pour le calcul. Suppoſons de plus que la courbe ait une figure initiale telle que $y = \alpha \sin. \frac{m\pi x}{a} + \beta \sin. \frac{n\pi x}{a} + \gamma \sin. \frac{r\pi x}{a}$, &c. m, n, r, &c. marquant des nombres quelconques; on aura dans ce cas $y = \alpha T \sin. \frac{m\pi x}{a} + \beta T' \sin. \frac{n\pi x}{a} + \gamma T'' \sin. \frac{r\pi x}{a}$ &c. les fonctions T, T', T'', &c. étant telles qu'on ait (en nommant R l'intenſité de la réſiſtance) $\frac{ddy}{dx^2} = \frac{Rdy}{dt} = \frac{ddy}{dt^2}$; c'eſt-à-dire,

$$\frac{Tm^2\pi^2}{a^2} + \frac{RdT}{dt} = -\frac{ddT}{dt^2},$$

$$\frac{T'n^2\pi^2}{a} + \frac{RdT'}{dt} = -\frac{ddT'}{dt^2},$$

$$\frac{T''r^2\pi^2}{a^2} + \frac{RdT''}{dt} = -\frac{ddT''}{dt^2}, \text{\&c.}$$

équations qu'il est aisé d'intégrer, & dont la premiere donnera $T = Ac^{ft} + Bc^{f't}$, A & B étant des constantes, & f, f' les deux racines de l'équation $\frac{m^2\pi^2}{a^2} + Rf + ff = 0$; d'où l'on tire $f = \frac{-R}{2} + \sqrt{\left(\frac{R^2}{4} - \frac{m^2\pi^2}{a^2}\right)}$ & $f' = \frac{-R}{2} - \sqrt{\left(\frac{R^2}{4} - \frac{m^2\pi^2}{a^2}\right)}$, ou en regardant R comme très-petite, $f = \frac{-R}{2} + \frac{m\pi}{a}\sqrt{-1}$ & $f' = \frac{-R}{2} - \frac{m\pi}{a}\sqrt{-1}$, de plus, supposant $T = 1$ lorsque $t = 0$, & $\frac{dT}{dt} = \alpha'$, on aura $A + B = 1$, & $\alpha' = \frac{-A.R}{2} + \frac{Am\pi\sqrt{-1}}{a} - \frac{B.R}{2} - \frac{Bm\pi\sqrt{-1}}{a}$; donc $\alpha' = \frac{2Am\pi\sqrt{-1}}{a} - \frac{m\pi\sqrt{-1}}{a} - \frac{R}{2}$; & par conséquent $A = \frac{a(2\alpha' + R)}{4m\pi\sqrt{-1}} + \frac{1}{2}$; & $B = -\frac{a(2\alpha' + R)}{4m\pi\sqrt{-1}} + \frac{1}{2}$. Donc $T = c^{\frac{-Rt}{2}} \times \text{cos.}\, \frac{m\pi t}{a} + \frac{a(2\alpha' + R)}{2m\pi} \times c^{\frac{-Rt}{2}} \times \text{sin.}\, \frac{m\pi t}{a}$. On trouvera de même les valeurs de T', T'', &c. en mettant dans l'expression précédente α'',

α''', &c. pour α', & n, r, &c. pour m.

4. Cela posé, on demande s'il ne seroit pas possible de rendre les coëfficiens m, n, r, &c. $\alpha, \alpha', \alpha''$, &c. tels, qu'au bout d'un certain temps t, on eût à-la-fois $y = 0$ & $\frac{dy}{dt} = 0$; auquel cas la courbe cesseroit ses vibrations.

5. Pour résoudre cette question en général, mettons d'abord la quantité T sous cette forme, $\delta c^{\epsilon t}$ (sin. $\rho t +$ B cos. ρt), $\delta, \epsilon, \rho, B$ étant des constantes; & supposons que l'équation de la courbe soit simplement $y = \alpha T$ sin. $\frac{m\pi x}{a}$; on demande quelle valeur doit avoir t pour que la quantité T ou $c^{\epsilon t}$ (sin. $\rho t + B$ cos. ρt $\times$ & sa différentielle soient égales à zéro. Il faut, 1°. que $\frac{\text{sin. } \rho t}{\text{cos. } \rho t} = - B$. 2°. Que ϵ (sin. $\rho t + B$ cos. ρt) $+ \rho$ cos. $\rho t - B \rho$ sin. $\rho t = 0$; d'où l'on tire $\frac{\text{sin. } \rho t}{\text{cos. } \rho t} = - \frac{B\epsilon + \rho}{\epsilon - B\rho}$; de cette équation il suit que $- B\epsilon - \rho$ doit être égal à $- B\epsilon + BB\rho$; ou ce qui est la même chose, que b doit être imaginaire ou $\rho = 0$; deux suppositions dont ni l'une ni l'autre ne peuvent avoir lieu ici; car B est réelle, & ρ n'est point $= 0$.

6. Donc si la courbe initiale étoit une simple trochoïde alongée, ses points ne pourroient parvenir à-la-fois à la situation rectiligne & à l'état de repos, dans l'hypothèse d'une résistance proportionnelle à la vîtesse.

7. Voyons présentement si la chose seroit possible, en supposant que la courbe initiale fût composée de deux trochoïdes alongées, c'est-à-dire, que l'on eût $y = \alpha$ fin. $\frac{m\pi x}{a} + \beta$ fin. $\frac{n\pi x}{a}$. En ce cas on aura au bout du tem ps t, $y = c^{\frac{-Rt}{2}} \times (\alpha$ fin. $\frac{m\pi x}{a} \times [$cof. $\frac{m\pi t}{a} + \frac{a(2\alpha'+R)}{2m\pi}$ fin. $\frac{m\pi t}{a}] + \beta$ fin. $\frac{n\pi x}{a} \times [$ cof. $\frac{n\pi t}{a} + \frac{a(2\alpha''+R)}{2n\pi}$ fin. $\frac{n\pi t}{a}])$. Or comme x est indéterminée dans cette équation, il est visible qu'on ne peut avoir à-la-fois, pour quelque valeur de x que ce soit, $y = 0$ & $\frac{dy}{dt} = 0$, à moins d'avoir à-la-fois deux équations en t pour chacun des deux termes séparément; ce qui donneroit un résultat analogue à celui du cas précédent; donc une courbe qui seroit composée de trochoïdes alongées en tel nombre qu'on voudroit, ne pourroit pas non plus satisfaire à la question proposée.

7. Cependant il ne faut pas conclure de-là qu'on ne puisse supposer à la courbe initiale une telle forme, & à ses points une telle vîtesse, qu'ils arrivent tous à-la-fois à l'axe & au repos; car outre que la figure initiale de la corde peut être différente d'un assemblage de trochoïdes, on peut supposer une résistance différente de celle qui seroit proportionnelle à la simple vîtesse, par exemple, une résistance proportionnelle à la roideur de la corde, & dans laquelle la

vîteſſe n'entreroit pas. Dans ce cas, je vais faire voir que les points qui compoſent la corde, pourront arriver tous à-la-fois à l'axe & au repos.

8. Pour le faire ſentir d'abord par un exemple très-ſimple, ſuppoſons la corde chargée ſeulement de deux corps, dont le mouvement ſoit altéré par une force rétardatrice conſtante pour chacun, & différente, ſi l'on veut, pour les deux; ſuppoſons de plus que M repréſente la maſſe de chacun des poids, & que y, y' ſoient leurs diſtances variables à la ligne fixe qui joint les extrémités de la corde, r leur diſtance conſtante entr'eux & aux extrémités de la corde (diſtance que je ſuppoſe la même pour plus de ſimplicité) P la tenſion exprimée par un poids connu, h la hauteur dont un corps peſant tomberoit dans le temps T; ſoit enfin mP la force de la réſiſtance pour un des deux corps, & $m'P$ pour l'autre, on aura $-\frac{ddy}{dt^2} = \frac{2hP}{MT^2}\left(\frac{2y-y'}{r} - m\right)$; $-\frac{ddy'}{dt^2} = \frac{2hP}{MT^2}\left(\frac{-y+2y'}{r} - m'\right)$. Donc dans l'hypothèſe la plus ſimple, on aura $y = Ar \operatorname{coſ.} \frac{\mu t}{T} + Hr$; $y' = A'r \operatorname{coſ.} \frac{\mu t}{T} + Rr$; & en faiſant pour abréger $\frac{2hP}{MT^2} = \frac{1}{kr}$, on aura $\frac{Ar\mu^2}{T} = \frac{2A-A'}{kr}$; & $\frac{A'r\mu^2}{T^2} = \frac{-A+2A'}{kr}$; $2H-R-m=0$; $-H+2R-m'=0$; d'où l'on tire $H = \frac{2m+m'}{3}$; & $R = \frac{2m'+m}{3}$.

8. Or si $\frac{ut}{l}=180°$, on aura $dy=0$, $dy'=0$, & si en même-temps $y=0$, $y'=0$, on aura (en faisant $A'=\lambda A$) $-A+H=0$; $-\lambda A+R=0$. On a de plus, en nommant $r\delta$, $r\delta'$ les distances initiales, $A+m=\delta$; $\lambda A+m'=\delta'$; donc $H+m=\delta$; $R+m'=\delta'$; donc $5m+m'=3\delta$; & $5m'+m=3\delta'$.

9. De plus, à cause de $A=H$, & de A' ou $\lambda A=R$, on aura $\frac{kHr^2\mu^2}{T^2}=2H-R=m$; $\frac{kRr^2\mu^2}{T^2}=2R-H=m'$; d'où l'on tire $-\frac{R}{H}=-\frac{H}{R}$; & par conséquent $R=\pm H$; donc on aura $H=m$ & $H=m'$; ou $3H=m$, $-3H=m'$; donc $m'=\pm m$.

10. De ces deux suppositions renfermées dans l'équation $m'=\pm m$, prenons la seule qui convienne au cas présent, celle de $m'=+m$, puisque la supposition de $m'=-m$, donneroit une force *accélératrice* réelle au lieu d'une résistance; on aura $H=R=m$; $\delta=2m=\delta'$; $\mu^2=\frac{T^2}{kr^2}=\frac{2hP}{Mr}$; & $\frac{\mu t}{T}=\frac{t}{T}\sqrt{\left(\frac{2hP}{Mr}\right)}$.

11. On voit donc comment & par quelle hypothèse on peut faire ensorte que deux corpuscules attachés à une corde élastique arrivent en même-temps à l'axe & au repos; savoir, en supposant, par exemple, que ces deux corps soient également éloignés de l'axe au commencement du mouvement, qu'ils éprouvent une résistance constante qui soit à la pesanteur comme m est à 1; que leurs distances initiales à l'axe soient chacune $=2mr$; &

de plus qu'ils partent du repos ; en effet dans cette ſuppoſition $\frac{dy}{dt}$ & $\frac{dy}{dt}$ feront $= 0$ quand $t = 0$.

12. Il eſt encore plus aiſé de voir que ſi la corde, dont on ſuppoſera la longueur $= \lambda$, eſt chargée d'un ſeul poids en ſon milieu, & qu'on nomme φ la force de tenſion, R la réſiſtance, & u la viteſſe, on aura $-udu = \frac{4\varphi y dy}{\lambda} - R dy$; donc $uu = \frac{4\varphi}{\lambda}(\delta\delta - yy) - 2R(\delta - y)$; donc u & y ſont nulles en même-temps, ſi $R = \frac{2\varphi\delta}{\lambda}$. De-là on peut facilement conclure que ſi une corde vibrante a la forme d'une trochoïde alongée, & que la réſiſtance, conſtante pour chaque point, & différente pour les différens points, ſoit égale à $\frac{\Phi}{2}$, φ étant la force accélératrice de chaque point lorſque $t = 0$, cette corde vibrante demeurera en repos, lorſque tous ſes points feront arrivés à la ſituation rectiligne.

13. Voyons maintenant en général ce qui doit arriver à une corde ſonore chargée d'une infinité de poids, & qui éprouvent une réſiſtance indépendante de la vîteſſe, & proportionnelle à la roideur de la corde. Nous avons déja touché dans nos Opuſcules, page 42, Tome I, le cas où les points de la corde éprouveroient une réſiſtance conſtante ; nous allons ici développer ce que nous n'avons fait qu'indiquer alors ; & pour rendre la ſolution plus générale, nous ſuppoſerons que la réſiſtance au lieu d'être conſtante ſoit = à une fonction 2ξ

de l'abſciſſe x; ainſi nous aurons $\frac{ddy}{dx^2} - 2\xi = \frac{ddy}{dt^2}$; équation qu'il faut intégrer.

14. Soit donc propoſée l'équation $\frac{ddy}{dx^2} - 2\xi = \frac{ddy}{dx^2}$, ξ étant une fonction de x qu'on ſuppoſe donnée. Il eſt aiſé de voir que la valeur de y ſera $\varphi(x+t) + \Delta(x-t) + \int 2dx \int \xi dx + A$, ou ſimplement $\varphi(x+t) + \Delta(x-t) + \int dx \int 2\xi dx$.

15. Si $\frac{dy}{dt}$ doit être $=0$ lorſque $t=0$, alors $d(\varphi x) = d(\Delta x)$; donc $\varphi x = \Delta x$, donc $y = \varphi(x+t) + \varphi(x-t) + \int dx \int 2\xi dx$.

16. Or il faut, pour ſatisfaire à cette équation dans les cordes vibrantes, 1°. que $x=0$ rendue $\varphi t + \varphi - t = 0$. 2°. Que $x=a$ rende $\varphi(a+t) + \varphi(a-t) = -2\alpha$, en ſuppoſant $\int dx \int \xi dx = 0$ lorſque $x=0$, & $=\alpha$ lorſque $x=a$, longueur de la corde.

17. De plus ſoit $y = 2\varphi x + 2\int dx \int \xi dx$ l'équation de la figure initiale de la corde; ou ce qui revient au même, ſoit $y = 2\Xi x$ cette équation, & $\varphi x = \Xi x - \int dx \int \xi dx$, on aura φx de la maniere ſuivante.

18. Soit (*Fig.* 10) $AB = AG = a$; imaginons que la courbe $DCAF$ ait pour équation $y = 2\varphi x$, & ſoit priſe $CB = -2\alpha$, en regardant ici la quantité α comme négative, & par conſéquent ſuppoſant -2α poſitif, afin que -2α ſoit du même ſigne que $2\varphi x$, pour ſimplifier la figure; il faudra pour ſatisfaire aux conditions de φx, 1°. que les parties AF, ACD de la courbe, indéfiniment

indéfiniment prolongées, ſoient égales, ſemblables & ſemblablement poſées, l'une en-deſſus, l'autre en-deſſous de l'axe, afin que $x = 0$ donne toujours $\varphi t + \varphi(-t) = 0$, l'origine des x étant priſe en A. 2°. Que les parties CD, $CNAF$ prolongées indéfiniment ſoient auſſi égales & ſemblables, & ſemblablement poſées l'une en-deſſus, l'autre en-deſſous de l'axe OCQ, parallèle à AB, afin que $\varphi(a+t) + \varphi(a-t)$ ſoit toujours $= 2\,CB = -2\sigma$.

19. De-là il s'enſuit que ſi on fait paſſer par les points A, C, une ligne droite indéfiniment prolongée, la courbe $DCAF$ doit avoir des branches alternatives, ſemblables, égales, & ſemblablement poſées au-deſſus & au-deſſous de cette ligne CAF, & toutes aſſujetties à la loi de continuité.

20. Soit maintenant tracée la courbe $AKMC$, dont les ordonnées HK ſoient $= -2\int dx \int \xi dx$; il eſt viſible que l'ordonnée de la courbe vibrante initiale au point H devra être $= NK$; puiſque $NH = 2\varphi x$, & $HK = -2\int dx \int \xi dx$; d'où $NK = NH - HK = 2\varphi x + 2\int dx \int \xi dx =$ à la valeur de y lorſque $t = 0$.

21. Il faut donc que la corde vibrante ait une telle figure initiale AOB, (*Fig.* 11.) qu'en prenant la moitié HL de chaque ordonnée HO, en y ajoutant $LN = -\int dx \int \xi dx$, on forme une courbe ANC qui ait des branches alternatives ſemblables & égales, (liées par la loi de continuité) par rapport à une ligne droite indéfinie, tirée par les points A, C; ou, ce qui revient au même, il faut qu'en augmentant chaque ordonnée

HO d'une quantité $ON' = 2LN = -2\int dx \int \xi dx$, on ait une courbe *AC'* dont les branches ſoient alternatives, ſemblables & égales, par rapport à la ligne droite tirée par les points *A*, *C'*, & aſſujetties à une même équation.

22. Si l'on ſuppoſe ξ telle que $\int dx \int \xi dx$ ſoit poſitive lorſque $x = a$, & que par conſéquent α ſoit poſitif, & *CB* ou -2α négatif; alors il faudroit prendre les lignes *CB*, *LN*, *ON*, dans un ſens oppoſé à celui où l'on les a priſes, la conſtruction demeurant toujours la même, & la courbe *AOB* ne changeant point de ſituation.

23. Si ξ eſt conſtante & poſitive, alors *AKC* (*Fig.* 10.) ſera une parabole qui aura pour équation $y = -\xi xx$, *CB* ſera $= -\xi a^2$, & les valeurs de *CB*, *HK*, ſeront négatives.

24. Préſentement ſuppoſons que $\frac{dy}{dt}$ ne ſoit pas $= 0$ lorſque $t = 0$, mais $= \zeta$; en ce cas on fera d'abord (art. 26 du Mém. précéd. p. 148.) $y = \varphi(x+t) - \varphi(t-x) + \int dx \int 2\xi dx$, φx étant une fonction que nous déterminerons dans la ſuite.

25. Il faut de plus, 1°. que $x = 0$ rende $y = 0$, quel que ſoit t; ce qui a lieu évidemment dans l'équation $y = \varphi(x+t) - \varphi(t-x) + 2\int dx \int \xi dx$; 2°. que $x = a$, donne $\varphi(t+a) - \varphi(t-a) = -2\alpha$, d'où l'on voit que la différence de deux ordonnées diſtantes l'une de l'autre de la quantité $2a$, doit être $= -2\alpha$.

26. Donc faisant (*Fig.* 12.) $AB = a$, $B\mathfrak{C} = a$, & $\mathfrak{C}C = -2a$, & traçant la courbe CL qui soit par rapport à l'axe CM la même que la courbe ARC est par rapport à l'axe AB, de maniere que la courbe CL ne soit que la courbe ARC transportée en C; il est aisé de voir que cette courbe ARC, prolongée à l'infini vers L, sera telle qu'on pourra en supposer les ordonnées $= \varphi x - (\varphi - x)$.

27. De plus faisant $AV = AB$, on aura $AV = -a$; par conséquent lorsque $t = 0$, on aura $\varphi a - \varphi(-a) = -2a$; & la portion de courbe AFK devra, par les mêmes raisons, être semblable à la portion de courbe CFX, & semblablement posée par rapport à la ligne droite CAI.

28. Nous avons fait voir, page 30 du Tome I de nos Opuscules, que si une courbe a trois branches alternatives semblables & égales, elle en aura de telles à l'infini; on peut démontrer par un raisonnement semblable que si une courbe a trois branches égales & semblables placées de suite, elle en aura de telles à l'infini. En effet supposant que la courbe coupe son axe aux points où $x = 0$, & $x = b$, & faisant $x - b = z$, la courbe n'aura dans son équation que des puissances paires de z; donc les termes où z est élevée à une puissance impaire disparoîtront; or ces termes ne feroient que changer de signe en faisant $x + b = z$, & par conséquent disparoîtroient encore.

29. Donc si par les points A, C, on fait passer une

ligne droite, les branches de la courbe *ARC* continuées à l'infini, seront toutes semblables, égales, & semblablement situées au-dessus de l'axe par rapport à cette ligne; c'est-à-dire, qu'après la courbe *ARC*, il y en aura une autre semblable, égale, commençant au point *C*, & semblablement disposée par rapport à l'axe *AC*, & ainsi de suite; & qu'à commencer au point *A* la courbe *AF* sera de même semblable & égale à la courbe *CRA*, & ainsi de suite.

30. Si on suppose $\xi = 0$, $y = 2Z$, & $\frac{dy}{dt} = 2\zeta$; on trouve (page 233 des Mémoires de Berlin de 1747) $\varphi x = Z + \int \zeta dx$, Z & ζ étant l'une & l'autre des fonctions impaires de x; ou, ce qui est la même chose, Z étant une fonction impaire & $\int \zeta dx$ une fonction paire.

31. Et dans le cas où ξ n'est pas $= 0$, on aura les équations $\varphi x + \varphi(-x) = 2\int \zeta dx$; $\varphi x - \varphi(-x) + 2\int dx \int \xi dx = 2Z$. Donc $\varphi x = Z + \int \zeta dx - \int dx \int \xi dx$.

32. Donc si on trace une courbe *ARC* dont les ordonnées soient égales à $Z + \int \zeta dx - \int dx \int \xi dx$, cette courbe doit être telle qu'en la prolongeant à l'infini par rapport à l'axe *AC*, elle ait, par rapport à cet axe, la propriété énoncée ci-dessus, article 29.

33. Donc traçant d'abord une courbe *ARC*, qui ait la propriété dont il s'agit par rapport à l'axe *AC*, & dont les ordonnées soient $= \varphi x$, on aura l'ordonnée Z de la courbe vibrante $= \varphi x - \int \zeta dx + \int dx \int \xi dx$.

34. De plus la fonction φx devra être telle que l'on ait aussi $\varphi(-x) = -\varphi x + 2\int\zeta\, dx$; donc la courbe *ARC* prolongée de l'autre côté de *A* doit avoir ses ordonnées $\varphi(-x)$ égales à $-\varphi x + 2\int\zeta\, dx$.

35. Donc si on fait $\frac{\mathsf{C}C}{A\mathsf{C}} = \rho$, & qu'on prenne $\varphi x + \rho x$ pour les ordonnées obliques *PQZ* de la courbe *ARC* rapportée à l'axe *AC* (ensorte que *QZ* soit $= \varphi x$, & $PQ = \rho x$) on aura $\varphi(-x) - \rho x = -\varphi x - \rho x + 2\int\zeta\, dx$.

36. Donc la courbe *AF* doit être telle que son ordonnée *IF* ou $\varphi(-x) - \rho x = -ZP + 2\int\zeta\, dx$.

37. Or la courbe *CRA*, comme on l'a vu ci-dessus, doit être semblable & égale à la courbe *AF*, & semblablement posée; donc prenant $CD = AI = AP$, *DE* doit être $= IF = -ZP + 2\int\zeta\, dx$.

38. Lorsque $CD = AP$, c'est-à-dire, lorsque les points *D*, *P* se confondent, il faut que les points *E*, *Z* se confondent aussi; donc il faut que $DE = ZP$; donc alors $ZP = -ZP + 2\int\zeta\, dx$; donc $ZP = + \int\zeta\, dx$ au point *B*.

39. Si ξ & $\zeta = 0$, les points C & *C* tomberont sur l'axe $A\mathsf{C}$; *DE* sera $= -ZP$; & de plus à cause de $\Xi = \varphi x - \varphi(-x)$, Ξ sera évidemment une fonction impaire, ensorte que la partie *AKN* (*Fig.* 13.) devra être la même que la partie *AZBC*, & posée en sens contraire au-dessous de l'axe; & comme cette partie *AK* doit être égale & semblable à la partie *CBA*, & semblable-

ment posée, il s'ensuit de-là évidemment que la partie *CBA* est formée de deux branches alternatives égales & semblables *CB*, *BA*.

40. Si ζ n'est pas $=0$, on aura, en faisant $AB = a = BC$, l'ordonnée BL (*Fig.* 14.) $= + \int \zeta dx$, (on suppose dans la figure que $\int \zeta dx$ est négatif quand $x = a$, ce qui peut être supposé); & la courbe *CV* sera semblable & égale à la courbe *AOLC*, ainsi que la courbe *AK* à la courbe *CLOA*.

41. On a vu (page 29 du Tome I des Opuscules) que si une corde vibrante *ACB* (*Fig.* 15.) part du repos, & qu'on la suppose transposée en-dessous de l'axe *AC*, mais en position contraire, en sorte que $AC'B$ soit égale & semblable à *BCA*, elle parviendra à la situation $AC'B$ au bout d'un temps $t = AB$, en sorte qu'alors tous ses points seront en repos.

42. Donc si on prend cette même courbe $AC'B$ (qui n'est que la courbe *BCA* renversée) pour celle dont les ordonnées sont $2\int dx \int \xi dx$, & qu'on fasse $PR = MQ$, la corde vibrante, en lui supposant la figure initiale *ARB*, arrivera en même temps au repos & à la situation rectiligne; car puisque le point *Q* parvient en *P* au bout d'un temps $= AB$, & que sa vîtesse alors est $=0$, donc le point *R* arrivera en *M* au bout du même temps avec une vîtesse $=0$.

43. Voici encore une autre maniere d'envisager la question proposée. L'équation de la corde sonore étant d'abord supposée $y = \varphi(t + x) - \varphi(t - x)$, on aura

la vîteſſe $\frac{dy}{dt} = \frac{d\phi(x+t)}{dt} - \frac{d\phi(t-x)}{dt}$; & la même équation aura lieu en ſuppoſant $y = \phi(t+x) - \phi(t-x) + 2\int dx \int \xi\, dx$. Donc $\frac{dy}{dt}$ ſera $= 0$, ſi on a une valeur de t telle qu'en prenant de part & d'autre $+x$ & $-x$, les tangentes en ces points ſoient parallèles.

44. Il faut donc que dans la courbe *AOLC*, (*Fig.* 14.) & par conſéquent dans la courbe *CV* qui lui eſt égale & ſemblable, (art. 40.) ainſi que dans la courbe *AK* égale & ſemblable à *CLOA*, il y ait au moins deux parties voiſines ſemblables, & égales, & *contrairement* poſées par rapport à l'axe, enſorte que l'étendue de chacune ſoit $= a$, qui eſt la plus grande valeur de x. Il faut de plus remarquer que BL peut être $= 0$, quand même ζ ne ſeroit pas $= 0$; car on aura $\int \zeta\, dx = 0$ au point où $x = a$, ſi ζ eſt poſitive dans une moitié de la corde, & négative de même valeur dans l'autre.

45. Voilà donc un cas, celui de $BL = 0$, quoique ζ ne ſoit pas $= 0$, où en donnant à la courbe *AOLC* des branches alternatives, on aura le temps $t = a$, au bout duquel tous les points ſeront en repos.

46. Il ne s'agit plus que de faire enſorte que ces points arrivent à l'axe dans l'inſtant de leur repos.

47. Or, puiſque (article 33.) $z = \phi x - \int \zeta\, dx + \int dx \int \xi\, dx$, traçons d'abord dans ce cas de $BL = 0$, la courbe dont l'ordonnée eſt $= \phi x - \int \zeta\, dx$; ϕx repréſentant les ordonnées d'une courbe qui ait des bran-

ches égales, semblables & alternatives, ayant toutes une base $=a$; & ζ ayant la condition exprimée par l'art. 44; traçons ensuite une autre courbe dont les ordonnées soient $\frac{\varphi(a+x)}{2} - \frac{\varphi(a-x)}{2}$, & prenons ξ telle que $2\int dx \int \zeta dx + \varphi(a+x) - \varphi(a-x) = 0$; il est aisé de voir, par tout ce qui précéde, que si on fait l'ordonnée primitive de la corde vibrante $= z$, on aura, quand t sera $=a$, $y=0$ & $\frac{dy}{dt}=0$.

48. Il faut de plus que $2\int dx \int \xi dx$ satisfasse à la condition qu'en faisant $x=a$, or ait (quel que soit t) $\varphi(a+t) - \varphi(t-a) =$ à la valeur de $-2\int dx \int \xi dx$ lorsque $x=a$. Donc puisque $-2\int dx \int \xi dx = \varphi(a+a) - \varphi(a-a)$ lorsque $x=a$ (article précédent); il s'ensuit que $\varphi(a+t) - \varphi(t-a)$ doit être égale à $\varphi(2a)$.

49. Or c'est ce qui aura lieu dans l'hypothèse présente; car la courbe ayant des branches alternatives qui ont a pour base commune, on a $\varphi(2a)=0$; donc $\varphi(a+t) - \varphi(t-a)$ doit être $=0$ quel que soit t; or faisant (*Fig.* 13.) $BV = t = BY$, & $AM = AY$, on aura $VR = \varphi(a+t)$; $AM = -AY = t-a$; $MN = \varphi(t-a) = -YZ = VR$, donc $\varphi(a+t) = \varphi(t-a)$; donc, &c.

50. Dans le cas où ξ n'est pas $=0$, & où $\zeta=0$, il faudra, pour avoir la valeur de y au bout du temps t, prendre dans la premiere des deux courbes de l'article 47, & qui alors a pour équation $y=\varphi x$, la somme

somme des ordonnées répondantes à $x+t$ & à $x-t$, & l'augmenter de la quantité $2\int dx \int \xi dx$, invariable pour chaque x, quel que soit le temps t; mais dans le cas où l'on a $\xi = 0$ & non $\zeta = 0$, il faudra, après avoir construit une courbe dont l'ordonnée soit $\varphi x = Z - \int \zeta dx$, prendre la différence des ordonnées répondantes à $t+x$ & à $t-x$; enfin dans le cas où ni ζ ni ξ ne sont $= 0$, il faudra, après avoir pris la différence des ordonnées répondantes à $t+x$ & à $t-x$, y ajouter la quantité $2\int dx \int \xi dx$.

51. Nous avons donné dans les articles précédens des méthodes pour déterminer ξ & ζ à être telles, que la courbe vibrante arrive à-la-fois à la situation rectiligne & au repos. Mais voici une méthode encore plus générale.

52. Puisque $y = \varphi(x+t) - \varphi(t-x) + 2\int dx \int \xi dx$; soit (*Fig.* 16.) $AB = T$; le temps T étant supposé tel que y soit $= 0$ quel que soit x, & que $\frac{dy}{dt}$ soit aussi $= 0$ quel que soit x; il est clair,

1°. Qu'à cause de $\frac{dy}{dt} = 0$, lorsque $t = T$, supposant $AB = BC = T$, & faisant commencer les t en A, les portions MnN, $Mn'F$ de la courbe $NnMn'F$ (qui est supposée avoir x pour abscisse & φx pour ordonnée) doivent être telles qu'en prenant Bb & Bb' égales à volonté, les tangentes en n & en n' soient parallèles; donc la branche MN doit être semblable & contraire à MF.

2°. En faisant BQ & $BR = a$, c'est-à-dire, à la plus grande valeur de x, les courbes MNZ, MFY, doivent aussi être semblables & contraires ; puisque $\frac{dy}{dt}$ doit être $= 0$ lorsque $t = T$, quelque valeur qu'on suppose à x, depuis $x = 0$, jusqu'à $x = a$.

3°. $\varphi(a+t) - \varphi(t-a) = -2a$ quel que soit t; dont la différence de deux ordonnées distantes de $2a$, doit être constante. Donc faisant $AD = 2a$, & par conséquent $DR = AQ$, la courbe GY doit être semblable à NZ & semblablement posée ; & la courbe GX doit être égale & semblable à la courbe NMF, & semblablement posée.

53. Donc en prenant encore $QP = RD$, & par conséquent AP ou $AQ + QP = CR + RD = 2CR = 2AQ$; NZO devra être semblable à GYF & semblablement posée ; or NZO (art. précéd. n. 2.) doit aussi être semblable à FYG & *contrairement* posée ; ces deux conditions ne peuvent avoir lieu, à moins que les branches GY, YF ne soient égales, semblables & *contrairement* posées.

54. Soit donc $BA = T = BC$; $BR = BQ = a$; $RD = CR = QP = AQ$; Rr & $Qq = T$; on aura $Ar = Aq = a$; $AD = 2a$. Ayant ensuite tiré la droite indéfinie $OZNMFYG$, soit tracée une courbe dont les branches GY, YF soient égales, semblables, & alternatives ; soit aussi la courbe FM, telle qu'en traçant la courbe semblable, égale, & alternative MN, & pre-

nant $Bb' = x = Bb$, on ait $b'n' - bn = -2\int dx \int \xi dx$, ce qui doit continuer d'avoir lieu jusqu'aux points Q, R, ou BR & BQ sont $= a$, c'est-à-dire jusqu'à la plus grande valeur de x; je dis que cette courbe satisfera à toutes les conditions du problême.

55. Car, 1°. $x = 0$, donnera $\int dx \int \xi dx = 0$, & $\varphi(t+x) - \varphi(t-x) = \varphi t - \varphi t = 0$; donc $x = 0$, donnera $y = 0$ quel que soit t; t n'étant pas supposé $> T$ qui est le temps où la corde s'arrête (*hyp.*)
2°. $x = a$, donnera (art. 52, n°. 3) $y = 0$, quel que soit t; t n'étant pas plus grand que T.

3°. $t = T$, donnera $\frac{dy}{dt} = 0$ quelle que soit x.

4°. $t = T$, donnera $y = 0$ quel que soit x; puisque $y = b'n' - bn + 2\int dx \int \xi dx = 0$ (art. 54.)

56. Soit ρ la tangente de l'angle que la ligne MF fait avec AC, on aura $b'n' = b'i' - i'n' = BM + \rho x - i'n'$; & $bn = bi + in = BM - \rho x + in$; donc $2\rho x - 2i'n' = -2\int dx \int \xi dx$, donc $\frac{dd(i'n')}{dx^2} = \xi$; donc on aura la valeur de ξ par cette équation.

57. La vîtesse étant égale à $\frac{dy}{dt}$ ou $\frac{d\varphi(x+t)}{dt} - \frac{d\varphi(t-x)}{dt} = \frac{d\varphi(x+t)}{dx} - \frac{d\varphi(t-x)}{dt} = \frac{d\varphi(x+t)}{dx} + \frac{d\varphi(t-x)}{dx}$, on aura lorsque $t = 0$, $\zeta = \frac{d\varphi x}{dx} + \frac{d\varphi(-x)}{dx} = \frac{d\varphi x}{dx} - \frac{d\varphi(-x)}{-dx}$; d'où il s'ensuit qu'en

prenant depuis le point B (origine des x) deux valeurs quelconques de x, égales & de signe contraire, la différence des valeurs de $\frac{dy}{dx}$ en ces deux endroits donnera ζ.

58. Si la courbe FM est semblable, égale, & alternative à la courbe FY, alors toutes les branches de la courbe seront alternatives. C'est ce qui peut arriver, & par conséquent ce qu'on peut supposer, mais sans y être obligé; en ce cas on aura $BC = CR = \frac{a}{2}$.

59. Mais la courbe FM peut n'être pas semblable ni égale à la courbe FY; ou, ce qui est la même chose, la courbe MN à NZ.

60. Il faut aussi remarquer qu'il n'est pas nécessaire, au moins pour la simple résolution du problême, que la courbe $GYFMNZO$ s'étende à l'infini; il suffit que sa partie renfermée entre les points G, O, ou même Z, Y, ait cette propriété, que les branches MNZ, MFY, soient égales, semblables & alternatives, les parties MN, NZ étant d'ailleurs telles qu'on voudra. Il faut de plus que les portions de courbe Zl, Ya soient égales, semblables, & semblablement posées. Mais on va voir qu'il s'ensuit de-là que la ligne courbe $GYFMNZO$ s'étend à l'infini avec des branches semblables à cette partie $GYFMNZO$.

61. Car puisque NVZ est semblable à FaY, donc YaF l'est à ZVN; donc faisant $Qq' = Qq = Rr$,

ZV est semblable à *Ya*, & différemment posée; donc les portions de courbe *Zl* & *ZV* sont semblables & alternatives.

62. Or de ce que les arcs *Zl*, *ZV* sont semblables, égaux, & posés en sens contraires, il s'ensuit que, pour ces deux arcs, la valeur de y en z (en faisant commencer les z au point *Q*) ne contiendra que des puissances impaires; ou, ce qui est la même chose, que l'équation sera telle qu'en mettant $-y$ pour y & $-z$ pour z, elle demeurera la même. De-là il est aisé de conclure que non-seulement les parties *Zl*, *ZV* seront semblables, & égales, mais que la courbe commençant en *Z* & allant vers *O*, sera absolument semblable à la courbe *ZVNF*, &c; d'où l'on voit que *ZlOK* sera = & semblable à *ZVNM*. Or *ZVNM* est égale & semblable à *MnFY*, comme on l'a vu ci-dessus. Donc puisque les trois courbes *KOlZ*, *ZVNM*, *MNFY* sont alternativement semblables & égales, il s'ensuit (page 30, Tom. I, Opusc. Mathém.) que la courbe aura de telles branches à l'infini, & qu'ainsi elle sera méchanique.

63. De-là on voit que ξ ne sauroit être constante; autrement on auroit (art. 56.) $\frac{dd(i'n')}{dx^2}$ = const. D'où il est aisé de voir que la courbe seroit géométrique.

64. Donc la quantité ξ proportionnelle à la roideur de la corde ne doit pas être supposée constante, si on veut que tous les points de la corde arrivent en

même-temps à l'axe & au repos. Au reste la supposition de ξ variable n'a rien de plus choquant que celle de ξ constante.

65. Si on fait AB ou $T = a$, & par conséquent (*Fig.* 17.) $AQ = 0$, $QP = 0$, & qu'on suppose de plus $\rho = 0$; on aura $2i'n' = 2\int dx \int \xi dx$, & $\frac{dy}{dt}$ ou $\frac{d\phi(t+x)}{dt} - \frac{d\phi(t-x)}{dt} = 0$, lorsque $t = T$, comme il est aisé de s'en assurer. Car faisant $BD = BF = x$; $Dd = dt$, on aura $\frac{d\phi(t+x)}{dt} = \frac{fg - FG}{Ff}$; qui (à cause de fg négatif) est négatif & $= \frac{cd - CD}{Dd} = \frac{d\phi(t-x)}{dt}$.

66. Ce dernier cas de $T = a$ retombe dans celui dont nous avons parlé ci-dessus plus en détail, (art. 45 & suiv.) avant que d'en venir à la construction générale.

67. Outre le cas de $CR = AB$, (*Fig.* 16.) dont nous avons fait mention ci-dessus, (art. 58) & celui de $CR =$ ou $T = a$, qui donnent l'un & l'autre à la courbe des branches alternatives toutes semblables & égales, examinons les cas où BC, CR seroient inégales, sans que CR fût $= 0$.

68. Nous avons prouvé, dans les Mémoires de l'Académie de Berlin de 1747, qu'une courbe telle que $GYFMNZO$, coupant son axe en une infinité de points, se construisoit par le moyen des arcs ou des

ſegmens d'une courbe rentrante *ABCD* (*Fig.* 18.) combinés ou non entr'eux & avec les ordonnées correſpondantes de différentes manieres à l'infini.

69. Soit donc une courbe rentrante *ABCD*, telle que la partie *ADC* ſoit égale & ſemblable à la partie *ABC*. Soit $AP = x$, & y une fonction de x, qui ſoit $= 0$ lorſque $x = 0$; & qui, en faiſant x négative, devienne auſſi négative & de même valeur que pour x poſitive. Si on prend maintenant les arcs *ADC*, par exemple, pour les abſciſſes d'une nouvelle courbe, & les quantités y pour ſes ordonnées, cette courbe ſera évidemment dans le cas que nous demandons pour la courbe *MNVZ* de la Figure 16, indéfiniment tracée de part & d'autre de *M*.

70. Car, 1°. il eſt clair que cette courbe coupera ſon axe en autant de points que y aura de valeurs $= 0$; 2°. Si on a une valeur de *AP* (*Fig.* 18.) qui donne $y = 0$, & que les arcs *AM*, *MQD* ſoient inégaux, ce qui eſt évidemment poſſible, la courbe tracée *MNVZ* aura des branches alternatives inégales.

71. S'il y a pour une même valeur de x deux valeurs de y, l'une $= 0$, l'autre finie $= \rho$, la valeur $= 0$ ſera l'ordonnée répondante à l'un des arcs (*AM*, par exemple) qui répondent à l'abſciſſe $AP = x$, & la valeur $= \rho$ ſera l'ordonnée correſpondante à l'autre arc *AMQ*.

72. On voit évidemment qu'il y a une infinité de manieres de réſoudre le problême; car on pourroit, par exemple, au lieu des arcs *AM*, prendre les eſpaces

APM, & ainsi du reste; mais il suffit d'avoir indiqué la maniere de trouver une infinité de courbes qui ayent la condition marquée dans l'article 67.

73. Je terminerai ici mes recherches sur les cordes vibrantes, dont je n'ai été que trop long-temps occupé, quoiqu'il s'en faille beaucoup que j'aye épuisé la matiere. Je ne doute pas qu'on ne puisse étendre ces recherches, & les simplifier même à beaucoup d'égards; & j'invite les Mathématiciens à ce travail, qui me paroît digne de les occuper, tant par lui-même, que par l'utilité dont il peut être pour d'autres objets.

VINGT-SIXIÉME

VINGT-SIXIÉME MÉMOIRE.

Recherches de Calcul intégral.

1. CES recherches, qui font une fuite de celles que j'ai données dans mes *Réflexions fur la caufe des vents*, (art. 87 & fuiv.) ont été occafionnées par celles que le célébre M. de la Grange a faites fur la même matiere dans le fecond volume des Mémoires de la Société des Sciences de Turin. Les problêmes réfolus à ce fujet par M. de la Grange m'ont été utiles par les lumieres qu'ils m'ont fournies pour quelques-unes des folutions qu'on trouvera vers la fin de ce Mémoire, principalement pour celle de l'article 31.

2. Soient données les trois différentielles

$$\text{I. } A\,dx + B\,dt$$

$$\text{II. } \rho B\,dx + \omega\,dt + \mu A\,dx$$

$$\text{III. } \nu B\,dx + \pi A\,dt + \sigma A\,dx + \varpi B\,dt + \lambda\omega\,dx + \xi\omega\,dt.$$

qu'on propofe de rendre complettes.

Dans ces différentielles A, B, ω, font des fonctions inconnues de x & de t, & ρ, μ, ν, σ, λ, π, ϖ, ξ des coëfficiens conftans & connus.

On multipliera la feconde de ces différentielles par D, la troifiéme par E, D & E étant des coëfficiens conftans & indéterminés; après cette préparation on ajoutera enfemble les trois différentielles; ce qui donnera $dx(A+\rho BD+\mu AD+\nu BE+\sigma AE+\lambda\omega E)+dt(B+\omega D+\pi AE+\varpi BE+\omega\xi E)=$ à une différentielle complette. On fera enfuite $\frac{1+\mu D+\sigma E}{\pi E}=\frac{\rho D+\nu E}{1+\varpi E}=\frac{\lambda E}{D+\xi E}$; & l'on aura $A(1+\mu D+\sigma E)+B(\rho D+\nu E)+\omega\lambda E$ égale à une fonction de $x+\frac{t(D+\xi E)}{\lambda E}=x+tq$, q étant $\frac{D+\xi E}{\lambda E}$, & par conféquent étant connu dès que D & E le feront.

3. Or des deux équations $\frac{1+\mu D+\sigma E}{\pi E}=\frac{\rho D+\nu E}{1+\varpi E}$, & $\frac{\rho D+\nu E}{1+\varpi E}=\frac{\lambda E}{D+\xi E}$, il fera aifé de tirer les valeurs de D & de E; car on aura, en faifant évanouir D, une équation du quatriéme dégré qui fournira quatre valeurs pour E, & par conféquent quatre pour D.

4. De ces quatre valeurs prenons-en trois à volonté pour E, & trois pour D; ce qui donne, (en nommant ϵ, ϵ', ϵ'', δ, δ', δ'', ces trois valeurs)

$$A(1+\mu\delta+\sigma\epsilon)+\rho B\delta+\nu B\epsilon+\omega\lambda\epsilon=\varphi(x+tq);$$
$$A(1+\mu\delta'+\sigma\epsilon')+\rho B\delta'+\nu B\epsilon'+\omega\lambda\epsilon'=\Delta(x+tq').$$

$A(1+\mu\delta''+\sigma\epsilon'')+\rho B\delta''+\nu B\epsilon''+\omega\lambda\epsilon''=\psi(x+tq'')$; trois équations d'où l'on tirera les valeurs de A, B, ω; φ, Δ & ψ, désignant des fonctions prises à volonté de $x+tq$, $x+tq'$, $x+tq''$.

Comme quatre quantités a, b, c, d, peuvent être combinées trois-à-trois en trois manieres, a, b, c; a, b, d; b, c, d; il est clair qu'on aura trois systêmes d'équations semblables au systême précédent, & par conséquent trois valeurs différentes de A, B, ω, tout le reste étant d'ailleurs supposé le même.

Si dans un de ces systêmes ϵ avoit deux valeurs égales, ϵ, ϵ', alors on feroit $\epsilon'=\epsilon+\alpha$, α étant supposée infiniment petite, & on auroit $\delta'=\delta+k\alpha$, $q'=q+\zeta\alpha$, k & ζ étant des quantités connues; donc la seconde équation deviendroit $A(\mu k\alpha+\sigma\alpha)+\rho Bk\alpha+\nu B\alpha+\omega\lambda\alpha=\frac{\zeta\alpha d\varphi(x+tq)}{dq}$; équation d'où on fera disparoître α en l'effaçant.

Et si on avoit encore une valeur de ϵ & une de δ égales aux précédentes, c'est-à-dire, que D & E eussent trois valeurs égales, il faudroit opérer sur cette derniere équation, après avoir effacé α, comme on a fait sur la seconde équation en δ', ϵ', &c. pour en tirer une nouvelle équation, qui avec les deux autres, servira à résoudre le problême.

5. Quand même D & E auroient quelques valeurs imaginaires, les valeurs de A, de B, & de ω, n'en contiendroient pas pour cela. Soit, par exemple, $\delta'=a+$

$\zeta\sqrt{-1}$, $\epsilon' = \gamma + \eta\sqrt{-1}$; & par conféquent, comme je l'ai démontré dans les Mémoires de Berlin de 1746; $\delta'' = \alpha - \zeta\sqrt{-1}$, $\epsilon'' = \gamma - \eta\sqrt{-1}$, on aura $\Delta(x + tq') = \Gamma(x, t) + \sqrt{-1}\,\Xi(x, t)$; & $\psi(x + tq'') = \Gamma(x, t) - \sqrt{-1}\,\Xi(x, t)$. Subftituant ces valeurs dans les deux dernieres des trois équations de l'art. 4, puis ajoutant & fouftrayant l'une de l'autre ces deux équations, on aura ces deux-ci, où il n'y a plus d'imaginaires; $A(1 + \mu\alpha + \sigma\gamma) + \rho B\alpha + \nu B\gamma + \omega\lambda\gamma = \Gamma(x, t)$; $A(\mu\zeta + \sigma\eta) + \rho B\zeta + \nu B\eta + \omega\lambda\eta = \Xi(x, t)$.

Ayant déterminé par le calcul précédent les quantités A, B, ω, il eft facile de voir que les trois différentielles propofées feront des différentielles exactes & complettes. En effet, dès qu'on a trois quantités différentielles dR, dS, dQ, telles que $dR + DdS + EdQ$, $dR + D'dS + E'dQ$, & $dR + D''ds + E''dQ$ foient des différentielles complettes, (D, D', D'' étant des conftantes ainfi que E, E', E'') dR, dS & dQ feront chacune féparément des différentielles complettes. Car, 1°. $(D' - D)\,dS + (E' - E)\,dQ$ eft une différentielle complette. 2°. $(D'' - D)\,dS + (E'' - E)\,dQ$ l'eft auffi; d'où il eft aifé de conclure que $(E' - E) \times (D'' - D)\,dQ + (E'' - E) \times (D' - D)\,dQ$ eft une différentielle complette, & par conféquent dQ, & ainfi du refte.

6. Soient $A\,dx + B\,dt$

& $\rho A\,dx + \mu B\,dt$

$+ \nu B\,dx + \sigma A\,dt$,

des différentielles complettes; A & B étant des fonctions inconnues de x & de t, & ρ, μ, ν, σ des constantes connues. On aura $\frac{dA}{dt} = \frac{dB}{dx}$, & $\frac{\rho dA}{dt} + \frac{\nu dB}{dt} = \frac{\mu dB}{dx} + \frac{\sigma dA}{dx}$; & faisant $dq = Adx + Bdt$, on aura $\frac{\rho d^2 q}{dxdt} + \frac{\nu d^2 q}{dt^2} = \frac{\mu d^2 q}{dtdx} + \frac{\sigma d^2 q}{dx^2}$, ou $\frac{Mddq}{dxdt} + \frac{Nd^2 q}{dt^2} + \frac{Rd^2 q}{dx^2} = 0$.

Or nous avons donné ailleurs, & il est aisé de déduire du problême précédent, une méthode pour trouver les valeurs de A & de B.

Donc si on propose de trouver q, telle que $\frac{Mddq}{dxdt} + \frac{Nddq}{dt^2} + \frac{Rddq}{dx^2} = 0$, M, N & R étant des constantes; ce problême se réduit à trouver A & B dans les deux quantités différentielles proposées; les coëfficiens ρ, μ, ν, σ, étant donnés par les équations $\rho - \mu = M$, $\nu = N$, $\sigma = -R$; équations dans lesquelles on peut encore supposer ρ ou μ à volonté.

7. Soit $\frac{d^3 q}{dx^3} + \frac{Fd^3 q}{dxdt^2} + \frac{Gd^3 q}{dx^2 dt} + \frac{Hd^3 q}{dt^3} = 0$; F, G, H étant des constantes données; on propose de trouver q.

On fera
$$\begin{aligned} dq &= pdx + sdt \\ dp &= Adx + Bdt \\ ds &= Bdx + Rdt \\ dA &= Cdx + Fdt \\ dB &= fdx + \omega dt \\ dR &= \omega dx + Ndt. \end{aligned}$$

On aura donc $C+F\omega+Gf+NH=0$; & par conséquent $Cdx+fdt$, $fdx+\omega dt$, $\omega dx+\frac{C+\omega F+fG}{-H}dt$ feront des différentielles complettes; ce qui est un cas du problême précédent (art. 2).

8. Soit $\frac{dq}{dx}+\frac{\xi dq}{dz}=0$, ξ étant une fonction donnée de x & de z. On propose de trouver q.

Faisant $dq=\alpha dx+\zeta dz$, on aura $\alpha+\xi\zeta=0$, & $\zeta dz-\xi\zeta dx=dq$.

Donc toutes les fois que ξ sera telle qu'en supposant l'équation $dz-\xi dx=0$, cette équation sera intégrable, on pourra trouver q. Car alors on pourra trouver le facteur ζ, qui rendroit $\zeta dz-\xi\zeta dx$ une différentielle complette.

9. Soient $A\zeta dx+B\xi dz$
& $B\zeta dx+A\xi dz$,
deux différentielles complettes; on aura;
1°. $(A+B)(\zeta dx+\xi dz)$ une différentielle complette. Donc en supposant une quantité ω telle que $\omega\zeta dx+\omega\zeta dz$ soit une différentielle complette, on aura $\frac{A+B}{\omega}$ = fonction de $\int(\omega\zeta dx+\omega\xi dz)$.
2°. On aura de même $(A-B)\times(\zeta dx-\xi dz)$ une différentielle complette. Donc en supposant $\nu\zeta dx-\nu\xi dz$ une différentielle complette, on aura $\frac{A-B}{\nu}=$ fonction de $\int(\nu\zeta dx-\nu\xi dz)$; par ce moyen on trouvera A & B.

Si on veut que $A\zeta dx + B\xi dz$ & $B\mu\zeta dx + A\rho\xi dz$ soient des différentielles complettes, μ & ρ étant des constantes données, on multipliera la seconde de ces différentielles par ν, & on les ajoutera, ce qui donnera la différentielle complette, $(A + B\mu\nu)\zeta dx + (B + A\rho\nu)\xi dz$; soit $\frac{B\mu\nu}{B} = \frac{A}{A\rho\nu}$; on aura $\nu\nu = \frac{1}{\mu\rho}$, & la différentielle sera $(A + B\mu\nu)(\zeta dx + \frac{1}{\mu\nu}\xi dz)$; soit $\sigma\zeta dx + \frac{\sigma}{\mu\nu}\xi dz$ une différentielle complette; on aura $\frac{A + B\mu\nu}{\sigma}$ une fonction de $\int(\sigma\zeta dx + \frac{\sigma}{\mu\nu}\xi dz)$; & comme ν a deux valeurs $\pm\sqrt{\frac{1}{\mu\rho}}$, il est clair qu'on aura la valeur de A & celle de B.

10. Soient $A\alpha dx + B\beta dz$

& $A\gamma dz + B\epsilon dx$

deux différentielles complettes; α, β, γ, ϵ étant des fonctions données de x & de z; on propose de déterminer A & B.

On multipliera la seconde de ces quantités par un coëfficient constant indéterminé μ, & on les ajoutera ensemble, ce qui donnera $(A\alpha + B\epsilon\mu)dx + (A\gamma\mu + B\beta)dz$, qui doit être une différentielle complette. Or il est évident qu'elle sera complette si elle peut être réduite à cette forme $(A\lambda + B\nu)(\varphi dx + \omega dz)$, dans laquelle, 1°. $\varphi dx + \omega dz$ soit une différentielle complette; 2°. $A\lambda + B\nu$ une fonction de $\int\varphi dx + \omega dz$;

(λ & ν étant des indéterminées, constantes ou variables). On aura donc $A\lambda\phi = A\alpha$; $B\nu\phi = B\epsilon\mu$; $B\beta = B\nu\omega$; $A\gamma\mu = A\lambda\omega$; donc $\phi = \frac{\alpha}{\lambda} = \frac{\epsilon\mu}{\nu}$; & $\omega = \frac{\beta}{\nu} = \frac{\gamma\mu}{\lambda}$; donc $\frac{\alpha\beta}{\epsilon\gamma} = \mu\mu$; & comme $\mu\mu$ doit être constant, il s'ensuit que, pour satisfaire à la condition supposée, il faut que $\frac{\alpha\beta}{\epsilon\gamma}$ soit constant ; de plus, puisque $\phi dx + \omega dz$ doit être une différentielle complette, on aura $\frac{\alpha dx}{\lambda} + \frac{\beta dz}{\nu}$ ou $\frac{\alpha dx}{\lambda} + \frac{\gamma\mu dt}{\lambda}$ une différentielle complette.

11. Donc si $\frac{\alpha\beta}{\epsilon\gamma} = \mu\mu = q$, q étant une constante, & si α & γ sont tels qu'on puisse supposer $\alpha kdx + \gamma kdz\sqrt{q}$, & $\alpha k'dx - \gamma k'dz\sqrt{q}$, chacune une différentielle complette, k & k' étant de telles fonctions qu'on voudra de x & de z, le problême pourra se résoudre, & on trouvera A & B ; en effet soit $k\alpha dx + k\gamma dz\sqrt{q} = dr$; $k'\alpha dx - \gamma k' dz\sqrt{q} = dr'$, on aura, à cause de $\nu = \frac{\beta\lambda}{\gamma\mu}$, & de $k = \frac{1}{\lambda}$, & $\mu = \sqrt{q}$, $\frac{A}{k} + \frac{B\beta}{\gamma k\sqrt{q}} = \psi r$, & $\frac{A}{k'} - \frac{B\beta}{k'\gamma\sqrt{q}} = \psi r'$, r & r' étant des fonctions de x & de z ; d'où l'on tirera A & B par un calcul très-facile.

Donc toutes les fois que $\frac{\alpha\beta}{\epsilon\gamma}$ sera égal à une constante q, & que de plus α & γ seront telles qu'en supposant

posant $\alpha dx \pm \gamma dz\sqrt{q}=0$, l'équation sera intégrable, on pourra trouver A & B, & résoudre par conséquent le problême proposé.

12. Soit $dq'=A\alpha dx+B\beta dz$; on aura $A=\frac{dq'}{\alpha dx}$;

$B=\frac{dq'}{\beta dz}$; & $\frac{d(A\gamma)}{dx}=\frac{d(B\epsilon)}{dz}$; ou $\frac{d\left(\frac{dq'}{dx}\times\frac{\gamma}{\alpha}\right)}{dx}$

$=\frac{d\left(\frac{dq'}{dz}\times\frac{\epsilon}{\beta}\right)}{dz}$.

Donc si on fait $\frac{\gamma}{\alpha}=\xi$, & $\beta=\frac{\gamma\epsilon q}{\alpha}$, q étant une quantité constante, on aura $\frac{d\left(\xi\frac{dq'}{dx}\right)}{dx}=\frac{d\left(\frac{1}{q\xi}\times\frac{dq'}{dz}\right)}{dz}$, ξ étant une fonction quelconque de x & de z.

13. Donc toutes les équations de cette derniere forme seront intégrables, ξ étant une fonction quelconque de x de z, q une constante quelconque, & q' une fonction inconnue & cherchée de x & de z. Car faisant $dq'=A\alpha dx+B\beta dz$ & $=$ à une différentielle exacte, on aura $A\gamma dz+B\epsilon dx$ aussi égale à une différentielle exacte; ϵ étant $=\frac{\beta\alpha}{\gamma q}$; & α, γ, ou $\alpha, \alpha\xi$ étant assujettis aux conditions énoncées dans l'article 11.

14. Soient $A\alpha dx+B\beta dz$,
& $A\gamma dz+B\epsilon dx$
$+A\rho dx+B\zeta dz$

qu'on propose de rendre des différentielles complettes; $\alpha, \beta, \gamma, \epsilon, \rho, \zeta$, étant des fonctions données de x &

de z; & A, B, des fonctions qu'on cherche de ces mêmes quantités.

On aura par la méthode du problême précédent, $(A\alpha + A\rho\mu + B\epsilon\mu)\,dx + (A\gamma\mu + B\beta + B\zeta\mu)\,dz$ une différentielle complette; donc, en suivant le même procédé, $\varphi = \frac{\alpha+\rho\mu}{\lambda} = \frac{\epsilon\mu}{\nu}$, $\omega = \frac{\beta+\zeta\mu}{\nu} = \frac{\gamma\mu}{\lambda}$; donc $\frac{\alpha+\rho\mu}{\epsilon\mu} = \frac{\gamma\mu}{\beta+\zeta\mu}$. C'est l'équation qu'il doit y avoir entre les facteurs α, β, γ, ϵ, ρ, ζ; μ étant une constante.

On aura donc $\left(\frac{\alpha+\rho\mu}{\lambda}\right)dx + \frac{\gamma\mu\,dz}{\lambda}$ égale à une différentielle complette, μ étant une constante telle que l'on ait $\frac{\alpha+\rho\mu}{\epsilon\mu} = \frac{\gamma\mu}{\beta+\zeta\mu}$. Donc il faudra que $\left(\frac{\alpha+\rho\mu}{\lambda}\right)\left(dx + \frac{(\beta+\zeta\mu)\,dz}{\epsilon\mu}\right)$ soit une différentielle complette, ce qui peut avoir lieu en une infinité de manieres différentes, μ étant une constante quelconque.

15. Pour que $\frac{\alpha+\rho\mu}{\epsilon\mu} = \frac{\gamma\mu}{\beta+\zeta\mu}$, il faut que l'on ait

$$\begin{aligned} \alpha\beta + \rho\beta\mu + \rho\zeta\mu\mu &= 0 \\ +\zeta\alpha\mu - \epsilon\gamma\mu\mu & \end{aligned}$$

& par conséquent $\frac{\rho\beta+\zeta\alpha}{2(\rho\zeta-\epsilon\gamma)} \pm \sqrt{\left(\frac{-\alpha\beta}{\rho\zeta-\epsilon\gamma} + \frac{(\rho\beta+\zeta\alpha)^2}{4(\rho\zeta-\epsilon\gamma)^2}\right)}$ = à une constante.

Donc $\frac{\rho\beta+\zeta\alpha}{\rho\zeta-\epsilon\gamma}$ = à une constante.

Et $\frac{(\varrho\beta+\zeta\alpha)^2-4\alpha\beta(\varrho\zeta-\epsilon\gamma)}{(\varrho\zeta-\epsilon\gamma)^2}$ = à une conſtante.

Donc $\frac{\varrho\beta+\zeta\alpha}{\varrho\zeta-\epsilon\gamma}$ = à une conſtante; & $\frac{\alpha\beta}{\varrho\zeta-\epsilon\gamma}$ = à une conſtante; il faudra de plus que $\left(\frac{\alpha+\varrho\mu}{\lambda}\right)dx+\frac{\gamma\mu dz}{\lambda}$ puiſſe être ſuppoſée une différentielle complette, λ étant telle fonction de x & de z qu'on voudra.

16. Si on ſuppoſe $dq = A\alpha . dx + B\beta dz$, on aura $\frac{d\left[\frac{dq}{dx}\times\frac{\gamma}{\alpha}+\frac{dq}{dz}\times\frac{\zeta}{\beta}\right]}{dx} = \frac{d\left[\frac{dq}{dx}\times\frac{\varrho}{\alpha}+\frac{dq}{dz}\times\frac{\epsilon}{\beta}\right]}{dx}$.

Soit $\alpha = 1$, $\beta = 1$, ce qui ſe peut toujours ſuppoſer, on aura $\frac{1+\varrho\mu}{\epsilon\mu} = \frac{\gamma\mu}{1+\zeta\mu}$; par conſéquent (art. 15), $\frac{\varrho+\zeta}{\varrho\zeta-\epsilon\gamma}$ = à une conſtante, & $\frac{1}{\varrho\zeta-\epsilon\gamma}$ égale à une conſtante; donc $\rho+\zeta = a$; & $\rho\zeta-\epsilon\gamma = b$, a & b étant des conſtantes. De plus $\frac{(1+\varrho\mu)dx}{\lambda}+\frac{\gamma\mu dz}{\lambda}$ devra être une différentielle complette, λ étant tout ce qu'on voudra, & μ égal à chacune des racines de l'équation $\frac{1+\varrho\mu}{\epsilon\mu} = \frac{\gamma\mu}{1+\zeta\mu}$. Or $\mu = -\frac{a}{2b}\pm\sqrt{\left(\frac{aa}{4bb}-\frac{1}{b}\right)}$. Donc ρ & γ doivent être tels qu'en ſuppoſant $dx+(\rho dx+\gamma dz)\left(\frac{a}{2b}\pm\frac{\sqrt{(aa-4b)}}{2b}\right)=0$, l'équation ſoit intégrable; & il faudra de plus que $\zeta = a-\rho$; & $\epsilon = \frac{\varrho a-\varrho\varrho-b}{\gamma}$.

Donc aussi dans la même hypothèse toujours permise de $\alpha = 6 = 1$, on aura $d\left[\frac{\gamma dq}{dx} + \frac{\zeta dq}{dz}\right]$ égale à $d\left[\frac{\varrho dq}{dx} + \frac{\epsilon dq}{dz}\right]$. Donc dans ce cas on pourra déterminer A & B, si les coëfficiens ρ, γ, ϵ, ζ sont assujettis aux conditions qu'on vient de marquer.

17. Soit proposé de trouver q, telle que $\frac{dq}{dx} + \frac{A dq}{dt} + Cq$ soit $= 0$; A & C étant constans.

Soit $q = \epsilon^{\omega}$, ϵ étant le nombre dont le log. est $= 1$; on aura $\frac{d\omega}{dx} + \frac{A d\omega}{dz} + C = 0$. Donc si on fait $d\omega = \alpha dx + 6 dz$, on aura $\alpha + A6 + C = 0$; & $6dz - Cdx - A6dx$ une différentielle complette. Donc puisque C est constant ainsi que A, on aura $6 = \varphi(z - Ax)$, & $\alpha = -C - A[\varphi(z - Ax)]$.

18. Soit $\frac{dq}{dx} + \frac{\zeta dq}{dz} + \omega = 0$; on propose de trouver q; ξ & ω étant des fonctions données de x & de z.

Soit $dq = \alpha dx + 6dz$; on aura $\alpha + \xi 6 + \omega = 0$; donc $6dz - \xi 6 dx - \alpha dx$ doit être une différentielle complette.

Donc, 1°. Si $6dz$ est une différentielle complette, on aura $6 = Z$ & $\xi 6 + \omega = X$ (fonction de x) ou $\xi = \frac{X - \omega}{Z}$. Donc $\frac{dq}{dx} + \frac{X - \omega}{Z} \times \frac{dq}{dz} + \omega = 0$ est intégrable, ω étant tout ce qu'on voudra, & X, Z;

des fonctions quelconques de x & de z; ou, ce qui revient au même, $\frac{dq}{dz} + \frac{\xi dq}{dz} + X - \xi Z = 0$ est intégrable, ξ étant tout ce qu'on voudra, & X, Z des fonctions quelconques de x & de z.

2°. Si $\xi \zeta dx$ est intégrable, on aura $\xi \zeta = X$, & $\frac{X dz}{\xi} - \omega dx$ intégrable, ce qui arrivera en général si on a $-\frac{d\omega}{dz} = \frac{d(\frac{X}{\xi})}{dx}$, X étant une fonction de x, & ξ tout ce qu'on voudra.

Donc si $\xi = Xk$, k étant tout ce qu'on voudra, on aura $-\frac{d\omega}{dz} = \frac{dk}{dx}$; c'est la condition à laquelle ω & k doivent être assujettis dans cette derniere hypothèse.

3°. Si $dz - \xi dx$ est telle que l'équation $dz - \xi dx = 0$ soit intégrable, alors on pourra trouver un coëfficient Ω tel que $\Omega dz - \Omega \xi dx$, soit une differentielle exacte; & pour lors il faudra (en supposant $\Omega dz - \Omega \xi dx = du$) que $\frac{\zeta du}{\Omega} - \omega dx$ soit une différentielle complete; faisant donc $\frac{\zeta}{\Omega} = k$, on aura $k du - \omega dx$, une différentielle exacte; donc $\frac{dk}{dx} = -\frac{d\omega}{du}$; & en ne faisant varier que x, $k = \int \frac{-d\omega}{du} \times dx + V$. Donc ($\omega$ étant tout ce qu'on voudra) on aura k, & par conséquent ζ ou Ωk, & par conséquent aussi α & q.

19. Pour trouver la valeur de $\int \frac{d\omega}{du} dx$, on cons-

truira d'abord, au moyen des quadratures, si l'on ne peut autrement, une surface courbe dont les coordonnées soit x, z & $u = \int(\Omega dz - \Omega \xi dx)$; ensuite on construira une surface courbe dont les ordonnées soient x, u & ω; les tranches de cette derniere surface perpendiculaires aux x donneront des courbes qui auront pour coordonnées ω & u, x étant constant; ce qui donnera $\frac{d\omega}{du}$; ensuite prenant u constante, on tracera pour chaque parametre u une infinité de courbes qui ayent pour coordonnées x & $\frac{d\omega}{du}$, & l'aire de chacune de ces courbes répondante à l'abscisse x donnera la valeur de k pour chaque x.

20. On aura aussi dans le cas de l'article 18, $\alpha dx - \frac{\omega dz}{\xi} - \frac{\alpha dz}{\xi}$ une différentielle complette.

Donc, 1°. Si $\alpha = X$, (X étant une fonction quelconque de x) on aura $\frac{\omega}{\xi} + \frac{X}{\xi} = Z$, & $\omega = -X + \xi Z$, ξ étant tout ce qu'on voudra, ce qui revient au cas de l'art. 18, n°. 1.

2°. Si $\frac{\alpha dz}{\xi}$ est une différentielle complette, on aura $\xi Z dx - \frac{\omega dz}{\xi}$ une différentielle complette; ce qui donnera $\frac{Z d\xi}{dz} + \frac{\xi dZ}{dz} = - \frac{d(\frac{\omega}{\xi})}{dx}$. Soit $\omega = \xi q'$; & on aura $\xi Z dx - q' dz$ une différentielle complette;

& $\frac{d(\xi Z)}{dz} = -\frac{dq'}{dx}$; d'où l'on tirera q', & par conséquent ω.

3°. Si $dx - \frac{dz}{\xi}$ est telle que $dx - \frac{dz}{\xi} = 0$ soit intégrable, alors on trouvera d'abord Ω, telle que $\Omega dx - \frac{\Omega dz}{\xi}$ sera intégrable ; ensuite faisant $\Omega dx - \frac{\Omega dz}{\xi} = du$, on aura $\frac{\alpha}{\Omega} du - \frac{\omega dz}{\xi}$ intégrable ; donc faisant $\frac{\alpha}{\Omega} = k$, on aura $k\, du - \frac{\omega dz}{\xi}$ ou $k du - q dz$ intégrable ; donc on aura $k = \int \frac{-dq}{du} dz + V$. Ce cas revient à celui de l'art. 18, n°. 3.

21. Si $\frac{dq}{dx} + \frac{\xi dq}{dz} = 0$ est intégrable, $\frac{dq}{dx} + \frac{\xi dq}{dz} + \omega = 0$ le sera aussi, ω étant tout ce qu'on voudra ; car alors on pourra trouver une quantité ζ, telle que $\zeta dz - \xi \zeta dx$ sera intégrable ; donc (art. 18, n°. 3.) on pourra intégrer $\frac{dq}{dx} + \frac{\xi dq}{dt} + \omega = 0$, ω étant tout ce qu'on voudra.

22. Soit $\frac{dq}{dx} + \frac{\xi dq}{dz} + \zeta q = 0$, on propose de trouver q.

Ayant supposé $q = e^{\omega}$, comme dans l'art. 17, on aura $\frac{d\omega}{dx} + \frac{\xi d\omega}{dz} + \zeta = 0$, équation qui se réduit à celle de l'art. 18, & qui sera par conséquent intégrable dans les mêmes cas.

De-là & de l'article précédent, il s'ensuit que si $dq + \frac{\xi dq}{dz} = 0$ est intégrable, $dq + \frac{\xi dq}{dz} + \zeta q = 0$ le sera aussi ; car la question se réduira à intégrer $\frac{d\omega}{dx} + \frac{\xi d\omega}{dz} + \zeta = 0$. Or (*hyp.*) $\frac{dq}{dx} + \frac{\xi dq}{dz} = 0$ est intégrable ; par conséquent aussi $\frac{d\omega}{dx} + \frac{\xi d\omega}{dz} = 0$; par conséquent aussi (article précédent.) $\frac{d\omega}{dx} + \frac{\xi d\omega}{dz} + \zeta = 0$.

23. Soit $\frac{dz}{dx} + \frac{\lambda dz}{dt} + \omega = 0$; λ & ω étant des fonctions données de x & z ; soit supposé $z = \mu z'$; on aura $\frac{dz'}{dx} + \frac{\lambda dz'}{dt} + z'\left(\frac{d\mu}{\mu dx} + \frac{\lambda d\mu}{\mu dt}\right) + \frac{\omega}{\mu} = 0$.

Soit donc proposée l'équation $\frac{dz'}{dx} + \frac{\lambda dz'}{dt} + \xi z' + \nu = 0$, on prendra d'abord $\frac{d\mu}{dx} + \frac{\lambda d\mu}{dt} = \mu\xi$, équation qu'on peut intégrer dans un grand nombre de cas par l'art. 22 ; ensuite on fera $\omega = \mu\nu$; & ayant intégré l'équation $\frac{dz}{dx} + \frac{\lambda dz}{dt} + \omega = 0$, lorsque cela sera possible, on prendra $z' = \frac{z}{\mu}$.

24. De-là & des articles 21 & 22, il s'ensuit que si $\frac{dz'}{dx} + \frac{\lambda dz'}{dt} = 0$ est intégrable, $\frac{dz'}{dx} + \frac{\lambda dz'}{dt} + \xi z' + \nu = 0$;

$\xi z' + \nu = 0$, le sera aussi, ξ & ν étant supposés tout ce qu'on voudra ; car si $\frac{dz'}{dx} + \frac{\lambda dz'}{dt} = 0$ est intégrable, $\frac{d\mu}{dx} + \frac{\lambda d\mu}{dt} = \mu\xi$ le sera aussi (art. 22) ; & $\frac{dz}{dx} + \frac{\lambda dz}{dt} + \omega = 0$ le sera de même (*ibid.*) Donc, &c.

25. Soit proposé de trouver q dans l'équation $\frac{ddq}{dx^2} + \frac{\xi dq}{dx} + \frac{\zeta dq}{dt} + \lambda q + \frac{kddq}{dt^2} = 0$; ξ, ζ, λ, k étant des fonctions de x & de t.

Faisons d'abord $q = X\theta$, X étant une fonction de x, & θ une fonction de t, & nous aurons $\frac{\theta ddX}{dx^2} + \frac{\xi\theta dX}{dx} + \frac{X\zeta d\theta}{dt} + \lambda X\theta + \frac{kXdd\theta}{dt^2} = 0$; ou bien $\left(\frac{ddX}{dx^2} + \frac{\xi dX}{dx} + \lambda X\right)\theta + X\left(\frac{\zeta d\theta}{dt} + \frac{kdd\theta}{dt^2}\right) = 0$. Cela posé, voici les cas où l'équation donnée est intégrable.

26. Soit $\zeta = T'.X'$, $k = T''.X'$, T', T'' étant des fonctions de t, & X' une fonction de x ; & soient de plus λ & ξ des fonctions de x ; on supposera $\frac{T'd\theta}{dt} + \frac{T''dd\theta}{dt} = A.\theta$; & $\frac{ddX}{dx^2} + \frac{\xi dX}{dx} + \lambda.X + AX \times X' = 0$; intégrant donc ces deux équations différentiel-

les en X & en θ, dans les cas où cela ſera poſſible; on trouvera autant de valeurs de X & de θ, qu'on donnera de valeurs différentes à la conſtante A, & on aura $q =$ à la ſomme des valeurs de $X\theta$.

27. Si $\zeta = T'X'$, $k = T''X'$, $\lambda = T'''X'$, alors on ſuppoſera $\frac{ddX}{dx^2} + \frac{\xi dX}{dx} + A.XX' = 0$; & $T'''\theta + \frac{T'd\theta}{dt} + \frac{T''dd\theta}{dt^2} = A\theta$, & dans ce cas, ξ devra toujours être une fonction de x.

28. On voit aſſez que la conſtante arbitraire A peut ſervir à rendre les équations plus ſimples; par exemple ſi λ étoit $= BX'$, alors faiſant $A = -B$, les équations de l'article 26 ſe ſimplifieroient. Il en ſeroit de même dans le cas de l'art. 27, ſi T''' étoit conſtant; car en faiſant $A = T'''$, l'équation en θ ſe réduiroit à $\frac{T d\theta}{dt} + \frac{T''dd\theta}{dt^2} = 0$.

29. Soit $\zeta = 0$, $\lambda = 0$, on aura $\frac{ddq}{dx^2} + \frac{\xi dq}{dx} + \frac{kddq}{dt^2} = 0$; donc faiſant k conſtant, les deux équations ſeront $\frac{T''dd\theta}{dt^2} = A\theta$, & $\frac{ddX}{dx^2} + \frac{\xi dX}{dx} + A.XX' = 0$.

Au reſte il eſt évident que la ſolution de l'article 25 n'eſt pas générale, puiſqu'elle ne peut avoir lieu (article 26 & ſuiv.) que dans certaines ſuppoſitions ſur les valeurs de ξ, ζ, λ, k.

30. En général ſoit comme dans l'art. 25, $\frac{ddq}{dx^2} + \frac{\xi dq}{dx} + \frac{\zeta dq}{dt} + \lambda q + \frac{kddq}{dt^2} + \nu = 0$; & ſoit $q = X.\theta + u'$, on aura $\left(\frac{ddX}{dx^2} + \frac{\xi dX}{dx} + \lambda X\right)\theta + X \times \left(\frac{\zeta d\theta}{dt} + \frac{kdd\theta}{dt^2}\right) + \frac{ddu'}{dx^2} + \frac{\xi du'}{dx} + \frac{\zeta du'}{dt} + \lambda u' + \frac{kddu'}{dt^2} + \nu = 0$; d'où l'on voit que ſi u' doit être une fonction de x, il faudra, pour parvenir à l'intégration, que ν, ξ & λ le ſoient auſſi, $\frac{du}{dt}$ & $\frac{ddu}{dt^2}$ étant alors égaux à zero; & que ſi u' doit être une fonction de t, il faudra que ν, ζ, λ & k le ſoient auſſi. Dans le premier cas, on ſuppoſera $\frac{ddu'}{dx^2} + \frac{\xi du'}{dx} + \lambda u' + \nu = 0$; & le reſte comme dans l'article 26. Dans le ſecond cas on ſuppoſera $\frac{\zeta du'}{dt} + \lambda u' + \frac{kddu'}{dt^2} + \nu = 0$; & le reſte comme dans l'article 27, en obſervant de faire $X' = 1$, puiſque ζ, k & λ doivent être des fonctions de t.

31. Soit $\xi q + \frac{\zeta dq}{dx} + \frac{ddq}{dx^2} + \frac{bddq}{dt^2} = 0$, ξ & ζ étant des fonctions de x; & b une conſtante quelconque.

On ſuppoſera $q = Xu + \frac{X' du}{dx} + \frac{X'' ddu}{dx^2}$, &c. & on aura

$$\xi q = X \xi u + \frac{X' \xi du}{dx} + \frac{X'' \xi ddu}{dx^2}, \&c.$$

$$\frac{\zeta dq}{dx} = \frac{\zeta dX}{dx} u + \frac{\zeta X du}{dx} + \frac{\zeta dX'}{dx} \cdot \frac{du}{dx} + \frac{\zeta X' ddu}{dx^2} + \frac{\zeta dX''}{dx} \cdot \frac{ddu}{dx^2} + \frac{\zeta X'' d^3 u}{dx^3}$$

$$\frac{ddq}{dx^2} = \frac{uddX}{dx^2} + \frac{2dudX}{dx^2} + \frac{Xddu}{dx^2} + \frac{dud^2X}{dx^3} + \frac{2ddu}{dx^3} dX' + \frac{X' d^3 u}{dx^3} + \frac{ddu}{dx^2} \cdot \frac{d^2 X''}{dx^2} + \frac{2d\,udX''}{dx^4} + \frac{X'' d^{\cdot}}{dx^4}$$

$$\frac{bddq}{dt^2} = \frac{bXddu}{dt^2} + \frac{bX' d^3 u}{dx\,dt^2} + \frac{bX'' d^{\cdot}}{dx^2 dt^{\cdot}}$$

On aura donc

$$X\xi + \frac{\zeta dX}{dx} + \frac{ddX}{dx^2} = 0.$$

$$X'\xi + \zeta X + \frac{\zeta dX'}{dx} + \frac{2dX}{dx} + \frac{ddX'}{dx^2} = 0.$$

$$X''\xi + \zeta X' + \frac{\zeta dX''}{dx} + \frac{2dX'}{dx} + \frac{d^2 X''}{dx^2} = 0.$$

$$X''\zeta + \frac{2dX''}{dx} = 0.$$

On voit donc qu'on a toujours une équation de plus qu'il n'y a d'indéterminées X, X', X''. Car les équations $\frac{X' d^3 u}{dx^3} + \frac{bX' d^3 u}{dx\,dt^2} = 0$, & $\frac{bd\,u}{dx^2 dt^2} + \frac{d^4 u}{dx^4}$

$= 0$, résultent de l'équation $\frac{ddu}{dx^2} + \frac{bddu}{dt^2} = 0$; & cette derniere résulte de la troisiéme des équations ci-dessus.

32. Il est visible que ζ & ξ doivent avoir nécessairement une certaine relation entr'eux, pour que la solution précédente soit possible; puisqu'il y a une équation de trop pour déterminer les inconnues X, X', X''.

33. Soit $\xi = Bx^{-2}$; $\zeta = Cx^{-1}$; $X = Ax^p$; $X' = Dx^{p+1}$; $X'' = Ex^{p+2}$, &c.
on aura

$B + Cp + p(p-1) = 0.$

$DB + CA + CD.(p+1) + 2Ap + D.(p+1)p = 0.$

$EB + CD + CE.(p+2) + 2D.(p+1) + E.(p+1) \times (p+2) = 0.$

$EC + 2E.(p+2) = 0.$

Telles sont les équations de condition par lesquelles on pourra déterminer A, D, E, p; B & C étant supposés données; & il est clair qu'on peut pousser ces équations à l'infini, comme on le va voir.

34. En effet, si on ajoute un quatriéme terme $\frac{X'''d^3u}{dx^3}$ à la valeur de q, il faudra laisser subsister les trois premieres équations de l'article 31, & la quatriéme deviendra

$$X'''\xi + X''\zeta + \frac{2dX''}{dx} + \frac{\zeta dX'''}{dx} + \frac{ddX'''}{dx^2} = 0;$$

on en aura de plus une cinquiéme qui sera $X'''\zeta + \frac{2dX'''}{dx} = 0.$

En général si on a pour derniere équation $X^p\zeta + \frac{2dX^p}{dx} = 0$, & qu'on ajoute à la valeur de q un terme de plus $\frac{X^{p+1}d^{p+1}u}{dx^{p+1}}$, on conservera (à l'exception de la derniere) toutes les équations du cas précédent, où la valeur de q avoit un terme de moins; & au lieu de la derniere on aura ces deux-ci

$$X^{p+1}\xi + X^p\zeta + \frac{2dX^p}{dx} + \frac{\zeta dX^{p+1}}{dx} + \frac{ddX^{p+1}}{dx^2} = 0.$$

Et $X^{p+1}\zeta + \frac{2dX^{p+1}}{dx} = 0$.

Nous n'avons pas besoin d'avertir qu'ici X^p, X^{p+1}, ne désignent point des puissances de X, mais seulement différentes fonctions de x.

35. En continuant le calcul de l'article 33, & faisant le coëfficient de la derniere équation égal à zero, on aura l'un des coëfficiens $= -2(p+m-2)$, m étant le nombre des équations & $m-1$ celui des coëfficiens; par exemple dans l'art. 33, on a $C = -2(p+2)$; après quoi on remontera de la derniere équation aux précédentes, pour trouver les autres coëfficiens. On peut employer encore la méthode suivante, qui est même plus simple & plus commode par le résultat qu'elle fournit.

36. On aura, par les équations des articles 33 & 34, 1°. $p = \frac{1}{2} - \frac{C}{2} \pm \sqrt{(-B + \frac{1+CC}{4} - \frac{C}{2})}$. 2°. On peut supposer $A =$ à tout ce qu'on veut, & comme

p a deux valeurs que j'appelle p & p', on peut donner aussi deux valeurs quelconques à A, ensorte que $X = Ax^p + A'x^{p'}$. 3°. $D = \frac{-CA - 2Ap}{B + p + 1 + (p+1).p}$. 4°. $E = \frac{-CD - 2D.(p+1)}{B + p + 2 + (p+2).(p+1)}$. 5°. $F = \frac{-CE - 2E.(p+2)}{B + p + 3 + (p+3).(p+2)}$.

37. Il est clair que la serie se terminera si $C = -2p$, ou $-2(p+1)$ ou $-2(p+2)$ &c. Or soit $B = -C$; on aura $p = 1$, ou $p = -C$; donc dans le cas de $p = 1$ la serie se terminera si $C =$ un nombre pair négatif; & dans le cas de $p = -C$, la serie se terminera si $p = +2p$, ou $+2p+2$, ou $+4p+2$, &c. c'est-à-dire si $p =$ un nombre pair négatif, en y comprenant zero, & par conséquent C un nombre pair positif.

38. Dans les formules de l'article 36, les dénominateurs sont successivement (à cause de $B = -C$) $-C + (p+1)^2$, $-C + (p+2)^2$, $-C + (p+3)^2$, &c. Or dans le cas de $p = 1$, ces dénominateurs ne peuvent être $= 0$, parce que C est égal à un nombre pair négatif; & dans le cas de $p =$ à un nombre pair négatif, & de $C = -p$, on aura en général le dénominateur $= p + (p+m)^2 = pp + 2mp + p + mm$; & pour que cette quantité fût égale à zero, il faudroit que l'on eût $p = -m - \frac{1}{2} \pm \frac{\sqrt{(4m+1)}}{2}$. Or dans cette équation la quantité radicale pourroit être évidemment commensurable; donc p étant supposé un nombre négatif, l'équation pourroit avoir lieu; ce qui restreindroit la

méthode. C'eſt un point que je laiſſe, quant à préſent; à examiner à d'autres Analyſtes.

39. Si ξ & ζ ſont telles que l'équation $\frac{ddX}{dx^2} + \frac{\zeta dX}{dx} + \xi X = 0$ ſoit intégrable, toutes les autres le feront auſſi; car chacune de ces équations, abſtraction faite de la derniere, ſe réduira à $\frac{ddX^p}{dx^2} + \frac{\zeta dX^p}{dx} + \xi X^p + Z = 0$, Z étant une fonction de x; or nous avons prouvé ailleurs que dès que l'équation $\frac{ddz}{dx^2} + \frac{\zeta dz}{dx} + \xi z = 0$ eſt intégrable, elle l'eſt encore en y ajoutant une fonction quelconque de x.

40. Dans cette hypothèſe en faiſant $X' = X, X'' = X$, toutes les équations ſeront vraies; car on aura par-tout $\frac{ddX^p}{dx^2} + \frac{\zeta dX^p}{dx} + \xi X = 0$ & $X^p\zeta + \frac{2dX^p}{dx} = 0$. Or ſoit $\zeta X + \frac{2dX}{dx} = 0$, on aura, en ſubſtituant pour ζ ſa valeur $-\frac{2dX}{Xdx}$ dans l'autre équation, $\xi XX - \frac{2dX^2}{dx^2} + \frac{XddX}{dx^2} = 0$. Soit $X = Ac^{\int p'dx}$, on aura, en ſubſtituant & réduiſant, $\xi + \frac{dp'}{dx} - p'p' = 0$; & $\zeta = -2p'$; donc $\xi = +\frac{d\zeta}{2dx} + \frac{\zeta^2}{4}$. Donc toutes les fois que ξ ſera $= -\frac{d\zeta}{2dx} + \frac{\zeta^2}{4}$, ζ étant

tout

tout ce qu'on voudra, on pourra ſuppoſer $z = X(u + \frac{du}{dx} + \frac{ddu}{dx^2}$, &c.) On pourra même ſuppoſer ſimplement $z = Xu$, car alors X', X'', &c. dans l'art. 31, pourront être $= 0$. On pourra encore ſuppoſer z ſimplement $= \frac{X' du}{dx}$, ou $\frac{X'' d^2 u}{dx^2}$, &c. & ainſi du reſte.

41. Si $\xi = 0$, les équations deviendront plus ſimples. Or c'eſt ce qui arrivera dans le cas de l'équation $\frac{\zeta dq}{dx} + \frac{ddq}{dx^2} + \frac{bddq}{dt^2} = 0$.

42. Dans ce cas de $\xi = 0$, les équations en X, X', ſeront toujours intégrables; mais il faudra toujours que ζ ſoit aſſujetti à certaines conditions, parce qu'on a une équation de plus qu'il n'eſt néceſſaire.

43. Puiſqu'on ſuppoſe ici $\xi = 0$, ſoit $B = 0$ dans l'article 33, & $\zeta = Cx^{-1}$, & le reſte comme dans cet article 33; on aura $p = 0$, ou $C = -p' + 1$, $A =$ à tout ce qu'on voudra, $X = A + A'x^{1-C}$; la ſerie des coëfficiens ſe terminera (art. 37.) ſi C eſt $=$ à un nombre pair négatif; ou bien ſi $C = 1 - p'$ eſt égal à $-2p' - 2\nu$, ν étant un nombre entier poſitif; c'eſt-à-dire, ſi p' eſt égal à un nombre impair négatif.

44. Dans ce cas de $B = 0$, les dénominateurs de l'article 36 ſeront par ordre $(p'+1)^2$, $(p'+2)^2$, $(p'+3)^2$; & on n'a point à craindre le cas où ces dénominateurs ſeroient égaux à zéro, excepté celui de $p' = -1$, parce que toutes les fois que tout autre dénominateur ſera

$=0$, le numérateur précédent aura été $=0$, & la ſerie aura été terminée ; par exemple, ſi $p'=-3$, & que par conſéquent le dénominateur de F ſoit $=0$, le numérateur de E aura été $D\times(-C-2p'-2)=$ (à cauſe de $C=1-p'$) $D\times(-p'-3)=0$; & lorſque l'on a $p'=-1$, p étant $=0$, il n'y aura qu'à faire $A'=0$, & D égal à tout ce qu'on voudra.

45. Si on a $\frac{ddz'}{dx^2}+\frac{bddz'}{dt^2}+\lambda=0$, λ étant une fonction quelconque de x & de t, & b une conſtante ; cette équation eſt toujours intégrable ; car ſoit

$$dz=Adx+Bdt$$
$$dA=\mu dx+\nu dt$$
$$dB=\nu dx+\rho dt;$$

on aura donc $\mu+b\rho+\lambda=0$; & par conſéquent il faudra intégrer les quantités $\mu dx+\nu dt$, & $\nu dx+\frac{(\lambda+\mu)dt}{-b}$; problême que nous avons réſolu ailleurs.

46. Toutes les fois qu'on pourra réduire l'équation $\xi q+\frac{ddq}{dx}+\frac{\zeta dq}{dx}+\frac{bddq}{dt^2}=0$ à la forme $\frac{ddz'}{dx^2}+\frac{bddz'}{dt^2}=0$, par la méthode de l'art. 33 précédent, alors ſi on a $\frac{ddq}{dx^2}+\frac{\zeta dq}{dx}+\xi q+\frac{bddq}{dt^2}+\mu=0$, on n'aura qu'à ſuppoſer, par exemple, $q=Xu+\frac{X'du}{dx}+\frac{X''ddu}{dx^2}$; & la propoſée ſe reduira à la forme $\frac{\mu}{X}+\frac{ddu}{dx^2}+\frac{bddu}{dt^2}+\frac{X''d^4u}{Xdx^4}+\frac{bX''d^4u}{Xdx^2dt^2}=0$;

ſoit enſuite $\frac{ddu}{dx} + \frac{bddu}{dt} = \lambda$; on aura $\frac{\mu}{X^2} + \lambda X + \frac{dd\lambda}{dx^2} = 0$; donc le problême ſe réduit à déterminer λ par cette derniere équation ; & on remarquera que quand même μ renfermeroit t, cela ne ſçauroit nuire à l'intégration de cette derniere équation ; car comme cette équation ne renferme ni $\frac{dd\lambda}{dt^2}$ ni $\frac{d\lambda}{dt}$, il faudra, dans l'intégration, regarder t comme conſtant, & ſe ſouvenir ſeulement que les conſtantes qu'on ajoutera en intégrant, pourront être des fonctions de t. Il eſt aiſé d'étendre cette méthode plus loin, en prenant une plus longue ſuite pour la valeur de q.

47. Soient $\alpha\, dx + \mathfrak{C}\, dz$

$X\alpha\, dz + mX\mathfrak{C}\, dx$

deux différentielles complettes.

Soit $dq = \alpha\, dx + \mathfrak{C} dz$, on aura $\frac{Xd\alpha}{dx} + \frac{\alpha dX}{dx} = \frac{mXd\mathfrak{C}}{dt} + \frac{m\mathfrak{C}dX}{dt}$; ou $\frac{Xddq}{dx^2} + \frac{dq.dX}{dx^2} = \frac{mXddq}{dt^2}$; ou $\frac{ddq}{dx^2} - \frac{mddq}{dt^2} + \frac{dq}{dx} \times \frac{dX}{Xdx} = 0$. Or cette équation retombe dans les cas des articles 29 & 41.

48. Soit $\frac{ddy}{dx} + \frac{Xddy}{dt^2} = 0$; on aura $\frac{d(\frac{dy}{dx})}{dx} + \frac{Xddy}{dt^2} = 0$. Soit $dx = \Sigma ds$, on aura $d\left(\frac{dy}{\Sigma ds}\right) + X.\Sigma ds.\frac{ddy}{dt^2} = 0$; ou en faiſant ds conſtant, $\frac{ddy}{\Sigma ds} -$

$$\frac{d\Sigma . dy}{\Sigma^2 ds} + X . \Sigma ds . \frac{ddy}{dt^2} = 0.$$

49. Donc si X est tel qu'on puisse supposer $X . \Sigma^2 = b$, b étant une constante, cette équation retombe dans un des cas précédens (art. 29 & 41).

50. Donc si $X = Bx^n$, il faudra prendre $dx = As^p ds$, de maniere que $(p+1)n + 2p = 0$. Car alors on aura $x = \frac{As^{p+1}}{p+1}$; $\Sigma = As^p$, $X = \frac{BA^n s^{(p+1)n}}{(p+1)^n}$, & par conséquent $X\Sigma^2 = \frac{A^n B}{(p+1)^n} \times A^2 =$ à une constante. En général pour que $\Sigma^2 . X = b$, il faut que $\sqrt{X} = \frac{\sqrt{b}}{\Sigma} = \frac{ds\sqrt{b}}{dx}$; soit donc $ds = \frac{dx\sqrt{X}}{\sqrt{b}}$, on aura la valeur de s en x, & par conséquent celle de x en s. Donc on trouvera au moins par une construction géométrique la valeur de Σ pour chaque x.

51. Soit $\frac{ddq}{dx^2} + \frac{bddq}{dt^2} + \frac{\zeta dq}{dx} + \frac{\lambda dq}{dt} = 0$, & soit supposé $q = X\theta u$, on aura

$$\begin{aligned}
\frac{ddq}{dx^2} &= \frac{u\theta ddX}{dx} + \frac{2du\theta dX}{dx^2} + \frac{\theta Xddu}{dx^2} \\
+ \frac{bddq}{dt^2} &= + \frac{buXdd\theta}{dt^2} + \frac{2bduXd\theta}{dt^2} + \frac{b\theta Xddu}{dt^2} \\
+ \frac{\zeta dq}{dx} &= + \frac{\zeta u\theta dX}{dx} + \frac{\zeta du . X\theta}{dx} \\
+ \frac{\lambda dq}{dt} &= + \frac{\lambda uXd\theta}{dt} + \frac{\lambda du . X\theta}{dt} = 0.
\end{aligned}$$

Donc pour que l'équation se réduise à $\frac{ddu}{dx^2} +$

$\frac{b\,ddu}{dt^2} + \frac{k\,du}{dx} = 0$, il faudra que l'on ait

$$\frac{ddX}{dx^2} + \frac{\zeta\, dX}{dx} = 0.$$

$$\frac{b\,dd\theta}{dt^2} + \frac{\lambda\, d\theta}{dt} = 0.$$

$$\frac{2\,dX}{dx} + \zeta X = k.$$

$$\frac{2\,b\,d\theta}{dt} + \lambda\theta = 0.$$

Par le moyen de ces équations & des articles 41 & 42, on déterminera les cas où la propoſée ſera intégrable.

52. Si on ſuppoſoit $q = X\theta u + \frac{X'\theta' du}{dx} + \frac{X''\theta'' ddu}{dx^2}$ + &c. on pourroit de même par le moyen des différentes équations de condition qui en réſulteroient, réduire la propoſée à $\frac{ddu}{dx^2} + \frac{b\,ddu}{dt^2} = 0$: ainſi il eſt viſible que par ce moyen on peut encore étendre la théorie des équations différentielles à deux variables, de l'eſpéce dont il eſt queſtion ici.

Fin du vingt-ſixiéme Mémoire.

SUPPLÉMENT

AU MÉMOIRE PRÉCÉDENT.

LE Mémoire précédent étoit composé dès l'année 1762, & j'en avois dès-lors communiqué les résultats à quelques habiles Mathématiciens. L'année suivante 1763, le célèbre M. Euler me fit part, à Berlin, de plusieurs recherches qu'il avoit faites sur des problêmes semblables à quelques-uns de ceux qui m'avoient occupé, & sur d'autres problêmes analogues; ces savantes recherches, qui ont paru depuis dans les volumes 8, 9 & 10 des nouveaux Mémoires de Petersbourg, ont donné lieu à celles qu'on va lire, & où j'ai tâché d'ajouter quelque chose au travail de ce grand Géometre, & aux méthodes exposées dans le Mémoire précédent.

§. I.

Démonstration d'un théorême de calcul intégral.

1. On sait que si on a une équation différentielle $dx + \alpha dy = 0$, α étant une fonction de x & de y,

il faut, pour la rendre intégrable, trouver le facteur M de x & de y par lequel on doit la multiplier. Mais personne, que je sache, n'a démontré jusqu'ici qu'il est toujours possible de trouver un tel facteur, ou plutôt qu'il y a toujours une fonction M de x & de y, exprimable ou algébriquement, ou du moins par les ordonnées d'une surface courbe, laquelle fonction M rendra $Mdx + M\alpha dy$ une différentielle complette. C'est ce que je me propose de prouver.

2. Soit $dx + \alpha dy = 0$. Il est d'abord évident qu'en prenant l'origine des x en A, (*Fig.* 19) & faisant $Aa = y$ d'une valeur quelconque à l'origine des x, on pourra tracer, ou imaginer tracée, la ligne courbe $a\alpha$ par plusieurs points infiniment près l'un de l'autre, puisque $dy = -\frac{dx}{\alpha}$, & que l'on aura α pour chaque x & y, à mesure qu'on détermine x & y pour chaque point de la courbe, en supposant seulement donnés le premier $x = 0$, & le premier $y = Aa$.

3. Prenant de même une autre valeur Aa' de y, infiniment peu différente de Aa, on pourra tracer, ou imaginer tracée, une autre courbe $a'\alpha'$ qui aura encore pour équation $dx + \alpha dy = 0$.

4. Soit $Mdx + \alpha Mdy = 0$ la différentielle complette qu'on cherche; l'intégrale de $Mdx + M\alpha dy$ sera $=$ à une constante b pour la courbe $a\alpha$, & à une autre constante b' pour la courbe $a'\alpha'$.

5. Donc si on suppose élevée au point a sur le plan

aAB une ligne perpendiculaire $= M$, on aura, 1°. la valeur de M' en α à la valeur de M en a en raiſon inverſe de $\alpha \times aa'$ à $\alpha' \times \alpha\alpha'$, puiſque $\alpha' M' . \alpha\alpha' = db = \alpha M . aa'$ en ne faiſant varier que y.

2°. Soit M'' la valeur de M en a', on aura, en ne faiſant varier que x, $M'' . a'\alpha = db = M\alpha . aa'$; donc M'' ſera connue.

6. Donc ſuppoſant M connue au point a, on connoîtra M dans tous les points de la courbe $a\alpha$, puiſqu'elle ſera par-tout en raiſon inverſe de $\alpha . \alpha\alpha'$; on connoîtra de plus, comme on vient de le voir, la valeur de M'' en a'; par conſéquent, en imaginant tracée une troiſiéme courbe $a''\alpha''$, on connoîtra la valeur de M'' en chaque point de la courbe $a''\alpha''$, & la valeur de M''' en a''; donc en procédant ainſi de ſuite, on voit que la valeur de M ſera connue pour quelque valeur que ce ſoit de x & de y; & que par conſéquent elle pourra être repréſentée au moins par l'ordonnée d'une ſurface courbe répondante à chaque valeur de x & de y.

7. Je dis, au moins par l'ordonnée d'une ſurface courbe; il pourra en effet arriver ſouvent que la fonction M ne ſera pas exprimable algébriquement, quoique toujours déterminable géométriquement; comme les racines réelles d'une équation algébrique ſont toujours déterminables & aſſignables géométriquement, ſans qu'on puiſſe démontrer qu'elles le ſont toujours algébriquement.

8. Il n'eſt pas étonnant qu'on prenne au point a la quantité

quantité M arbitrairement ; en effet, cette quantité M a une infinité de valeurs possibles ; car soit, par exemple, $dx + dy = 0$, M peut être $=$ à telle fonction qu'on voudra de $x + y$; & ainsi des autres cas. En général si $\nu dx + \nu \alpha dy$ est intégrable, & $= dV$, V étant une fonction de x & de y ; on aura $(\nu dx + \nu \alpha dy) \varphi V$ intégrable, φV étant une fonction quelconque de V. Donc $M = \nu \varphi V$, ce qui donne une infinité de valeurs de M, au point a, lorsque $x = 0$.

9. Ayant trouvé que la fonction M existe toujours, il s'agit maintenant d'en trouver l'expression, lorsque la chose est possible. C'est l'objet du problême suivant qui n'a point encore, ce me semble, été résolu d'une maniere aussi générale qu'il pouvoit l'être.

10. *Ayant une équation différentielle du premier ordre $dx + \alpha dy = 0$, dont on connoisse l'intégrale, trouver la fonction de x & de y par laquelle il faut la multiplier pour la rendre une fonction intégrable de x & de y.*

Solution. Soit fonct. $x = \Delta(u, z)$, fonct. $y = \varphi(u, z)$, u & z étant deux nouvelles indéterminées, & $\varphi(u, z)$, $\Delta(u, z)$ des fonctions connues de u & de z. Soit ensuite l'équation transformée & intégrable (au moins par quadratures) $V du = Z dz$; il est évident que par les méthodes connues pour faire évanouir les indéterminées dans les équations, on trouvera une valeur linéaire de u & une de z en x & en y ; substituant ces valeurs dans $V du = Z dz$, on aura $M dx + N dy = 0$;

équation dans laquelle $\frac{N}{M}$ eſt $=\alpha$, & dans laquelle M eſt $=$ à une fonction connue de x & de y. Cette quantité M eſt la fonction cherchée.

11. Si au lieu de u & de z, on avoit c^u & c^z, alors il faudroit faire $c^u=t$, $c^z=s$, & mettre dans $Vdu=Zdz$, au lieu de u & z leurs valeurs en log. t & log. s; & ce cas ſe réduiroit au précédent.

12. Si les équations en x, u, z, & y, u, z n'étoient pas algébriques ; alors il faudroit au moins toujours ſuppoſer qu'on eût, par une ſurface courbe, la valeur de x en u, z, & par une autre ſurface courbe la valeur de y en u, z. On aura donc la valeur de du & celle de dz en dx, dy, x, y, u, z ; donc mettant ces valeurs dans $Vdu=Zdz$, on aura la différentielle complette $Mdx+Ndy=0$, dans laquelle M & N feront des fonctions de x, y, u, z. Or on pourra chaſſer aiſément u & z des quantités M & N. Car puiſqu'on a une équation entre x, u, z (*hyp.*) & qu'on a une autre entre y, u & z, donc prenant u & z à volonté dans chacune des deux ſurfaces courbes, mais de maniere que u ſoit la même dans chacune, & z auſſi la même, on aura x & y correſpondantes à u & à z. Donc on pourra former deux nouvelles ſurfaces courbes dont les coordonnées feront u, x, y, & z, x, y. Donc u & z feront données en x & y, & par conſéquent auſſi M & N en x & en y. Par cette méthode, ou par celle des deux articles précédens, on réſoudra aiſément tous les cas poſſibles.

§. II.

De l'intégration de certaines différentielles proposées, par le moyen des conditions données de ces différentielles.

1. Soit $\alpha X dx + q Y dy$ une différentielle complette, X & Y étant des fonctions données de x & de y, α une fonction inconnue de x & de y, & q une quantité telle qu'il y ait entre α & q une équation donnée; on demande de déterminer α.

Il est visible que l'intégrale sera $\alpha\int X dx + q\int Y dy$ — l'intégrale de $d\alpha\int X dx + dq\int Y dy$; donc $d\alpha\int X dx + dq\int Y dy$ doit être une différentielle complette; or comme il y a, par l'hypothèse, une équation donnée entre α & q, il est aisé de voir qu'on pourra construire la courbe à laquelle appartient cette équation, & on aura $dq = p d\alpha$, p étant une quantité connue en α, ou du moins donnée par les tangentes de cette courbe; soit donc $d\alpha\int X dx + dq\int Y dy = d\alpha(\int X dx + p\int Y dy) = r d\alpha$, il est clair que $r d\alpha$ sera une différentielle complette, & qu'ainsi r sera une fonction quelconque de α qu'on peut supposer telle qu'on voudra, & donnée par équation ou construction de courbe; on aura donc $\int X dx + p\int Y dy = r$. D'où il est aisé de tirer par équation ou par construction d'une surface courbe à trois variables, l'équation entre α, x, y.

2. Soit $\alpha X dx + q Y dy = d\rho$, on a $\alpha X = \frac{d\rho}{dx}$;

$qY = \frac{d\varrho}{dy}$: donc si on a une équation donnée entre $\frac{d\varrho}{Xdx}$ & $\frac{d\varrho}{Ydy}$, on pourra trouver la fonction ρ par le problême précédent.

3. Lorsque $\alpha X dx + qY dy$ est une différentielle complette, on a $\frac{Xd\alpha}{dy} = \frac{Ydq}{dx}$: donc supposant $dq = p\,d\alpha$, on aura $\frac{d\alpha}{Ydy} = \frac{p\,d\alpha}{Xdx}$, p étant une fonction connue de α : donc si on propose de trouver une quantité ρ telle que $\frac{d\varrho}{Ydy} = \frac{Rd\varrho}{Xdx}$, R étant une fonction donnée de ρ, on pourra résoudre ce problême en cherchant une différentielle complette $\rho X dx + \rho' Y dy$, telle que $\frac{d\varrho'}{d\varrho} = R$.

4. Soit $(\alpha X + \alpha' X'' + \alpha' X''$, &c.$)\,dx + (qY + q'Y' + q''Y''$, &c.$)\,dy$ une différentielle proposée, X, X', X'', &c. étant des fonctions de x; Y, Y', Y'', &c. des fonctions de y; & α', α'', q, q', q'', &c. des fonctions connues de α; il est visible qu'on pourra trouver l'intégrale par une méthode semblable à celle du problême précédent.

5. En général soit $\Delta(\alpha, x)\,dx + \varphi(\alpha, y)\,dy$ une différentielle complette, l'intégrale sera $\Gamma(\alpha, x) - \int d\alpha \frac{d\Gamma(\alpha, x)}{d\alpha} + \Pi(\alpha, y) - \int d\alpha \frac{d\Pi(\alpha, y)}{dy}$ = à une différentielle complette; donc $\frac{d[\Gamma(\alpha, x)]}{d\alpha} + \frac{d[\Pi(\alpha, y)]}{dy}$

doit être une fonction de α. Faisant donc cette quantité $= \Xi \alpha$, c'est-à-dire, à une fonction de α quelconque, on aura la valeur de α en x & en y.

6. Puisque $dx\Delta(\alpha,x)+dy\Gamma(\alpha,y)$ est intégrable; soit $\Delta(\alpha,x)=P$; $\Gamma(\alpha,y)=Q$; on aura donc $\alpha = \Xi(P,x)=\psi(Q,y)$; donc s'il y a une équation quelconque entre une fonction de P, x, & une fonction de Q, y, on pourra trouver l'intégrale.

7. Dans l'hypothèse précédente, que $\Delta(\alpha,x)dx + dy\varphi(\alpha,y)$ soit une différentielle complette, on aura $\frac{d[\Delta(\alpha,x)]}{dy} = \frac{d[\varphi(\alpha,y)]}{dx}$; c-à-d. $\frac{d\alpha}{dy}\Xi(\alpha,x) = \frac{d\alpha}{dx}\Sigma(\alpha,y)$; donc si on cherche une fonction ρ de x & de y, telle que $\frac{d\rho}{dy}\Xi(\rho,x) = \frac{d\rho}{dx}\Sigma(\rho,y)$, on peut trouver cette fonction ρ par le moyen du problême précédent.

8. Comme $\Delta(\alpha,x)$ & $\varphi(\alpha,y)$ peuvent n'être pas exprimés algébriquement dans la différentielle de l'article 5, & que d'ailleurs quand elles le feroient, les différentielles $dx\Delta(\alpha,x$ & $dy\varphi(\alpha,y)$ peuvent n'être pas intégrables algébriquement, soit $\rho dx + \sigma dy$ la proposée, y ayant une équation donnée quelconque, (constructible au moins par une surface courbe) entre ρ, α, x, & une autre entre σ, α, y; donc $\int\Delta(\alpha,x)dx$ est $=$ à l'aire de la courbe dont l'abscisse est x & l'ordonnée ρ; c'est-à-dire égale à $x\rho$, moins l'in-

tégrale de $d\alpha\int\frac{dx\,d(\Delta\alpha, x)}{d\alpha}$ qui est $= d\alpha\int\frac{d\rho}{d\alpha}dx$. Or $\frac{d\rho}{d\alpha}$ se trouve par la soutangente de la courbe dont les coordonnées sont α & ρ, en faisant varier α & ρ; & prenant x constant; la question se réduira donc à intégrer $d\alpha\left(\int\frac{dx\,d\rho}{d\alpha}+\int\frac{dy\,d\sigma}{d\alpha}\right)$. Donc $\int\frac{dx\,d\rho}{d\alpha}+\int\frac{dy\,d\sigma}{d\alpha}$ doit être $=$ à une fonction de α prise à volonté que j'appelle $\Gamma\alpha$; par cette derniere équation, connoissant α & x, on connoîtra y; car connoissant α & x, on aura ρ & $\int\frac{dx\,d\rho}{d\alpha}$, & on aura de plus $\Gamma\alpha$, qui est une fonction arbitraire de α. Par conséquent on connoîtra $\int\frac{dy\,d\sigma}{d\alpha}$; donc il n'y a qu'à prendre sur la courbe connue dont les coordonnées seront y & $\frac{d\sigma}{d\alpha}$, l'abscisse y telle que $\int\frac{dy\,d\sigma}{d\alpha}$ ait la valeur trouvée. On construira par ce moyen la surface courbe qui a pour indéterminées α, x, y; par conséquent on aura α en x & en y; donc on aura ρ, dès que x & y seront données, & par conséquent aussi σ; & connoissant ρ & σ, on aura l'intégrale de $\rho dx+\sigma dy$; puisque $\rho dx+\sigma dy$ est supposée une différentielle complette.

9. Soit $Pdx+Qdy=dV$; & $dV=\Delta V[dx\,\varphi(\alpha, x)+dy\,\Gamma(\alpha, y)]$, ensorte que $P=\Delta V\varphi(\alpha, x)$, & $Q=\Delta V\Gamma(\alpha, y)$, V étant l'intégrale de $Pdx+$

Qdy; il eſt viſible qu'on aura $\frac{dV}{\Delta V} = dx\,\varphi(\alpha, x) + dy\,\Gamma(\alpha, y)$; donc cette derniere quantité doit être une différentielle complette; or dans ce cas nous avons fait voir plus haut (art. 5.) comment on trouve α; donc on aura α, & par conſéquent $\frac{dV}{\Delta V}$, & V.

10. Soit encore $\Delta(\alpha, x) = \rho$, on aura $\alpha = \Gamma(\rho, x)$, & $\varphi(\alpha, y) = \Xi[\Gamma(\rho, x), y]$. Donc ſi on a une quantité $\rho dx + \sigma dy$ qui doive être une différentielle complette, ρ étant une fonction inconnue & cherchée de x & de y, & σ étant une fonction donnée de y, & d'une fonction quelconque donnée de ρ & de x; on pourra trouver l'intégrale.

11. Il n'eſt pas néceſſaire que σ ſoit une fonction algébrique de y & d'une fonction de ρ & de x, il ſuffit qu'il y ait une ſurface courbe qui donne la fonction de ρ & de x que j'appelle α, & une autre ſurface courbe qui donne la fonction de y & de α, que nous avons ſuppoſée σ; c'eſt-à-dire, deux ſurfaces courbes dont l'une ſoit exprimée par une équation entre ρ, x & α, l'autre par une équation entre y, σ & α: ce qui revient au cas de l'article 8 précédent.

12. Puiſque $dx\,\Delta(\alpha, x) + dy\,\varphi(\alpha, y)$ eſt intégrable, donc $dx\,\Delta(\alpha, x) + \alpha\,dy$ eſt intégrable; or en ſuppoſant $dx\,\Delta(\alpha, x) + \alpha\,dy = dq$, on a $\alpha = \frac{dq}{dy}$; donc ſi $\frac{dq}{dx} = \varphi\left(x, \frac{dq}{dy}\right)$ on peut trouver l'intégrale.

13. Donc $dy\,\varphi(\alpha, y) + \alpha dx$ est intégrable par la même raison; & par conséquent $\frac{dq}{dy} = \varphi\left(y, \frac{dq}{dx}\right)$.

14. Donc $dx\,\Delta(\alpha, x) + dy\,\varphi(\alpha, x)$ l'est aussi; car soit $\varphi(\alpha, x) = \alpha'$, on aura $\alpha = \Gamma(\alpha', x)$, & $dx\,\Gamma(\alpha', x) + \alpha' dy$ intégrable, ce qui revient au cas de l'article 12.

15. Par la même raison $dx\,\Delta(\alpha, y) + dy\,\varphi(\alpha, y)$ est aussi intégrable, car si on fait $\Delta(\alpha, y) = \alpha'$, on aura la différentielle $\alpha' dx + dy\,\Gamma(\alpha', y)$, qui est aisément intégrable (art. 13).

16. Si on a $\alpha(udx + kdy) + q(rdx + sdy)$ une différentielle exacte, q étant une fonction donnée de x & de y, le rapport de α à q étant donné par une équation ou une construction de courbe, & $udx + kdy$, $rdx + sdy$ étant des différentielles complettes; il est visible qu'on pourra trouver α, par une méthode semblable à celle des articles 1 & 4.

17. Si on fait $\alpha u + qr = \frac{d\omega}{dx}$; $\alpha k + qs = \frac{d\omega}{dy}$; on aura $q = \left(\frac{kd\omega}{dx} - \frac{ud\omega}{dy}\right) : (rk - su)$; & $\alpha = \left(\frac{sd\omega}{dx} - \frac{rd\omega}{dy}\right) : (us - kr)$; donc si on a une équation quelconque donnée entre les quantités $\left(\frac{kd\omega}{dx} - \frac{ud\omega}{dy}\right) : (rk - su)$ & $\left(\frac{sd\omega}{dx} - \frac{rd\omega}{dy}\right) : (rk - su)$, $udx + kdy$ étant une différentielle complette, ainsi que $rdx + sdy$, on pourra trouver ω.

18.

18. Si $udx+kdy$ & $rdx+sdy$ ne ſont pas intégrables, mais peuvent être rendues telles, en les multipliant l'une par λ, l'autre par μ; on prouvera de la même maniere que $\alpha(udx+kdy)+q(rdx+sdy)$ ſera intégrable, s'il y a une équation donnée entre $\frac{\alpha}{\lambda}$ & $\frac{q}{\mu}$. Or puiſque (*hyp.*) on a une équation entre q, x, y, une entre λ, x, y, & une entre μ, x, y; donc on aura une équation entre μ, q, λ; & comme on a de plus une équation entre $\frac{\alpha}{\lambda}$ & $\frac{q}{\mu}$, il s'enſuit qu'on pourra encore faire diſparoître une de ces quantités, enſorte qu'on aura, par exemple, une équation entre $\frac{\alpha}{\lambda}$, & $\frac{q}{\Delta(q,\lambda)}$.

19. Soit $Pdx+Qdy$ une différentielle propoſée, V ſon intégrale, & ſoit $P=\varphi(V,x)$; $Q=\Delta(V,x)$; on aura, en chaſſant x, une équation entre V, P, Q. Or dans ce cas on aura, par la ſuppoſition, $dV=dx\times \varphi(V,x)+dy\,\Delta(V,x)$; quantité intégrable par les méthodes précédentes (art. 14.). Il faudra ſeulement obſerver qu'après avoir trouvé V par la condition que le ſecond membre de l'équation précédente ſoit intégrable, cette quantité $V\pm$ une conſtante doit ſe trouver égale à l'intégrale de ce ſecond membre. Cette condition eſt eſſentielle pour completter la ſolution.

20. Soit $P=,\varphi(V,x), Q=\Delta(V,y)$; on intégrera

comme dans l'article précédent, & avec les mêmes conditions. Il faudra employer ici les méthodes des articles 5 & 8, comme on a employé dans l'article précédent la méthode de l'article 14.

21. Il est aisé de voir que $(x\,dy + y\,dx)\,\varphi\,\alpha$ est intégrable, puisqu'il n'y a qu'à prendre $\alpha =$ à une fonction quelconque de xy. Donc si on suppose que cette différentielle soit représentée par $P\,dx + Q\,dy$, on aura $P = y\,\varphi\,\alpha$; $Q = x\,\varphi\,\alpha$, donc on a $\varphi'\left(\frac{P}{y}\right) = \varphi'\left(\frac{Q}{x}\right)$. Donc si on a cette équation de condition entre P, Q, on pourra trouver l'intégrale; on remarquera de même que $(x\,dy + y\,dx)\,x^p y^p\,\varphi\,\alpha$ est intégrable; donc on aura $P = y^{p+1}\,\varphi\,\alpha$, $Q = x^{p+1}\,\varphi\,\alpha$; donc $\varphi'(Py^{-p-1}) = \varphi'(Qx^{-p-1})$.

22. Il est encore aisé de voir que $(\omega\,dx + \varpi\,dy)\,\varphi\,\alpha$ est intégrable, si $\frac{d\omega}{dy} = \frac{d\varpi}{dx}$; donc on aura $P\omega^{-1} = \varphi\alpha = Q\varpi^{-1}$; donc si $\varphi'(P\omega^{-1}) = \varphi'(Q\varpi^{-1})$, & qu'en même-temps $\frac{d\omega}{dy} = \frac{d\varpi}{dx}$, on pourra trouver l'intégrale.

23. Quand même $\omega\,dx + \varpi\,dx$ ne seroit pas intégrable, il suffira qu'il puisse être rendu tel en le multipliant par Ω, fonction de x & de y; car alors on aura $(\omega\,\Omega\,dx + \varpi\,\Omega\,dy)\,\frac{\varphi\alpha}{\Omega}$ intégrable; donc il faudra faire $\omega\,\Omega\,dx + \varpi\,\Omega\,dy = d\left(\frac{\varphi\alpha}{\Omega}\right)$. Donc $\Delta(x, y) = \frac{\varphi\alpha}{\Omega}$; donc $\Omega\,\Delta\,(x, y) = \varphi\,\alpha$; donc α est une fonc-

tion du produit de Ω & de l'intégrale de $\varpi\Omega dx + \omega\Omega dy$; donc si l'on a $\varphi'(P\alpha^{-1}) = \varphi'(Q\varpi^{-1})$, l'intégration est possible, toutes les fois que $\varpi dx + \varpi dy = 0$ sera intégrable; ou ce qui revient au même, toutes les fois que la quantité $\omega dx + \varpi dy$ pourra être rendue une différentielle complette.

24. Quand au lieu de $\varphi\alpha$, on auroit $\varphi(\alpha, x, y)$, il est aisé de voir que la solution seroit toujours la même, α étant supposée inconnue; car on trouveroit toujours α; il faut seulement remarquer que $\varphi(\alpha, x, y)$ doit être égal à $\varphi(\alpha, K)$, K étant l'intégrale de $\omega dx + \varpi dy$, si $\omega dx + \varpi dy$ est une différentielle complette; & que si $\omega dx + \varpi dy$ n'est point dans ce cas, $\varphi(\alpha, x, y)$ doit être $= \frac{\varphi(\alpha, K)}{\Omega}$, K étant l'intégrale de $\omega\Omega dx + \varpi\Omega dy$.

25. Soit $dV = Pdx + Qdy$, $Q = V^{\lambda} P^m \varphi x \Gamma y$; donc $dV = Pdx + V^{\lambda} P^m \varphi x \Gamma y$; soit $P = V^k R\xi$, R, & ξ étant des indéterminées, & k étant supposé constant, on aura $dV = V^k R\xi dx + V^{\lambda + km} dy R^m \xi^m \varphi x \Gamma y$; soit $k = \lambda + km$, cette équation donnera d'abord la valeur de k; ensuite on aura $\frac{dV}{V^k} = R\xi dx + \xi^m \varphi x dy \Gamma y R^m$; soit $\xi^m = \frac{1}{\varphi x}$; on aura $R\xi dx + R^m dy \Gamma y$ une quantité intégrable; donc $dR\int\xi dx + mR^{m-1} dR\int dy \Gamma y$ sera intégrable; donc $\varphi R = \int\xi dx + m R^{m-1}\int dy \Gamma y$; donc R sera donnée en x & y, & par conséquent V, ainsi que P & Q.

26. Soit encore $Q = P^m \varphi V \Delta x \Gamma y$; on aura $dV = P dx + P^m dy \varphi V \Delta x \Gamma y$; ſoit $P = \Delta'(V) R \xi$, on aura $dV = \Delta'(V) R \xi dx + \Delta'(V)^m R^m \varphi V \xi^m \Delta x \Gamma y dy$: ſoit $\xi^m \Delta x = 1$, $\Delta'(V) = \Delta'(V)^m \varphi V$, ou $\Delta'(V) = (\varphi V)^{\frac{1}{1-m}}$; on aura $\frac{dV}{\Delta'(V)} = R \xi dx + R^m dy \Gamma y$, qui ſe réduit au cas précédent.

27. Soit $(\omega dx + \rho dy) \varphi \alpha + dx \Delta x + dy \Gamma y$ une différentielle complette, $\omega dx + \rho dy$ étant une différentielle complette, ou qui peut être rendue telle; il eſt aiſé, par les méthodes données ci-deſſus (art. 22 & 23) de déterminer $\varphi \alpha$; or ce cas donnera $\omega \varphi \alpha + \Delta x = P$; $\rho \varphi \alpha + \Gamma y = Q$; donc $(\omega^{-1})(P - \Delta x) = \rho^{-1} (Q - \Gamma y)$; donc auſſi $\varphi [P \omega^{-1} - \Delta x (\omega^{-1})] = \varphi [Q \rho^{-1} - \Gamma y (\rho^{-1})]$; donc on pourra trouver P & Q, ſi on a à-la-fois $P dx + Q dy$ une différentielle complette, & $\omega dx + \rho dy$ une différentielle complette, ou qu'on puiſſe rendre telle, & ſi de plus on a entre P, Q, ω, ρ, l'équation qu'on vient de voir.

28. Soit $(\omega dx + \rho dy) \varphi \alpha + B \alpha^m dx \Delta x + G \alpha^m dy \Gamma y$ une différentielle complette, $\omega dx + \rho dy$ étant une différentielle complette; on trouvera α par une méthode ſemblable à celle des art. 1 & 4. Cela poſé on aura les équations $\omega \varphi \alpha + B \alpha^m \Delta x = P$; $\rho \varphi \alpha + G \alpha^m \Gamma y = Q$; donc $B \omega^{-1} \alpha^m \Delta x - G \rho^{-1} \alpha^m \Gamma y = P \omega^{-1} - Q \rho^{-1}$; donc $\alpha^m = \frac{P \omega^{-1} - Q \rho^{-1}}{B \omega^{-1} \Delta x - G \rho^{-1} \Gamma y}$; donc on aura $\varphi \alpha =$

$\varphi\left[\left(\frac{P\omega^{-1}-Q\varrho^{-1}}{B\omega^{-1}\Delta x-G\varrho^{-1}\Gamma y}\right)^{\frac{1}{m}}\right]$; or les équations $\omega\varphi\alpha+B\alpha^m\Delta x=P$, & $\varrho\varphi\alpha+G\alpha^m\Gamma y=Q$, donnent aussi $\varphi\alpha=\frac{GP\Gamma y-BQ\Delta x}{G\omega\Gamma y-B\varrho\Delta x}$; égalant donc ces deux valeurs de $\varphi\alpha$, on aura l'équation de condition entre P, Q, ω, ϱ, qui rendra $Pdx+Qdy$ intégrable, dans l'hypothèse que $\omega dx+\varrho dy$ le soit.

29. Si dans l'article 23 du Mémoire précédent, ν est une fonction de x, ainsi que ξ, on pourra simplifier la solution, en faisant $z'=\rho+\sigma\theta$, ρ & σ étant des fonctions inconnues de x, & θ une fonction de x & de t, aussi inconnue; ce qui donnera $\frac{d\varrho}{dx}+\frac{\theta d\sigma}{dx}+\frac{\sigma d\theta}{dx}+\frac{\lambda\sigma d\theta}{dt}+\rho\xi+\sigma\xi\theta+\nu=0$; on fera ensuite $\frac{d\varrho}{dx}+\rho\xi+\nu=0$, & $\frac{\theta d\sigma}{dx}+\sigma\xi\theta=0$, ou $\frac{d\sigma}{dx}+\sigma\xi=0$; ce qui donnera ρ & σ : enfin on fera $d\theta=Adx+Bdt$; ce qui donnera $A=-\lambda B$, & par conséquent $Bdt-\lambda Bdx$ sera une différentielle complette; donc si $dt-\lambda dx=0$ peut être intégré, ensorte que l'intégrale soit $\Theta=a$, on aura $\theta=\varphi(\Theta)$. Car $Bdt-B\lambda dx=B(dt-\lambda dx)=\frac{B}{k}(kdt-k\lambda dx)$, k étant la quantité par laquelle il faut multiplier $dt-\lambda dx$ pour la rendre intégrable; donc si l'intégrale de $kdt-k\lambda dx$ est Θ, on aura $d\Theta=\frac{B}{k}dt$, & par conséquent $\theta=\varphi(\Theta)$. Je me suis servi de cette méthode dans un Mé-

moire envoyé à l'Académie de Berlin, pour résoudre le problême des Tautochrones.

§. III.

De l'intégration de quelques équations différentielles.

1. Soit $dd(Azx^n)=zx^n dx^2$, A étant un coëfficient constant quelconque, & $x^n dx$ étant supposé constant: faisons $x^n=q$, par conséquent qdx constant; soit $qdx=dt$, & on aura $\int q\,dx=t=\frac{x^{n+1}}{n+1}$; donc $x=[(n+1)t]^{\frac{1}{n+1}}$; donc $q=x^n=[(n+1)t]^{\frac{n}{n+1}}$; donc $Add\left(z[(n+1)t]^{\frac{n}{n+1}}\right)=z[(n+1)t]^{\frac{-n}{n+1}}dt$; donc si l'on suppose $z[(n+1)t]^{\frac{n}{n+1}}=u$, on aura $Addu=u[(n+1)t]^{\frac{-2n}{n+1}}dt^2$; équation intégrable lorsqu'en faisant $u=c^{\int pdt}$, on aura une transformée $A(dp+ppdt)=[(n+1)t]^{\frac{-2n}{n+1}}$, qui tombe dans le cas de Ricati.

2. Donc l'équation proposée sera intégrable toutes les fois que n sera tel que $\frac{-2n}{n+1}$ sera $=\frac{-4\mu}{2\mu\pm1}$, μ étant un nombre entier positif; ce qui arrivera toutes les fois que n sera $=$ à un nombre pair quelconque positif ou négatif; car on aura $\frac{n}{n+1}=\frac{2\mu}{2\mu\pm1}$; d'où $\pm n=2\mu$.

3. L'équation $dd(Azx^2)=zx^2dx^2$ que M. Daniel

Bernoulli a intégrée dans les Mémoires de l'Académie de 1762, page 472, par une méthode assez laborieuse & assez peu directe, quoiqu'ingénieuse, n'est comme on le voit, qu'un cas particulier de notre méthode.

4. Soit encore l'équation à intégrer $dd(Azx^n) = zx^{q+p}dx^2$, $x^q dx$ étant supposé constant.

Puisque $x^q dx$ est constant, donc faisant $x^q dx = dt$ constant, on aura $x = [(q+1)t]^{\frac{1}{q+1}}$; $dx = [(q+1)t]^{\frac{-q}{q+1}} dt$, & $dd\left(Az[(q+1)t]^{\frac{n}{q+1}}\right) = z[(q+1)t]^{\frac{p}{q+1}} \times [(q+1).t)^{\frac{-q}{q+1}} dt^2$; faisant donc $z[(q+1)t]^{\frac{n}{q+1}} = u$, on aura $Addu = u[(q+1)t]^{\frac{p-n-q}{q+1}}$.

5. Donc l'équation sera intégrable toutes les fois que $\frac{p-n-q}{q+1} = \frac{-4\mu}{2\mu \pm 1}$, μ étant un nombre entier positif. Donc si on fait $p+q=k$, on aura $\frac{k-n-2q}{q+1} = \frac{-4\mu}{2\mu \pm 1}$.

6. Donc si on a $dd(Azx^n) = zx^k dx$, n & k étant supposées données, on trouvera toujours un nombre q tel qu'en supposant $x^q dx$ constant, l'équation sera intégrable; ce nombre q étant trouvé, on aura $k = p+q$, & $p = k-q$.

7. Soit $ddz + Ax^p dz dx + zBx^q dx^2 = 0$; & $x^r dx$ constant, on aura, en faisant $x^r dx = dt$, $x = [(r+1)t]^{\frac{1}{r+1}}$; $dx = [(r+1)t]^{\frac{-r}{r+1}} dt$; & $ddz + A[(r+$

$1)t]^{\frac{p-r}{r+1}}dtdz+Bz[(r+1)t]^{\frac{q-2r}{r+1}}dt^2=0$. Soit donc $z=c^{\int u\,dt}$, on aura $du+uudt+A[(r+1)t]^{\frac{p-r}{r+1}}udt+B[(r+1)t]^{\frac{q-2r}{r+1}}dt=0$. Soit $p=t^m s+t^k$, on aura $mt^{m-1}sdt+t^m ds+kt^{k-1}dt+t^{2m}ssdt+2st^{k+m}dt+t^{2k}dt+(A(r+1)^{\frac{p-r}{r+1}}st^{m+\frac{p-r}{r+1}}+A(r+1)^{\frac{p-r}{r+1}}t^{k+\frac{p-r}{r+1}}+B(r+1)^{\frac{q-2r}{r+1}}t^{\frac{q-2r}{r+1}})dt=0$; qui sera intégrable dans deux cas; 1°. si on a $k-1=2k=k+\frac{p-r}{r+1}+\frac{q-2r}{r+1}$, & $k+1+A(r+1)^{\frac{p-r}{r+1}}+B(r+1)^{\frac{q}{r+1}}=0$. 2°. Si les termes où s se trouve au premier dégré se détruisent, & que l'equation restante tombe dans le cas de Ricati.

8. Soit proposée à intégrer cette équation $\xi y^m+\frac{\zeta y^n dy^{m-n}}{dx^{m-n}}+\frac{ky^{m-1}ddy}{dx^2}=0$, ξ, ζ & k étant des fonctions de x.

Faisant $y=c^{\int p\,dx}$, on aura $\xi+\zeta p^{m-n}+k(\frac{dp}{dx}+pp)=0$, équation qui est réduite au premier dégré. Soit, pour plus de simplicité, $\xi=0$, $\zeta=Ax^q$, & $p=x^r z$, on aura $Ax^{rm-rn+q}z^{m-n}dx+kx^r dz+krx^{r-1}zdx+kx^{2r}z^2dx=0$; donc pour que l'équation $\frac{\zeta y^n dy^{m-n}}{dx^{m-n}}+\frac{ky^{m-1}ddy}{dx^2}=0$ soit intégrable, ζ étant $=Ax^q$, il faudra, ou que $m-n=1$, ou que $r-1=2r=rm-rn+q$; donc $r=-1$ & $q=m-n-2$.

9

9. Si dans l'équation proposée ξ n'est pas $= 0$, on pourra trouver de même les différens cas où elle sera intégrable, en cherchant les cas d'intégrabilité de l'équation $\xi + \zeta p^{m-n} + k\left(\frac{dp}{dx} + pp\right) = 0$. Par exemple, si $m - n = 2$, $k = \zeta = Ax^q$, & $\xi = Bx^r$, cette derniere équation différentielle tombera dans le cas de Ricati, & ainsi du reste.

10. Soit $y x^s dx + a x^r dy + \frac{b x^q ddy}{dx} + \frac{c x^m d^3 y}{dx^2} = 0$, dx étant supposé constant; & a, b, c, des coëfficiens donnés: on multipliera cette équation par Ax^p; ce qui donnera $Ayx^{s+p}dx + Aax^{r+p}dy + Abx^{q+p}\frac{ddy}{dx} + \frac{Acx^{m+p}d^3y}{dx^2} = 0$; ensuite on y ajoutera (ce qui n'en changera point la valeur) l'équation $-Bx^k dy + Bx^k dy - Ac(m+p)\frac{x^{m+p-1}ddy}{dx} + Ac(m+p) \times \frac{x^{m+p-1}d^2y}{dx} = 0$, où tous les termes se détruisent par des signes contraires, & où le dernier terme $+ \frac{Ac(m+p)x^{m+p-1}d^2y}{dx}$ est tel qu'il est nécessaire pour que $\frac{Acx^{m+p}d^3y}{dx^2} + \frac{Ac(m+p)x^{m+p-1}d^2y}{dx}$, soit une différentielle complette, qui étant intégrée, fera disparoître le d^3y; or il est visible que cette équation s'abbaissera à être du second ordre, au lieu du troisiéme, si les autres termes sont tels qu'ils puissent être intégrés de même, c'est-

à-dire, ſi on a

$A = \mp Bk$,

$k - 1 = s + p$,

$Ab(q+p)\,x^{q+p-1} - Ac(m+p) \times (m+p-1)\,x^{m+p-2} = Aax^{r+p} \pm Bx^k$, ou ce qui eſt la même choſe,

$Ab(q+p)\,x^{q-1} - Ac(m+p)(m+p-1)\,x^{m-2} = Aax^r + Bx^{s+1}$.

Ce qui donne différentes combinaiſons : car on peut ſuppoſer $q+p=0$; $-Ac(m+p)(m+p-1) = Aa \pm B$, & $m-2=r=s+1$;

ou bien $(m+p)(m+p-1)=0$; ce qui donnera $p=-m$, ou bien encore $p=-m+1$; & de plus $Ab(q+p) = Aa \pm B$; $q=r+1=s+2$;

ou bien $q-1=m-2$; $r=s+1$; $b(q+p)=c(m+p) \times (m+p-1)$; & $Aa = \mp B$;

ou bien $q-1=r$; $b(q+p)=a$; $m-3=s$; $Ac \times (m+p)(m+p-1) = \mp B$;

ou bien $q=s+2$; $Ab(q+p) = \pm B$; $m-2=r$; $-c(m+p)(m+p-1)=a$;

Ces différentes combinaiſons produiront différens réſultats dont nous laiſſons le détail au Lecteur, nous contentant d'obſerver que le problême réſolu par M. Jean Bernoulli dans le Tome 13 des anciens Mémoires de Petersbourg, n'eſt qu'un cas particulier de celui-ci.

11. L'équation intégrée ſera donc $Acx^{m+p}\frac{ddy}{dx^2} + Abx^{q+p}\frac{dy}{dx} - Ac(m+p)\,x^{m+p-1}\frac{dy}{dx} + \frac{Ayx^{s+p+1}}{s+p+1}$

$= C$, C étant une conſtante arbitraire.

12. Si on ſuppoſe $C=0$; $m=q+1$; l'équation intégrale ſe ſimplifiera beaucoup; & ſera $Acx^m \frac{ddy}{dx^2} + [Ab - Ac(m+p)]x^{m-1}\frac{dy}{dx} + \frac{Ayx^{s+1}}{s+p+1} = 0$, qui peut ſe réduire à cette forme $\frac{Bx^m ddy}{dx} + Ex^{m-1}\frac{dydx}{dx} + Fyx^{s+1}dx = 0$, laquelle ſe réduit aiſément à la forme $dd(Azx^n) = zx^k dx$ intégrée ci-deſſus (article 6) dans certaines hypothèſes; on connoîtra donc les cas où l'équation propoſée eſt intégrable.

§. IV.

De l'intégration de quelques quantités différentielles à une ſeule variable, par la rectification des Sections coniques.

1. Soit propoſé de réduire à la rectification des ſections coniques la différentielle $\frac{yydy}{\sqrt{(Ay^4+Cy^2+Dy+E)}}$, A, C, D, E étant des conſtantes quelconques.

2. *Solution.* Puiſque le terme qui devoit contenir y^3 dans le radical, eſt évanoui, on ſuppoſera la quantité qui eſt ſous le ſigne radical $= (myy + ny + p) \times (\mu yy - \frac{n\mu y}{m}y + q)$; faiſant enſuite $myy + ny + p = (\mu yy - \frac{n\mu y}{m} + q)z$, on aura $2my(\mu z - m)$

$-n\mu z - nm = \pm \surd[(n\mu z + nm)^2 + (p - qz) \times 4mm(\mu z - m)]$.

3. Cela posé, la transformée est $\frac{yydy}{(\mu yy - \frac{n\mu y}{m} + q)\surd z}$; or, en substituant pour y & dy leurs valeurs en z, on trouve, 1°.

$$\frac{dy}{\surd(Ay^4 + Cy^2 + Dy + E)} = \frac{dy}{(\mu yy - \frac{n\mu y}{m} + q)\surd z} =$$

$$= \frac{dz}{2\surd z. \mp \surd[(n\mu z + nm)^2 + (p - qz)(2\mu mz - 2mm)^2]};$$

2°. $yy = \frac{2(n\mu z + nm)^2}{4mm(\mu z - m)^2} + \frac{p - qz}{\mu z - m} \pm \frac{2(n\mu z + nm)}{4mm(\mu z - m)^2} \times \surd[(n\mu z + nm)^2 + (p - qz)(2\mu mz - 2mm)^2]$.

4°. D'où l'on voit 1°. que $\frac{dy}{\surd(Ay^4 + Cy^2 + Dy + E)}$ s'intégrera par des arcs de sections coniques, ce qui a été déja prouvé d'une autre maniere dans les Mémoires de Berlin de 1746, pages 222 & 223. 2°. Qu'en substituant la valeur de yy dans $\frac{yydy}{\surd(Ay^4 + Cy^2 + Dy + E)}$ la transformée sera composée de différens termes dont une partie sera réductible en fractions rationnelles, & dont l'autre se réduira à l'intégration de $\left[\frac{2(n\mu z + mm)^2}{(\mu z - m)^2} + \frac{4mm(p - qz)}{\mu z - m}\right] \times \frac{dz}{\surd[(n\mu z + nm)^2 + (p - qz).4mm.(\mu z - m)]}$.

5. Soit $\mu z - m = u$, & on aura pour transformée

$$\frac{du}{\surd\mu.\surd(u + m).\surd[(nu + 2nm)^2 + \frac{4mmu}{\mu}(\mu p - qu - qm)]}$$

multiplié par $\frac{2(nu+2mn)^2}{uu} + \frac{4mm}{\mu u} \times (\mu p - qu - qm)$; d'où il est aisé de voir que la proposée se réduit à la rectification des sections coniques, & à l'intégration de

$$\frac{du}{\sqrt{(u+m)}.\sqrt{[(nu+2nm)^2+\frac{4mmu}{\mu}\mu p - qu - qm)]}}$$

multiplié par $\frac{8mn^2}{u} + \frac{4mmp}{u} + \frac{4m^3q}{\mu u} + \frac{8m^2n^2}{u^2}$.

6. Maintenant, suivant la méthode que j'ai exposée dans les Mémoires de Berlin de 1748, pages 247 & suivantes, soit prise la différentielle de $u^{-1}\sqrt{(u+m)} \times \sqrt{[(nu+2nm)^2+\frac{4mmu}{\mu}(\mu p - qu - qm)]}$, on trouvera par cette méthode qu'elle dépend de la rectification des sections coniques & de $\left(-\frac{8nnm^3}{u^2} - \frac{8n^2m^2}{u} - \frac{4m^3p}{u} + \frac{4m^4q}{\mu u}\right)$ multiplié par la différentielle

$$\frac{du}{2\sqrt{(u+m)}.\sqrt{[(nu+2nm)^2+\frac{4mmu}{\mu}(\mu p - qu - qm)]}}.$$

7. D'où il est aisé de voir que la quantité dont il nous reste à chercher l'intégration, dépend de la rectification des sections coniques; donc $\frac{yydy}{\sqrt{(Ay^4+Cy^2+Dy+E)}}$ dépend de la rectification des sections coniques; ainsi que $\frac{dy}{\sqrt{(Ay^4+Cy^2+Dy+E)}}$.

8. Donc $\frac{dy(F+Gy+Hyy)}{\sqrt{(Ay^4 \pm By^3+Cy^2+Dy+E)}}$ sera réductible à

la rectification des sections coniques si $G = \frac{BH}{2A}$; car faisant évanouir le terme By^3, la transformée sera $\frac{(M+Nzz)dz}{\sqrt{(Az^4+Lz\ \ +Pz+Q)}}$.

9. Par la même raison, puisque la quantité différentielle $\frac{M(4Ay\ \ dy+3By^2dy+2Cydy+Ddy)}{\sqrt{(Ay^4+By^3+Cy^2+Dy+E)}}$ est intégrable, & que $(Hyydy+\frac{BHydy}{2A}+Fdy):\sqrt{(Ay^4+By^3+Cy^2+Dy+E)}$ est réductible à des arcs de sections coniques, il est clair qu'en faisant $4AM=L$, $3BM\pm H=P$, $D\pm F=K$, la différentielle $[Ly^3dy+Py^2dy+(\frac{2CL}{4A}\pm\frac{PB}{2A}\mp\frac{3BBL}{8A^2})ydy+Kdy]:\sqrt{(Ay^4+By^3+Cy^2+Dy+E)}$ sera réductible à des arcs de sections coniques.

10. Puisque $\frac{y^2dy}{\sqrt{(Ay^4+Cy^2+Dy+E)}}$ est réductible à des arcs de sections coniques, il s'ensuit, 1°. qu'en faisant $y=u^{-1}$, $\frac{du}{u^2\sqrt{(A+Cu^2+Du^3+Eu^4)}}$ est réductible à de tels arcs; comme nous avons vû (Mém. de Berlin, 1748, pag. 251) que $\frac{du}{u^2\sqrt{(A+Cu^2+Du^3)}}$ l'étoit aussi. 2°. Soit prise la différence de $x^p\sqrt{(A+Bx+Cx^2+Dx^3+Ex^4)}$, on la trouvera égale à $\frac{dx}{2\sqrt{(A+Bx+Cx^2+Dx^3+Ex^4)}}$ $\times(2px^{p-1}A+2px^pB+2px^{p+1}C+Bx^p+2Cx^{p+1}+2px^{p+2}D+2px^{p+3}E+3Dx^{p+2}+4Ex^{p+3})$; donc,

1°. En supposant $D=0$, $p=-1$, $\frac{dx}{xx\sqrt{(A+Bx+Cx^2+Ex^4)}}$ dépend des différentielles $\frac{dx}{x\sqrt{(A+Bx+Cx^2+Ex^4)}}$ & $\frac{x^2dx}{\sqrt{(A+Bx+Cx^2+Ex^4)}}$; c'est-à-dire, de la rectification des sections coniques & de $\frac{dx}{x\sqrt{(A+Bx+Cx^2+Ex^4)}}$;

2°. En supposant $B=0$, & $p=-1$, la différentielle $\frac{Dxdx+2Ex^2dx}{\sqrt{(A+Cx^2+Dx^3+Ex^4)}}$ sera réductible à des arcs de sections coniques, puisqu'elle dépend des différentielles $\frac{dx}{x\sqrt{(A+Cx^2+Dx^3+Ex^4)}}$ & $\frac{dx}{\sqrt{(A+Cx^2+Dx^3+Ex^4)}}$, qui toutes deux sont réductibles à de tels arcs.

11. Soit appellé Q le radical $\frac{1}{\sqrt{(a+bx+cx^2+fx^3)}}$; on trouvera facilement

que $\frac{Qdx}{x^2}$ dépend de $-\frac{bQdx}{2ax}$

$\frac{Qdx}{x^3}$ de $-\frac{3bQdx}{4ax^2}-\frac{2cQdx}{4ax}$

$\frac{Qdx}{x^4}$ de $-\frac{5bQdx}{6ax^3}-\frac{4cQdx}{6ax^2}-\frac{3fQdx}{6ax}$

$\frac{Qdx}{x^5}$ de $-\frac{7bQdx}{8ax^4}-\frac{6cQdx}{8ax^3}-\frac{5fQdx}{8ax^2}$, &c. & ainsi de suite.

12. D'où il est aisé de conclure

que $\frac{Qdx}{x^3}$ dépend de $\frac{3bbQdx-4caQdx}{4a^2x}$

$\frac{Qdx}{x^4}$ de $-\frac{5b}{6a}\left(\frac{3bbQdx-4caQdx}{8a^2x}\right)-\frac{4c}{6a}\times-$

$\frac{bQdx}{2ax} - \frac{3fQdx}{6ax}$, ou $- \frac{5.3b^3Qdx}{6a.8a^2} + \frac{5bcQdx + 4bcQdx}{2.6a^2}$ $- \frac{3fQdx}{6a} = - \frac{5.3b^3Qdx}{6a.8a^2} + \frac{9bcQdx}{6a.2a} - \frac{3fQdx}{6a}$.

13. De-là on tirera les équations de condition qui rendent une quantité quelconque $\frac{Qdx}{x^n}$, intégrable par la seule rectification des sections coniques; savoir, $b=0$, si $x=2$; $3bb-4ac=0$, si $x=3$; $\frac{15b^3}{8a^2} - \frac{9bc}{2a} + 3f=0$, si $x=4$; & ainsi de suite.

14. Il me semble que le Pere Riccati se trompe quand il avance dans ses Opuscules que $\frac{dx(a+ex^3)^{\frac{r}{2}}}{(m+nx)^{\frac{k}{2}}}$, $dx(m+nx)^{\frac{k}{2}}(a+ex^3)^{\frac{r}{2}}$, $dx(m+nx)^{\frac{k}{2}}(a+ex^3)^{-\frac{r}{2}}$, s'intégrent toujours par la rectification des sections coniques, k & r étant des nombres entiers & impairs quelconques; il faut, comme je l'ai prouvé (Mém. de Berlin, 1746) qu'en faisant $m+nx=z$, & ensuite $z=u^{-1}$, on ait une réduite de cette forme, $Au^p du(g+fu+hu+bu^3)^{\pm\frac{r}{2}}$, p étant entier positif ou $=0$. Donc dans le premier cas il faut que $-2+\frac{k}{2}-\frac{3r}{2}=p$; dans le second que $-2-\frac{k}{2}-\frac{3r}{2}=p$, ce qui ne se peut; dans le troisiéme que $-2-\frac{k}{2}+\frac{3r}{2}=p$; le Pere Riccati croit qu'en faisant $m+nx=y$, on réduit la différentielle

différentielle du premier cas à $\frac{dy(b+fy^3)^{\frac{r}{s}}}{y^{\frac{k}{2}}}$; en quoi il se trompe évidemment; il en est de même des deux autres cas, que le Pere Riccati croit mal-à-propos être intégrables par des arcs de sections coniques.

15. Nous avons détaillé dans les Mémoires de Berlin de 1748, page 253, §. VI, les cas où la différentielle $z^q dz(e+fz^m)^n$ est réductible à des arcs de sections coniques; on trouvera de même fort aisément les cas où $x^p dx(e+fx^r+qx^{2r})^s$ est réductible à des arcs de sections coniques; car en faisant $h+\lambda x^r = z^{\frac{t}{2}}$, on réduira aisément la proposée à une quantité de cette forme $(a+bz^t)^s \times z^{\frac{t}{2}-1} dz\left(k+\mu z^{\frac{t}{2}}\right)^{\frac{p+1-r}{r}}$. Donc si les différens termes de cette transformée peuvent se réduire à une des formes $z^q dz(e+fx^m)^n$ réductibles à des arcs de sections coniques, la proposée sera réductible à ces mêmes arcs. De plus en faisant $z^t = u^2$, la transformée se réduira à $(a+bu^2)^s du(k+mu)^{\frac{p+1-r}{r}}$. Ce qui la rend encore plus simple; & par conséquent plus aisément réductible (si elle peut l'être) aux arcs dont il s'agit.

16. On peut mettre encore la quantité $x^p dx(e+fx^r+qx^{2r})^s$ sous cette forme $x^{p-1+r} \times x^{r-1} dx \times [A+(B+Cx^r)^2]^s$; & supposant $A+(B+Cx^r)^2 = z^n$, on aura $x^r = \delta+\surd(\alpha+\beta z^n)$, & la proposée se changera en une quantité de cette forme $\frac{z^{sn+n-1}dz}{\surd(\alpha+\beta z^n)} \times (\delta+\surd(\alpha+$

$\left.\left.6z^n\right)\right)^{\frac{p-1+r}{r}}$; donc si $\frac{p-1+r}{r}$ est un nombre entier positif, on trouvera aisément les cas où cette différentielle peut être réduite à la forme $z^q dz(e+fz^m)^n$, les exposans ayant les conditions nécessaires pour qu'on puisse intégrer par des arcs de sections coniques.

Fin du vingt-sixiéme Mémoire.

VINGT-SEPT^{ME} MÉMOIRE.

Extraits de Lettres sur le Calcul des probabilités, & sur les Calculs relatifs à l'Inoculation.

§. I. *Sur le Calcul des probabilités.*

1. Vous dites, Monsieur, que la formule $\frac{px - qy}{p}$ dont je vous ai parlé dans une lettre précédente (V. ci-dessus, pag. 82.) ne donneroit pas le sort du Joueur. J'en suis persuadé, & j'ai même averti que je ne la donnois pas pour exacte; il est en effet aisé de voir qu'elle ne l'est pas, puisqu'en faisant $y = 0$, on trouveroit $z = x$, quand même q ne seroit pas $= 0$, ce qui seroit évidemment trop fort : car la mise z du Joueur ne doit pas être égale à la somme x qu'il peut gagner, s'il y a des coups qui ne lui doivent procurer aucun gain. Aussi n'ai-je parlé de cette formule que pour faire voir combien il est facile de se tromper en cette matiere : car ne seroit-il pas naturel de penser qu'après le jeu, celui qui a déja mis au jeu la somme z, ne doit plus donner, en cas qu'il perde, que la somme $y - z$; ce qui n'est pas vrai?

2. Vous me direz peut-être que je dois, par la même

raiſon me défier de mes principes ſur cette matiere ; auſſi ne les ai-je propoſés que comme des doutes que je ſoumets au jugement des Mathématiciens, mais à la vérité des Mathématiciens habiles, qui feront en même-temps Philoſophes, & qui ne croiront pas m'avoir réfuté en me répétant mal ce qu'on trouve dans tous les livres ſur l'analyſe des jeux.

3. Je croirai du moins être en droit de regarder mes principes comme auſſi bons que les principes reçus, tant qu'on ne donnera pas, d'après ces derniers principes, une ſolution nette & ſatisfaiſante du problême très-clair & très-ſimple propoſé dans le Tome V des Mémoires de Petersbourg. Je connois juſqu'à préſent cinq à ſix ſolutions au moins de ce problême, dont pas une ne s'accorde avec les autres, & dont aucune ne me paroît ſatisfaiſante ; & je demande ſi ce peu d'accord ne marque pas l'inſuffiſance & l'inexactitude des principes de l'analyſe des jeux ?

4. Je déſirerois auſſi qu'on s'attachât à donner des idées plus nettes de ce qu'on appelle l'*eſpérance* des Joueurs ; à faire bien entendre comment on peut donner à l'*incertitude* une valeur préciſe & déterminée par le calcul, une valeur qui eſt une fraction de la certitude, quoique *métaphyſiquement* & rigoureuſement parlant, la certitude ſoit, par rapport à la ſimple probabilité, ce que l'infini eſt par rapport à l'unité.

5. Il y a près de trente ans que j'avois formé ces doutes en liſant l'excellent livre de M. Bernoulli *de Arte*

conjectandi; il me sembloit que cette matiere avoit besoin d'être traitée d'une maniere plus claire; je voyois bien que l'*espérance* étoit d'autant plus grande, 1° que la somme espérée étoit plus grande; 2°. que la probabilité de gagner l'étoit aussi. Mais je ne voyois pas avec la même évidence, & je ne le vois pas encore, 1°. que la probabilité soit estimée exactement par les méthodes usitées; 2°. que quand elle le seroit, l'espérance doive être proportionnelle à cette probabilité simple, plutôt qu'à une puissance ou même à une fonction de cette probabilité; 3°. que quand il y a plusieurs combinaisons qui donnent différens avantages ou différens risques, (qu'on regarde comme des avantages négatifs) il faille se contenter d'*ajouter* simplement ensemble toutes les *espérances* pour avoir l'*espérance* totale. Voilà, Monsieur, ce que je désirerois de voir bien éclairci.

6. Si quelque chose étoit capable de fortifier mes doutes, ce seroient les lettres que j'ai reçues à ce sujet de plusieurs habiles Mathématiciens. L'un convient que j'ai eu raison, dans l'article XVII de mon dixiéme Mémoire, de ne compter que trois coups possibles (au lieu de quatre que l'on compte ordinairement) dans le jeu de *croix* & *pile* dont il est question en cet endroit; il prétend seulement que ces trois coups ne sont pas également possibles, & cela dans la raison de $\frac{1}{2}$ à $\frac{1}{4}$ & $\frac{1}{4}$. Un autre assure qu'on me donne absolument gain de cause, dès qu'on avoue qu'il n'y a que trois coups possibles; & qu'aux termes où la question se trouve réduite,

il ne s'agit plus que de compter les combinaisons pour voir si on les a toutes, & ensuite de faire la somme de celles où figure *croix* pour en former le sort du Joueur. Ce Mathématicien prétend donc qu'il y a réellement ici quatre cas, & non pas trois seulement; & la raison qu'il en apporte, c'est que ce seroit la même chose selon lui de jouer à croix ou pile en deux coups avec une seule piéce, ou d'y jouer en un seul coup avec deux piéces; voilà ce que je nie, parce que dans ce dernier cas, la combinaison qui ameneroit *croix & croix*, doit évidemment entrer en ligne de compte, puisqu'il y a quatre combinaisons en tout pour deux piéces jettées à-la-fois; au lieu que dans le premier cas, dès que la piéce est jettée & qu'elle amene *croix*, il est aussi inutile que ridicule de la jetter une seconde fois; car ce qui doit en résulter, ne fait absolument rien au sort des Joueurs, & est aussi étranger au jeu que si l'un des Joueurs, au lieu de jetter la piéce une seconde fois, s'en alloit à Rome. Ce seroit une puérilité que de dire qu'on doit compter le second coup lorsque croix est arrivé au premier, par la raison qu'on est convenu de jouer en *deux* coups; car convenir de jouer *en deux coups* n'est pas convenir de jouer *deux coups*, quelque chose qu'il arrive, puisqu'il seroit illusoire & ridicule de jouer le second coup, si *croix* arrive au premier. Ce qui m'étonne, c'est que de grands Géométres, qu'on ne nomme point, ayent pu confondre ces deux cas.

7. Aussi suis-je bien éloigné de croire avec le com-

mun des Analyſtes, que ce ſoit la même choſe de jetter une piéce en l'air *m* fois de ſuite, ou de jetter *m* piéces tout enſemble une ſeule fois. L'examen des deux cas dont nous venons de parler, prouve évidemment la différence qui peut en réſulter quant au ſort des Joueurs; & d'ailleurs que ſait-on? il eſt peut-être plus poſſible, phyſiquement parlant, d'amener à-la-fois le même événement répété, que de l'amener ſucceſſivement; d'amener *croix* tout-à-la-fois avec dix piéces en un ſeul jet, que de l'amener ſucceſſivement avec une ſeule piéce jettée dix fois; comme il eſt peut-être plus poſſible de jetter à-la-fois d'un ſeul coup dix piéces à la même hauteur, que d'y jetter ſucceſſivement dix fois la même piéce; dans le premier cas, c'eſt une ſeule & même cauſe qui agit à-la-fois pour produire *m* effets; dans le ſecond, c'eſt une cauſe répétée qui agit ſucceſſivement pour produire *m* effets ſucceſſifs. Or il eſt peut-être plus poſſible, tout le reſte étant d'ailleurs égal, que les effets ſoient ſemblables dans le premier cas que dans le ſecond; par la raiſon que dans le premier cas c'eſt une cauſe unique qui les produit, & que dans le ſecond c'eſt une cauſe répétée, qui par cette circonſtance même peut varier davantage. Je ſais bien qu'*en Mathématique* on fait abſtraction, & avec raiſon, de toutes ces différences phyſiquement poſſibles; & c'eſt auſſi pour cela que les deux cas ſont conſidérés comme étant les mêmes *mathématiquement*; mais dans le calcul des combinaiſons appliquées aux événemens *phyſiques*, il s'agit de bien diſtinguer ce qui est physiquement possible d'avec ce qui ne l'est pas, peut-être même ce qui l'est plus d'avec ce qui l'est moins; & c'est une attention qu'on n'a pas assez faite jusqu'à présent dans l'analyse des jeux. Une autre considération qui peut servir à faire voir que les deux cas dont il s'agit, ne sont pas physiquement semblables, c'est qu'il est très possible & même facile de produire le même événement en un seul coup autant de fois qu'on voudra; & qu'au contraire il est très-difficile de le produire en plusieurs coups successifs, & peut-être impossible, si le nombre des coups est très-grand. Si j'ai 200 piéces dans la main, & que je les jette en l'air à-la-fois, il est certain que l'un des deux coups *croix* ou *pile* se trouvera au moins cent fois ou davantage dans les piéces jettées; au lieu que si on jettoit une piéce successivement en l'air cent fois, on joueroit peut-être toute l'éternité avant que de produire *croix* ou *pile* cent fois de suite. En voilà, je crois, plus qu'il n'est nécessaire pour montrer qu'on a eu très-grand tort de regarder les deux cas dont il s'agit, comme étant parfaitement & physiquement les mêmes.

8. Voici une autre réflexion qui pourra faire voir combien il est aisé de se méprendre dans la supposition qu'on fait que tous les cas donnés par les combinaisons sont également possibles. Dans le jeu de *croix & pile* en deux coups dont on vient de parler dans l'article 6 ci-dessus, (d'après le §. XVIII du dixiéme Mémoire) il est certain & de la plus grande évidence qu'on ne doit

doit compter que trois coups, *croix*, *pile & croix*, *pile & pile*; parce qu'en effet il n'y a que ces trois coups qui décident de l'événement du jeu. Or si on dit que les trois cas ne sont pas également possibles (par quelque raison que ce puisse être) donc, conclurai-je, de ce que les cas *croix*, *pile & croix*, *pile & pile* sont ici les cas (& les trois seuls) qui *peuvent arriver*, il ne s'ensuit pas qu'*ils peuvent tous arriver également*. Or si on y prend garde, le raisonnement tacite qu'on fait d'après les combinaisons dans le calcul des probabilités revient à celui-ci: » voilà toutes les combinaisons ma» thématiquement possibles; chacune de ces combinai» sons marque un cas qui *peut arriver*; donc chacun » de ces cas peut arriver comme l'autre; donc tous les » cas *peuvent arriver également* «. Au reste (& je l'ai déja dit dans le dixiéme Mémoire, §. XXVI) si les trois cas *croix*, *pile & croix*, *pile & pile*, les seuls qui puissent arriver dans le jeu proposé, ne sont pas également possibles, ce n'est point, ce me semble, par la raison qu'on en apporte communément, que la probabilité du premier est $\frac{1}{2}$, & celle des deux autres $\frac{1}{2} \times \frac{1}{2}$ ou $\frac{1}{4}$. Plus j'y pense, & plus il me paroît que *mathématiquement* parlant, ces trois coups sont également possibles, par la raison que *croix* ou *pile* arrivant au second coup, suppose que *pile* est *nécessairement* arrivé au premier, ensorte que le second cas *pile & croix*, ainsi que le troisiéme cas *pile & pile* ne forment chacun qu'un seul cas individuel & comme un seul coup, aussi unique, aussi indivisible que le premier cas *croix*, & par conséquent aussi possible ; ensorte qu'on pourroit même ne point parler de *pile* arrivant au premier coup, parce que ce cas en entraîne nécessairement un second, & dire : » il » arrivera l'une de ces trois choses, ou *croix* au pre- » mier coup, ou *croix* au second coup, ou *pile* au se- » cond coup. Or il n'y a point de raison pour que l'un » de ces trois cas arrive plutôt que l'autre ; donc ils sont » également possibles, mathématiquement parlant «. S'ils ne sont pas également possibles, physiquement parlant, c'est peut-être comme je l'ai dit, parce que *pile* arrivant deux fois de suite, est peut-être un peu moins possible que *pile* & *croix* arrivant successivement. Je ne sais si je me trompe ; mais vous venez de voir tout-à-l'heure que des Mathématiciens habiles ne sont nullement d'accord sur la maniere de compter les cas dans le jeu dont il s'agit, & qu'en réunissant ce qu'ils m'accordent l'un & l'autre, j'aurois absolument gain de cause.

9. Il y a quelque temps qu'un Joueur me demanda en combien de coups consécutifs on pouvoit parier avec avantage d'amener une face donnée d'un dé, que j'appellerai *a*, les autres étant supposées *b*, *c*, *d*, *e*, *f*. Ma réponse à cette question, très-simple & très-facile à résoudre, fut que, suivant les régles des probabilités, si on jouoit en *n* coups, la probabilité étoit de $6^n - 5^n$ contre 5^n ; de sorte qu'on pouvoit parier avec avantage lorsque $6^n > 2 \times 5^n$, c'est-à-dire, lorsque $n = 4$. Ce Joueur me répondit que l'expérience lui avoit paru contraire

à ce résultat, & qu'en jouant quatre coups de suite pour amener une face donnée *a*, il lui étoit arrivé beaucoup plus souvent de gagner que de perdre. Supposé le fait vrai, peut-être pourroit-on en conclure que le peu d'accord de l'expérience avec le calcul, vient de ce que le calcul est fondé sur la fausse supposition dont nous avons déja parlé, articles 6 & 7. Par exemple, si on joue en deux coups, il y a, suivant ce calcul, onze cas pour amener la face *a*; au lieu qu'il n'y en a réellement que six, savoir *a* au premier coup, après quoi le jeu cesse; ou bien au premier coup suivi nécessairement d'un second, *ba*, *ca*, *da*, *ea*, *fa*. Selon ce principe, le nombre des cas qui ameneront la face *a* sera $1+5+5^2....+5^{n-1}$, si on joue en *n* coups, & ce nombre $=\frac{5^n-1}{4}$. Il est vrai que ce nombre est toujours plus petit (de plus de la moitié) que la moitié $\frac{6^n}{2}$ du nombre total des cas, & qu'ainsi il paroîtroit s'ensuivre de ce calcul qu'on ne peut jamais parier avec avantage d'amener la face *a* en tel nombre de coups qu'on voudra, ce qui est certainement faux. Mais ma réponse à cette objection est celle que j'ai déja faite à une objection semblable dans mon dixiéme Mémoire, art. XXVI, page 23 & 24 du Tome II de mes Opuscules; savoir qu'il ne faut pas regarder comme aussi possibles *physiquement* que les autres, les cas où le même événement se trouvera répété un certain nombre de fois de ſuite. Il eſt vrai que la proportion des probabilités ſera en ce cas très-difficile, & peut-être impoſſible à fixer; mais peut-être eſt-ce la nature de la queſtion qui s'y oppoſe; & peut-être eſt-ce une choſe auſſi difficile que déſirable, qu'une théorie des probabilités qui ſeroit fondée ſur des principes ſimples & lumineux, & qui ſeroit en même-temps parfaitement conforme à l'expérience.

10. L'objection que j'ai faite à M. Bernoulli (pag. 89) d'après ſa théorie de l'inclinaiſon des orbites des Planetes, eſt plutôt un argument, comme on dit, *ad hominem*, qu'une preuve directe que j'aye voulu apporter en faveur de mon opinion; car je conviens d'ailleurs que le raiſonnement de M. Bernoulli eſt peu ſolide; il y a certainement l'infini contre un à parier que les Planetes ne devroient pas ſe trouver dans le même plan; ce n'eſt pas une raiſon pour en conclure que cette diſpoſition, ſi elle avoit lieu, auroit néceſſairement d'autre cauſe que le haſard; car il y auroit de même l'infini contre un à parier que les Planetes pourroient n'avoir pas une certaine diſpoſition déterminée à volonté; cependant on n'en concluroit pas que cette diſpoſition ne pourroit être l'ouvrage du haſard. C'eſt pourquoi s'il y a lieu de croire que dans le premier cas la diſpoſition des Planetes auroit une cauſe phyſique, c'eſt uniquement parce que dans l'ordre de la nature, (tel au moins qu'il nous eſt connu) toute uniformité annonce une cauſe phyſique. C'eſt auſſi pour cette raiſon que j'ai prétendu que le même événement ne pouvoit arriver, phyſiquement par-

lant, un grand nombre de fois de ſuite, tant qu'on ſuppoſera les choſes abandonnées au haſard. En effet, s'il eſt phyſiquement auſſi poſſible que le même événement arrive un grand nombre de fois de ſuite, qu'il l'eſt que différens événemens ſe ſuccédent; pourquoi, depuis que le monde exiſte, le premier de ces cas, auſſi poſſible qu'aucun autre pris en particulier, n'eſt-il jamais arrivé?

11. Mais quand j'aurois tort ſur ce point, (ce qui me paroît difficile à prouver) il n'en feroit pas moins certain que M. Bernoulli devroit (dans ſes principes) être abſolument de mon avis; en effet, je déſire qu'on me faſſe voir la différence de ces deux raiſonnemens-ci:

Il y a près de 1500000 à parier contre un, que les Planetes, ſi elles avoient été jettées au haſard, ne ſe trouveroient pas dans une zone auſſi étroite que celles qu'elles occupent.

Donc cette diſpoſition des Planetes n'eſt pas l'effet du haſard. C'eſt le raiſonnement de M. Bernoulli.

Voici celui que je fais d'après lui:

Il y a près de 1500000 à parier contre un, que croix n'arriveroit pas un tel nombre de fois de ſuite;

Donc ſi croix arrive en effet un tel nombre de fois de ſuite, ce ne ſera pas l'effet du haſard.

Donc ſi on s'en tient au pur haſard, on ne doit pas faire entrer en ligne de compte la combinaiſon qui feroit arriver croix ce nombre de fois de ſuite.

La parité des deux raiſonnemens ſuivans ſera peut-être encore plus frappante.

Il y a l'infini contre un à parier que les Planetes étant jettées au hasard, ne se mouvront pas dans un même plan.

Donc si les Planetes se mouvoient dans un même plan, il seroit impossible (puisqu'il y auroit l'infini contre un) que cette disposition fût l'effet du hasard; c'est le raisonnement de M. Bernoulli.

Voici maintenant le raisonnement parallèle.

Il y a l'infini contre un à parier que le même coup *croix* ou *pile* n'arrivera pas une infinité de fois de suite, si on abandonne les coups au hasard.

Donc si on s'en tient au pur hasard, il est impossible que *croix* ou *pile* arrivent une infinité de fois de suite.

Donc on doit supposer dans l'analyse des jeux que *croix* arrivera enfin après *pile*, ou *pile* après *croix*.

12. Ces raisonnemens sont absolument les mêmes; j'avoue encore une fois qu'ils ne sont pas concluans, & que la raison pour laquelle on doit exclure *croix* arrivant une infinité ou même un grand nombre de fois de suite, ce n'est pas à cause du peu de probabilité mathématique (car chacun des autres coups en particulier n'est pas plus probable mathématiquement, & cependant il faut bien qu'il arrive un de ces cas); c'est parce que le même événement n'arrive jamais dans la nature un très-grand nombre de fois de suite.

13. Nous aurions, je crois, plus de lumieres sur ce sujet, si nous avions plus de connoissance de la nature, ou même seulement plus de faits observés. Pour le faire

ſentir par un exemple frappant, il eſt certain que chaque homme, pris en particulier, peut vivre ſoixante ans & au-delà; donc, mathématiquement parlant, on peut ſuppoſer que cent perſonnes nées à-la-fois vivront chacune ſoixante ans & au-delà; puiſqu'il n'y a point de raiſon pourquoi chacune de ces perſonnes, priſe en particulier, mourroit avant cet âge; auſſi cette concluſion nous paroîtroit évidente, ſi l'expérience ne nous avoit appris qu'elle n'eſt pas vraie, & que, phyſiquement parlant, cent perſonnes nées enſemble ne ſauroient vivre ſoixante ans chacune. Ainſi dans les choſes où l'expérience nous éclaire, nous excluons bien des combinaiſons qui ſans les lumieres qu'elle nous donne, nous paroîtroient parfaitement juſtes. Qui nous aſſurera qu'il n'en ſeroit pas de même ſi nous étions plus éclairés ſur le poſſible?

14. Pour rendre ceci plus ſenſible, je vais faire encore deux raiſonnemens parallèles comme dans l'art. 11 ci-deſſus.

Soient tant d'hommes qu'on voudra *a*, *b*, *c*, *d*, &c. qu'on ſuppoſe nés à-la-fois; il eſt certain que *a* peut vivre cent ans, que *b* peut vivre auſſi cent ans, & de même de *c*, &c. Donc conclura-t-on, *a*, *b*, *c*, *d*, &c. pris enſemble, pourront vivre chacun cent ans.

Cette concluſion eſt démentie par l'expérience; elle eſt parfaitement ſemblable à celle-ci:

Si on jette une piéce en l'air mille fois de ſuite, croix peut arriver au premier coup, il peut arriver au ſecond, au troiſiéme; &c. donc il peut arriver ſucceſſivement au premier, au fecond, au troifiéme, au quatriéme, &c. Or je dis que cette feconde conclufion, parfaitement femblable à la précédente, pourroit bien être toute auffi fauffe ; & que l'expérience qui dément formellement la premiere, rend au moins la feconde très-fufpecte.

15. Auffi un très-profond & très-habile Analyfte, qui a mieux aimé examiner mes raifonnemens fur cette matiere, que de les juger légérement, m'écrit ces propres paroles : » je penfe comme vous que le calcul des pro» babilités, dont on a fait tant d'applications, a befoin » d'être repris dans fes principes ; car fi d'un côté il » fuppofe, par exemple, qu'une fuite très-longue de » *croix* eft auffi poffible qu'une fuite entremêlée de croix » & de pile felon une loi donnée & de la même lon» gueur, il fuppofe tacitement d'un autre côté que ces » différentes fuites arrivent enfin l'une après l'autre ; or » il me paroît que ces deux principes ne s'accordent » pas abfolument ; le fecond paroît être affez d'accord » avec ce qui fe paffe dans la nature ; mais c'eft peut» être une raifon pour que le premier n'y foit pas con» forme «. Ce raifonnement, qui me paroît auffi folide qu'ingénieux, pourroit, étant approfondi & développé, fournir de nouvelles preuves en faveur de mon fentiment. Un autre Mathématicien de la plus grande réputation & la mieux méritée, après m'avoir dit que mes réflexions fur l'Inoculation, imprimées dans le cinquiéme volume de mes Mêlanges de Philofophie, » font pleines » de vûes & de réflexions très-fines & très-exactes qui » avoient

» avoient échappé à tous ceux qui avoient déja traité » cette matiere, & qui la rendent tout-à-fait neuve & » intéressante «, ajoute : » à l'égard de vos difficultés sur » le calcul des probabilités, je conviens qu'elles ont » quelque chose de fort spécieux qui mérite l'attention » des Philosophes «. Un autre Ecrivain très-éclairé, qui a cultivé les Mathématiques avec succès, & qui est connu par un excellent Ouvrage de Philosophie, m'écrit au sujet du Tome V de mes *Mêlanges* : » ce que vous » dites sur la probabilité est excellent & très-évident ; » l'ancien calcul des probabilités est ruiné (*a*) & évidem- » ment fautif ; & on ne pourra en rétablir un nouveau » que quand on aura découvert quelques loix dans ces » variations de la nature ; mais cela est-il possible « ? Ces autorités, qui valent bien, je crois, les décisions qu'on m'objecte, ou qu'on pourroit m'objecter, étant jointes aux raisons que j'ai apportées en faveur de mon opinion, prouvent, ce me semble, qu'elle est au moins digne d'être examinée par des Mathématiciens profonds & Philosophes, mais non par ceux qui croiront seulement l'être. Je n'ai rien trouvé, non plus que vous, dans la brochure peu connue dont vous m'apprenez l'existence, j'y ai seulement vû que l'Auteur n'entend pas comment $(1+a)^p$ devient $\sqrt{(1+a)}$ lorsque $p = \frac{1}{2}$, & comment $\sqrt{(1+a)}$ est $< 1 + \frac{a}{2}$. On peut juger par-là du reste.

(*a*) Je n'en demande pas tant, à beaucoup près ; je ne prétends point *ruiner* le calcul des probabilités, je désire seulement qu'il soit éclairci & modifié.

Le même Auteur m'apprend encore (pour me prouver que je ne ſais ce que c'eſt que la vie moyenne) que ſi cent perſonnes priſes enſemble & nées en même-temps, vivent 27 ans l'une portant l'autre, il y en aura environ 44 qui vivront l'une portant l'autre 60 ans, parce que $\frac{2700}{60}=44$ environ ; d'où réſulte cette curieuſe conſéquence, que ſi cent perſonnes vivent 27 ans l'une portant l'autre, 200 perſonnes ne vivront que la moitié de 27 ans ; parce que $\frac{2700}{200}=\frac{27}{2}$; ou ce qui eſt encore plus merveilleux, que *ſur cent* perſonnes qui vivent 27 ans, l'une portant l'autre, *il y en aura* 200 qui n'en vivront (l'une portant l'autre) que la moitié.

16. Laiſſons cela, & revenons encore un moment à la ſimilitude d'un grand nombre d'événemens ſucceſſifs. On ſait que la durée de trois générations ſucceſſives eſt d'environ cent ans, & que chacune eſt de 32 ans à peu près. Si l'on ſuppoſoit cent perſonnes de pere en fils, qui priſes enſemble doivent vivre 3200 ans, & qu'on ſuppoſât dans quelque calcul de combinaiſon que chacune des cent perſonnes vécût exactement 32 ans, je demande ſi tous ceux à qui on préſenteroit ce calcul ne rejetteroient pas, comme contraire à l'expérience, la ſuppoſition ſur laquelle il ſeroit fondé, quoique dans cette ſuppoſition les cent perſonnes priſes enſemble ne vêcuſſent pas davantage que la loi de la nature ne le comporte. Or voilà préciſément le cas de croix ou pile arrivant cent fois de ſuite ou davantage. En un mot, tout nous fait voir que dans l'ordre des choſes, le même événement n'arrive jamais un très-grand nombre de fois de

ſuite, & très-rarement même un petit nombre de fois. Je vous renvoie ſur ce ſujet à ce que j'ai dit dans mon dixiéme Mémoire, p. 10, ſur le cas de 2^{100} Joueurs qui jettent chacun cent fois de ſuite une même piéce en l'air; & je dis qu'on peut parier ſans aucun riſque qu'aucun de ces Joueurs n'amenera cent fois de ſuite ni croix ni pile.

17. Encore un mot ſur le problême de Petersbourg. Vous dites, Monſieur, que la raiſon pour laquelle on trouve l'enjeu infini, c'eſt la ſuppoſition tacite qu'on fait que le jeu peut avoir une durée infinie, ce qui n'eſt pas admiſſible, attendu que la vie des hommes ne dure qu'un temps. Mais que de réponſes a faire à cette objection? 1°. Suppoſons deux hommes, ou ſi vous voulez deux êtres qui doivent vivre l'éternité, l'objection n'aura plus lieu, & la ſolution ne vaudra pas mieux qu'auparavant. 2°. Quand on trouve l'enjeu infini, cela ſignifie ſeulement que quelque ſomme que l'un des Joueurs donne d'avance à l'autre, pour compenſer le riſque que ce dernier court, il ne donnera jamais aſſez; or c'eſt-là ce que je prétends abſurde, puiſqu'en ſuppoſant que le jeu pût durer ſeulement vingt ans, & qu'on jouât un coup par ſeconde, l'un des Joueurs devroit donner une ſomme exorbitante. 3°. Suppoſons que le nombre des coups ſoit fixé, par exemple, à cent mille; l'enjeu ſera de 50000 écus ſuivant la régle admiſe, & cependant ceux qui ont propoſé ce problême, conviennent qu'on ſeroit inſenſé de donner ſeulement 20 écus. Ce n'eſt donc pas l'infinité (ſuppoſée poſſible) de la durée du jeu, qui rend

ici le résultat absurde, mais la supposition seule que l'un des deux coups arrive constamment un très-grand nombre de fois de suite. 4°. Au lieu de supposer que l'un des Joueurs doive donner à l'autre un écu au premier coup, deux au second, quatre au troisiéme, &c. toutes les autres conditions étant d'ailleurs absolument les mêmes, supposons qu'il doive ne donner qu'un écu à chaque coup; on trouvera qu'alors l'enjeu devra être $\frac{1}{2} + \frac{1}{4}$, &c. à l'infini $= 1$ écu; quoiqu'on suppose, comme dans le premier cas, que la durée du jeu puisse être infinie. Ce n'est donc pas la durée du jeu supposée infinie qui rend l'enjeu infini; puisque dans le cas dont nous venons de parler, l'enjeu n'est que fini & même peu considérable.

18. Mais ce dernier cas peut fournir contre moi une objection que personne ne m'a faite, & qui peut néanmoins paroître très-forte. On pourroit dire: » dans le » cas précédent le calcul donne 1 pour la somme que » l'un des Joueurs doit donner à l'autre avant le jeu; & » ce résultat est en effet conforme à la raison: car puis» que le Joueur qui doit donner cet enjeu, recevra in» failliblement de l'autre un écu, ni plus ni moins, quel» que chose qui arrive, il est clair que pour rendre égale » la condition des deux Joueurs, il doit donner un écu » à l'autre. Or c'est ce qui ne devroit pas être suivant » votre maniere d'évaluer les probabilités: car la pro» babilité que l'un des deux coups arrivera un très-grand » nombre de fois de suite, étant nulle, selon vous, la » serie $\frac{1}{2} + \frac{1}{4} + \frac{1}{8}$, &c. aboutira, après un certain nombre

» fini de termes, à zero abſolu, & par conſéquent le » produit de 1 par cette ſerie ſera < 1 «. Je réponds que cette objection, ſans me faire changer de ſentiment ſur l'impoſſibilité phyſique d'un grand nombre d'événemens ſemblables entr'eux, impoſſibilité que je crois inconteſtable par l'expérience, me rend ſeulement très-ſuſpecte une autre régle du calcul des probabilités, dont j'ai déja touché un mot (art. 5, n°. 3) & qui conſiſte a ajouter les *eſpérances partielles* pour avoir l'*eſpérance totale.* En effet, ſuppoſant que le jeu, au lieu d'être d'une durée infinie, ſoit fixé à 1000 coups, on trouve, ſuivant la régle dont il s'agit, que l'enjeu doit être $1 \times (\frac{1}{2} + \frac{1}{4} \ldots\ldots + \frac{1}{2^{1000}}) = 1 \times (\frac{1}{4} - \frac{1}{2^{1002}}) : \frac{1}{4}$, ce qui fait un peu moins d'un écu; or je dis que cet enjeu eſt trop foible, & que comme il eſt impoſſible ſelon moi, phyſiquement parlant, que l'un des deux coups arrive conſtamment 1000 fois de ſuite, il eſt impoſſible, phyſiquement parlant, que le Joueur qui doit donner l'enjeu, ne gagne pas un écu; que par conſéquent c'eſt un écu qu'il doit donner; que par conſéquent ſi on ſuppoſe, comme je le fais, la ſuite des probabilités $\frac{1}{2}$, $\frac{1}{4+\alpha}$, $\frac{1}{8+\beta}$, &c. l'enjeu doit être plus grand que la ſomme des eſpérances partielles $1 \times \frac{1}{2} + 1 \times \frac{1}{4+\alpha} + 1 \times \frac{1}{8+\beta}$, &c. Si deux Joueurs jouoient ainſi pendant toute leur vie, en recommençant le jeu après mille coups, & qu'à chaque nouvelle partie, celui qui doit donner l'enjeu, donnât un peu moins d'un écu suivant la régle ordinaire, je suis bien sûr qu'il gagneroit à ce jeu-là, & je ne doute pas que tout homme plus raisonnable que raisonneur ne soit en cela de mon avis. Au lieu que si deux Joueurs jouent un écu à croix & pile en un seul coup & en plusieurs parties de suite, & que pour chaque coup l'un des deux Joueurs donne, comme il le doit, un demi-écu à l'autre, on peut assurer avec certitude qu'aucun des deux Joueurs ne s'enrichira à ce jeu-là. Dans ce dernier cas (de croix ou pile en un seul coup) il n'y a personne, qui lorsque l'enjeu est donné, ne parie indifféremment pour l'un des deux Joueurs; dans le cas de *croix* ou *pile* en mille coups, il n'y a personne qui ne parie pour celui qui a donné l'*enjeu* d'un peu moins d'un écu. Cependant il faudroit, pour que les régles de l'analyse des jeux fussent bonnes sans exception, que dans tous les cas, lorsque l'enjeu est fixé & donné entre deux Joueurs, un troisiéme Joueur survenant, pût parier indifféremment pour l'un ou pour l'autre.

19. D'ailleurs quand on suppose (dans l'objection de l'article 17) que le jeu peut ne finir jamais, & qu'on trouve par la régle ordinaire un écu pour enjeu dans ce cas-là, il est aisé pour tous ceux qui se sont formé des idées nettes de la somme des suites infinies, de voir que cette somme (un écu) que l'on trouve par le calcul, n'est pas véritablement l'enjeu, mais la *limite* de l'enjeu, c'est-à-dire, que l'enjeu sera trop fort s'il est d'un écu, & trop foible s'il est au-dessous; trop fort, parce qu'il peut arri-

ver, mathématiquement parlant, que le jeu ne finiſſe jamais, & qu'ainſi l'autre Joueur ne donne jamais l'écu qu'il a promis; trop foible, parce que le nombre des coups étant indéfini, l'enjeu doit être plus fort que ſi le jeu étoit fixé à un nombre de coups auſſi grand qu'on voudroit. Or je dis qu'il eſt abſurde de prétendre que l'enjeu puiſſe jamais être trop fort dans ce cas-là, & de le prétendre par la raiſon métaphyſique & idéale, que le jeu peut ne jamais finir; il n'y a point de Joueur qui balançât, dans le cas dont il s'agit, à donner ſon écu; & qui ne fût bien ſûr de le regagner en très-peu de temps.

20. Vous me demanderez peut-être comment il ſe peut faire que l'eſpérance totale ſoit plus grande que la ſomme des eſpérances partielles. Je vous répondrai que cela vous paroîtra moins paradoxe, quand vous ferez réflexion qu'on n'a point encore attaché d'idée nette à ce qu'on entend par *eſpérance*, & à plus forte raiſon par *eſpérance partielle* & par *eſpérance totale* (Voyez ci-deſſus, art. 5). Je vois bien qu'un Joueur a d'autant plus d'eſpérance de gagner qu'il y a plus de cas pour lui, & l'eſpérance de gagner en *total* une ſomme d'autant plus forte que chacun de ces cas doit le faire gagner davantage; mais je ne vois pas clairement comment cette eſpérance s'évalue avec préciſion par la méthode ordinaire, & je ne conviendrai jamais que l'*eſpérance* de gagner un écu avec la probabilité $\frac{1}{2}$, la *certitude* de gagner $\frac{1}{2}$ écu avec la probabilité 1 (probabilité qui équi-

vaut à la certitude abſolue) & l'*eſpérance* de gagner cent mille écus, avec la probabilité $\frac{1}{100000}$, ſoient égales entr'elles, enſorte qu'un Joueur à qui un de ces *ſorts* ſera échu puiſſe le donner pour l'un des deux autres indifféremment; car c'eſt encore une choſe qu'on ſuppoſe dans l'analyſe des jeux, & ſelon moi une choſe très-fauſſe, que deux ſorts qu'on trouve égaux par le calcul, peuvent être changés l'un pour l'autre; la fauſſeté de cette ſuppoſition, fauſſeté que je crois évidente, eſt peut-être, ainſi que la réflexion qui ſe trouve à la fin de l'article 17, une des plus fortes objections qu'on puiſſe faire contre les régles reçues de l'analyſe des jeux.

21. Il me ſemble que dans cette analyſe on tombe dans deux défauts; 1°. on combine enſemble des choſes entiérement étrangeres l'une à l'autre; on confond l'*eſpérance* qui dépend uniquement de la probabilité du nombre des coups favorables, avec la *ſomme eſpérée* qui eſt totalement indépendante de cette probabilité, & qui rend à la vérité le gain plus grand, mais non l'*eſpérance* plus grande. S'il y a $\frac{1}{2}$ de probabilité que je gagnerai un écu, & $\frac{1}{100000}$ de probabilité que j'en gagnerai cent mille; l'*eſpérance* eſt plus grande dans le premier cas, & la *ſomme eſpérée* dans le ſecond; & c'eſt confondre, ce me ſemble, toutes les idées, que de dire, comme il réſulte des régles de l'analyſe des jeux, que dans ces deux cas le ſort eſt égal. 2°. On compare de plus dans cette analyſe des choſes diſparates & incommenſurables, la certitude avec la probabilité. Soit z la ſomme

me que doit mettre au jeu celui des deux Joueurs qui a de l'avantage, parce qu'il a la probabilité $\frac{1}{m}$ de gagner la somme x; on fait $z = \frac{x}{m}$; cette équation suppose tacitement, ou plutôt il en résulte, que pour l'un des Joueurs, pour celui qui a mis l'enjeu z, la *certitude* de perdre la somme z est égale *à la probabilité* de gagner la somme x, & que pour l'autre la certitude de gagner cette somme z est égale à la *probabilité* de perdre la somme x; d'où l'on conclut que le sort des deux Joueurs est, par ce moyen, devenu égal. Or je nie que la certitude de perdre un écu soit égale à la probabilité $\frac{1}{1000}$ de gagner 1000 écus; je nie aussi que deux Joueurs, dont l'un aura la probabilité $\frac{1}{100}$ de gagner 1000 écus, & l'autre la probabilité $\frac{99}{100}$ d'en gagner $\frac{1000}{99}$, ayent un sort égal. Cependant qu'on y prenne garde, c'est-là ce qu'on suppose tacitement dans le résultat du calcul des jeux de hasard; car voici le raisonnement implicite que l'on fait : » soit p le nombre des coups qui font gagner la » somme x, $p+q$ le nombre total des coups, & z l'en- » jeu; la certitude pour le premier Joueur de perdre son » enjeu z, est égale à la probabilité $\frac{p}{p+q}$ de gagner la » somme x; & le sort de ce Joueur, qui a la proba- » bilité p de gagner la somme $x-z$, est égal au sort » de l'autre Joueur qui a la probabilité q de gagner la » somme z «. Or voilà deux assertions que je nie par toutes les raisons rapportées ci-dessus. Et c'est encore par ces raiſons que j'ai dit ailleurs, qu'il n'étoit pas ſurprenant qu'il pût reſter de l'incertitude dans les principes d'un calcul où l'on ſe propoſe d'apprécier l'incertitude même, en la comparant à la certitude qui lui eſt incommenſurable, & en prétendant modifier cette incertitude par la valeur de la ſomme eſpérée.

22. Je ne dois pas oublier, Monſieur, de vous faire faire une obſervation au ſujet du mot *Conſtantinopolitanenſibus*, qu'on trouveroit écrit ſur une table avec des caracteres d'Imprimerie, & du raiſonnement que j'ai fait à ce ſujet dans le Tome V de mes *Mêlanges de Philoſophie*, page 293 & ſuiv. Il eſt certain que toute perſonne qui trouveroit ce mot écrit de la ſorte, ſe tiendroit auſſi ſûre que ce ne ſeroit pas l'effet du haſard, qu'elle peut être ſûre de l'exiſtence de la Ville de Rome; & cependant elle ne formeroit ce jugement, que parce qu'il ſe trouve par haſard une langue dans laquelle ces vingt-cinq caracteres ainſi arrangés forment un ſens; s'il n'y avoit aucune langue au monde dans laquelle *Conſtantinopolitanenſibus* fût un mot, on n'héſiteroit pas un moment à attribuer cet arrangement au haſard. Il y a plus : ſi le mot écrit avoit très-peu de lettres, comme *amor*, on aſſureroit beaucoup moins que cet arrangement ne fût pas dû au haſard; & s'il n'en avoit que deux, comme *et*, on n'aſſureroit plus abſolument rien. Donc puiſque nous aſſurerions ſi fermement que le mot *Conſtantinopolitanenſibus* écrit ſur une table eſt l'ouvrage d'une cauſe intelligente, quoique ce mot ne forme un

ſens que par une inſtitution arbitraire & accidentelle ; combien devons-nous être plus portés à aſſurer qu'un événement qui arrive cent mille fois de ſuite n'eſt pas l'effet du haſard ? L'expérience nous prouve, autant qu'il eſt poſſible, la variété & non la reſſemblance dans les effets ſucceſſifs de la Nature : & quand on voudroit ne ſe pas rendre à cette preuve, on conviendra du moins que tout ce que nous voyons, doit nous porter à croire que cette variété eſt dans la Nature une eſpéce de loi, & à douter ſi la ſimilitude des effets ſucceſſifs n'eſt pas contraire aux combinaiſons générales & inconnues qui réſultent de la conſtitution de l'Univers ; dès-lors, & en reſtant même dans l'abſtraction & la poſſibilité mathématique, il y a ſûrement plus à parier, d'après l'expérience, pour la poſſibilité de la variété, que pour celle de la ſimilitude ; & il en réſultera du moins, qu'en tirant de l'expérience même des concluſions purement mathématiques, la variété des événemens ſucceſſifs eſt plus poſſible que leur ſimilitude ; ou, pour s'exprimer avec plus de préciſion, qu'il y a plus à parier pour la premiere que pour la ſeconde.

23. En voilà aſſez, Monſieur, pour vous engager à penſer à cette queſtion. Vous ſupplérez aiſément, en rapprochant l'une de l'autre toutes mes raiſons de douter, à l'ordre que j'aurois pu y mettre, & qui en auroit encore augmenté la force. Je ne ſuis point ſurpris que le vulgaire des Mathématiciens, accoutumé a rejetter tout ce qui ſort des idées communes, ſoit peu diſpoſé a

adopter celle que je propose; je conçois même qu'elles pourront paroître étranges à de très-grands Géometres, sur-tout à ceux qui s'en tenant aux principes ordinaires, ne nous ont donné, selon moi, que de mauvaises solutions du problême du Petersbourg. Mais j'espere aussi que mes doutes engageront d'habiles gens sans préjugés a approfondir cette matiere épineuse, & à lui donner le degré d'évidence dont elle peut être susceptible.

24. Pour résumer en un mot tous mes doutes sur le calcul des probabilités, & les mettre sous les yeux des vrais Juges; voici ce que j'accorde & ce que je nie dans les raisonnemens explicites ou implicites sur lesquels ce calcul me paroît fondé.

Premier raisonnement. Le nombre des combinaisons qui amenent tel cas, est au nombre des combinaisons qui amenent tel autre cas, comme p est à q. Je conviens de cette vérité qui est purement mathématique; donc, conclut-on, la probabilité du premier cas est à celle du second comme p est à q. Voilà ce que je nie, ou du moins de quoi je doute fort; & je crois que si, par exemple, $p=q$, & que dans le second cas le même événement se trouve un très-grand nombre de fois de suite, il sera moins probable *physiquement* que le premier, quoique les probabilités mathématiques soient égales.

Second raisonnement. La probabilité $\frac{1}{m}$ est à la probabilité $\frac{1}{n}$ comme np écus est à mp écus. J'en conviens; donc $\frac{1}{m}\times mp$ écus $=\frac{1}{n}\times np$ écus; j'en conviens encore; donc l'*eſpérance*, ou ce qui eſt la même choſe, le *ſort* d'un Joueur qui aura la probabilité $\frac{1}{m}$ de gagner mp écus, ſera égale à l'eſpérance, au ſort d'un Joueur qui aura la probabilité $\frac{1}{n}$ de gagner np écus. Voilà ce que je nie; je dis que l'*eſpérance* eſt plus grande pour celui qui a la plus grande probabilité, quoique la ſomme eſpérée ſoit moindre, & qu'on ne doit pas balancer de préférer le ſort d'un Joueur qui a la probabité $\frac{1}{2}$ de gagner 1000 écus, au ſort d'un Joueur qui a la probabilité $\frac{1}{2000}$ d'en gagner 1000000.

Troiſiéme raiſonnement qui n'eſt qu'implicite. Soit $p+q$ le nombre total des cas, p la probabilité d'un certain nombre de cas, q la probabilité des autres; la probabilité de chacun ſera à la certitude totale, comme p & q ſont à $p+q$. Voilà ce que je nie encore; je conviens, ou plutôt j'accorde, que les probabilités de chaque cas ſont comme p & q; je conviens qu'il arrivera certainement & infailliblement un des cas dont le nombre eſt $p+q$; mais je nie que du rapport des probabilités entr'elles, on puiſſe en conclure leur rapport à la certitude abſolue, parce que la certitude abſolue eſt infinie par rapport à la plus grande probabilité.

Vous me demanderez peut-être quels ſont les principes qu'il faut, ſelon moi, ſubſtituer à ceux dont je révoque en doute l'exactitude? Ma réponſe ſera celle que j'ai déja faite; je n'en fais rien, & je suis même très-porté à croire que la matiere dont il s'agit, ne peut être soumise, au moins à plusieurs égards, à un calcul exact & précis, également net dans ses principes & dans ses résultats.

§. II.

Sur les calculs relatifs à l'Inoculation.

1. Si mes doutes sur le calcul des probabilités peuvent trouver de la contradiction auprès des Mathématiciens, faits ou non faits pour en juger, je me flatte, Monsieur, qu'il n'en sera pas de même de mes réflexions sur la maniere de calculer les avantages de l'inoculation, sur-tout depuis que j'ai tâché de les mettre dans le plus grand jour pour tous les Lecteurs, (Tome V de mes Mêlanges de Philosophie); aussi j'ai la satisfaction de voir, qu'à l'exception de M. Daniel Bernoulli, trop intéressé à ne les pas admettre, tous ceux dont je puis & dont je dois vraiment désirer le suffrage, ont été frappés de la justesse & de la clarté de ces réflexions. Vous m'invitez à cette occasion à vous faire part des nouvelles objections que je vous ai annoncées (*a*) contre la théorie de M. Bernoulli. Voici ces objections que je soumets à votre jugement; je placerai à la suite quelques réflexions sur les calculs relatifs à l'inoculation.

2. Ayant jetté les yeux sur la table de M. Bernoulli,

(*a*) Voyez ci-dessus, page 105.

page 44 des Mémoires de 1760 ; je vois que par le calcul fondé ſur ſa formule, il trouve qu'il doit mourir dans la premiere année 17,1 perſonnes de la petite vérole, 12,4 dans la ſeconde, 9,7 dans la troiſiéme, &c. Or ces réſultats ſont contraires à l'hypothèſe ſur laquelle il a fondé ſon calcul, qu'il meurt par année de la petite vérole $\frac{1}{64}$ de ceux qui ne l'ont pas eue ; car 1°. $\frac{1300}{64} = 20,3$ & non pas 17. 2°. A la fin de la premiere année il reſte 1000 perſonnes vivantes, dont 896 n'ont pas eu la petite vérole ; or la 64e partie de 896 eſt 14, & non pas 12,4, & ainſi de ſuite. Il eſt vrai que les différences des véritables nombres d'avec ceux de la table de M. Bernoulli vont toujours en diminuant ; mais ſon analyſe n'en eſt pas plus exacte, d'après les ſuppoſitions ſur leſquelles elle eſt fondée.

3. Le défaut de cette analyſe vient de ce que M. Bernoulli ayant ſuppoſé qu'il meurt pendant l'année $\frac{1}{64}$ de ceux qui n'ont pas eu la petite vérole, il en conclut, en appellant s le nombre de ceux qui n'ont pas encore eu la petite vérole au commencement du temps x, que le nombre de ceux qui meurent pendant le temps dx eſt $\frac{s\,dx}{64}$, ce qui n'eſt pas exact ; la vraie hypothèſe ſur laquelle devoit être fondé le calcul de M. Bernoulli, pour que l'un & l'autre fuſſent d'accord, n'eſt pas qu'il meurt $\frac{1}{64}$ des variolés par an, mais 1°. que $\frac{d\lambda}{s} = \frac{dx}{8}$, en prenant $d\lambda$ pour le nombre de ceux qui pren-

nent la petite vérole pendant le temps infiniment petit dx; 2°. que $\frac{d\omega}{s} = \frac{dx}{64}$, en prenant $d\omega$ pour le nombre de ceux qui meurent de cette maladie; en effet, puisque $\frac{sdx}{8}$, est, selon lui, le nombre de ceux qui prennent la petite vérole pendant le temps dx, & $\frac{sdx}{64}$ le nombre de ceux qui en meurent; donc lorsque $x = 1$, c'est-à-dire, au bout de l'année, le premier de ces nombres est = à la valeur de $\int \frac{sdx}{8}$ & le second égal à $\int \frac{sdx}{64}$; or chacun de ces nombres est évidemment plus petit que $\frac{\sigma}{8}$ & $\frac{\sigma}{64}$, σ étant la valeur de s lorsque $x = 0$; par la raison que durant le cours de l'année, s va en diminuant. Donc si $\frac{sdx}{8}$ & $\frac{sdx}{64}$ marque, comme le veut M. Bernoulli, le nombre des variolés pendant le temps dx, & le nombre de ceux qui en meurent, $\frac{s}{8}$ & $\frac{s}{64}$ ou $\frac{\sigma}{8}$ & $\frac{\sigma}{64}$ n'exprimeront point, comme il le suppose, le nombre de ceux qui ont la petite vérole pendant l'année & qui en meurent.

4. Soit B le nombre des vivans au bout d'un temps x, ς ceux qui n'ont point eu la petite vérole, ξ' la quantité dont le nombre B est diminué au bout du temps qu'on suppose ici d'un an; θ celle dont le nombre ς est aussi

aussi diminué au bout d'un an; il est visible que θ est composé de deux parties; 1°. d'une partie $=\frac{\varsigma}{n}$, c'est-à-dire, de ceux qui prennent la petite vérole pendant l'année; 2°. de ceux qui meurent pendant l'année par d'autres maladies que la petite vérole; or on suppose avec M. Bernoulli, que pendant l'année il meurt $\frac{1}{m}$ du nombre de ceux qui ont la petite vérole; donc le nombre des morts de la petite vérole pendant l'année sera $\frac{\varsigma}{mn}$; donc sur le nombre B, ou plutôt $B-\frac{\varsigma}{mn}$, il meurt par d'autres maladies que la petite vérole un nombre $=\xi'-\frac{\varsigma}{mn}$; donc sur le nombre $\varsigma-\frac{\varsigma}{mn}$, de ceux qui dans le nombre ς ne meurent point de la petite vérole pendant l'année, il doit mourrir pendant cette année $\frac{(\xi'-\frac{\varsigma}{mn})(\varsigma-\frac{\varsigma}{mn})}{B-\frac{\varsigma}{mn}}$; donc $\theta=\frac{\varsigma}{n}+\frac{(\xi'-\frac{\varsigma}{mn})(\varsigma-\frac{\varsigma}{mn})}{B-\frac{\varsigma}{mn}}$; & faisant $\varsigma=kB$, on aura à très-peu près $\theta=\frac{kB}{n}+(\xi'-\frac{kB}{mn})\times k(1-\frac{1}{mn}+\frac{k}{mn})$.

5. Or par les calculs de M. Bernoulli, (Mém. Acad.

1760, page 13) on trouve $s = \frac{m\xi}{e^{\frac{x-c}{n}}+1}$, $\frac{1}{n}$ représentant le nombre de ceux qui sur la quantité s doivent prendre la petite vérole pendant l'année, $\frac{1}{m}$ le nombre des variolés qui meurent, & ξ le nombre total des vivans; & en supposant $s = k\xi$ lorsque $x = 0$, on a $\frac{m}{e^{\frac{c}{n}}+1} = k$, & $e^{\frac{c}{n}} = \frac{m}{k} - 1$; donc s est égal à $\frac{m\xi}{e^{\frac{x}{n}}\left(\frac{m-1}{k}\right)+1}$; donc au bout du temps x la valeur de s est $= \frac{m(B-\xi')}{1+\left(\frac{m}{k}-1\right)e^{\frac{x}{n}}}$, & la somme $\int\frac{s\,dx}{n}$ de ceux qui prennent la petite vérole pendant le temps x, sera l'intégrale de $\frac{m\,dx\,(B-\xi')}{n\left[1+\left(\frac{m}{k}-1\right)\left(1+\frac{x}{n}+\frac{x^2}{2n^2}+\&c.\right)\right]} =$ $\frac{kB\,dx - k\xi'\,dx}{n} \times \frac{1}{1+\left(1-\frac{k}{m}\right)\frac{x}{n}+\left(1-\frac{k}{m}\right)\frac{x^2}{2n^2}}$; la valeur approchée de cette intégrale lorsque $x = 1$, sera évidemment différente de la valeur de θ trouvée ci-dessus; & on peut remarquer, pour pouvoir les comparer aisément, que la valeur de $\int\xi'dx$ lorsque $x =$ un an $=$ 1, est à peu-près $\frac{\xi'}{2}$, en prenant dans ce cas ξ' pour la valeur de ξ' au bout de l'année, comme dans l'article précédent; & qu'en général $\int\xi'x^p dx$ sera à peu près

$\frac{\xi' x^{p+1}}{2(p+1)} = \frac{\xi'}{2(p+1)}$. Il eſt vrai que la différence entre 6 & $\int \frac{s\,dx}{n}$ ſera d'autant plus petite que ξ' & k ſeront plus petits ; mais cette différence ne laiſſera pas d'être très-ſenſible, ſur-tout dans les premieres années de la vie, comme il réſulte de l'article 2 ci-deſſus ; elle ſera même évidemment plus grande que les quantités de l'ordre de la fraction $\frac{1}{mn}$, auxquelles M. Bernoulli a égard dans ſon calcul ; ainſi ce grand Géometre ne peut juſtifier ſon analyſe en diſant qu'il n'a voulu donner qu'un calcul approché, puiſque dans cette analyſe il néglige des quantités d'un ordre plus grand que celles auxquelles il a égard.

6. Voici, ce me ſemble, comment M. Bernoulli auroit dû s'y prendre, pour trouver, d'après ſes hypothèſes, la vraie équation qui doit donner la valeur de s. Soit $\xi = \Delta x$, $s = \varphi x$, Δx étant connu par les tables de Halley, & φx étant inconnue ; il eſt clair, 1°. qu'au bout de l'année, que j'appelle 1, le nombre s ſera diminué de la quantité $\varphi x - \varphi(x+1)$; 2°. que ce nombre ſera diminué d'abord de ceux qui prendront la petite vérole pendant l'année, ſavoir $\frac{\varphi x}{n}$, & enſuite de ceux qui mourront pendant l'année par d'autres maladies ; or le nombre de ces derniers ſe trouve aiſément (article 4) $= \left(\Delta x - \Delta(x+1) - \frac{\varphi x}{mn}\right) \times \frac{\varphi x - \frac{\varphi x}{mn}}{\Delta x - \frac{\varphi x}{mn}}$; on aura

donc pour la vraie équation qui convient à l'hypothèſe de M. Daniel Bernoulli, $\varphi x - \varphi(x+1) = \frac{\phi x}{n} + \frac{[\Delta x - \Delta(x+1) - \frac{\phi x}{mn}](\phi x - \frac{\phi x}{mn})}{\Delta x - \frac{\phi x}{mn}}$.

7. Or $\varphi(x+1) = \varphi x + \frac{d\phi x}{dx} + \frac{d^2 \phi x}{2 dx^2} + \frac{d^3 \phi x}{2.3.dx^3}$, &c. & par la même raiſon $\Delta(x+1) = \Delta x + \frac{d\Delta x}{dx} + \frac{d^2 \Delta x}{2dx^2}$, &c. de plus $d\phi x = ds$, $d\Delta x = d\xi$; donc on aura $-\frac{ds}{dx} - \frac{dds}{2dx^2} - \frac{d^3 s \text{ \&c.}}{2.3.dx^3} = \frac{s}{n} - (\frac{d\xi}{dx} + \frac{dd\xi}{2dx^2} + \frac{d^3 \xi \text{ \&c.}}{2.3.dx^3} + \frac{s}{mn}) \times (s - \frac{s}{mn}) : (\xi - \frac{s}{mn})$.

8. Comme dans cette équation s eſt toujours une aſſez petite quantité par rapport à ξ, on pourra l'intégrer aiſément par approximation, en intégrant d'abord, par les méthodes connues, l'équation approchée $-\frac{ds}{dx} = \frac{s}{n} - (\frac{d\xi}{dx} + \frac{dd\xi}{2dx^2} + \frac{d^3 \xi \text{ \&c.}}{2.3.dx^3} + \frac{s}{mn}) \times (\frac{s}{\xi} - \frac{s}{mn\xi})$ ou plus exactement $-\frac{ds}{dx} = \frac{s}{n} + [\Delta x - \Delta(x+1) - \frac{s}{mn}] \times (\frac{s}{\xi} - \frac{s}{mn\xi})$, ou plus exactement encore, d'après l'équation générale de l'article 6,

$$-\frac{ds}{dx}=\frac{s}{n}+s-\frac{s}{mn}-\Delta(x+1)\times(s-\frac{s}{mn})\times$$

$(\frac{1}{\xi}+\frac{s}{mn\xi^2})$ qui se réduit à cette forme intégrable $ds=\rho s dx+\varpi s^2 dx$, ρ & ϖ étant des fonctions connues de x. Ayant trouvé par cette intégration la premiere valeur approchée de s, on mettra cette valeur dans les termes négligés de l'équation rigoureuse (art. 7); on fera ensuite $s=s'+\rho'$, s' étant la valeur de s, qui vient d'être déja déterminée par notre premiere approximation; & en négligeant le quarré de ρ', on aura à intégrer une équation de cette forme $d\rho'+\alpha\rho' dx+\text{Ϭ}dx=0$, α & Ϭ étant des fonctions connues de x, & ainsi de suite. Cette approximation donnera la valeur de s aussi exactement qu'on le peut désirer.

9. Au reste dans tous les calculs précédens nous avons fait avec M. Bernoulli une autre supposition qui peut-être pourroit bien être contestée; nous avons supposé tacitement que ceux qui dans l'année réchappent de la petite vérole après l'avoir eue, savoir $\frac{\text{Ϭ}}{n}-\frac{\text{Ϭ}}{mn}$, sont aussi sujets à mourir dans la même année par d'autres maladies que le reste des hommes; & c'est de quoi on peut très raisonnablement douter; car l'expérience paroît prouver qu'il est rare, quand on est réchappé d'une maladie mortelle, & en particulier de la petite vérole, de mourir dans la même année d'une autre maladie. D'après cette idée, si on supposoit que ceux qui

ont eu la petite vérole pendant l'année, & qui en sont réchappés, ne meurent point par d'autres maladies, pendant cette année, ou du moins meurent en très-petit nombre dans le rapport de $1-\omega$ à 1, ω étant très-peu différent de l'unité, alors $\frac{\beta}{n}-\frac{\beta}{mn}$ étant le nombre de ceux qui réchappent de la petite vérole, $\frac{\beta\omega}{n}-\frac{\beta\omega}{mn}$ feroit le nombre de ceux de ces *réchappés* qui ne doivent point mourir pendant l'année par d'autres maladies; ainsi au lieu de $\frac{\beta-\frac{\beta}{mn}}{B-\frac{\beta}{mn}}$ dans le calcul de l'art. 4, il faudroit mettre $\frac{\beta-\frac{\omega\beta}{n}+\frac{\omega\beta}{mn}}{B-\frac{\omega\beta}{n}+\frac{\omega\beta}{mn}}$, ω étant une fraction très-peu différente de l'unité, & qu'on pourroit, si l'on vouloit, supposer constante; ce qui ne rendroit pas plus compliquées les équations, mais rendroit les résultats fort différens. En effet, dans l'hypothèse précédente, le résultat de l'équation sera à peu près le même que si, au lieu de supposer, par exemple $m=8$, on supposoit $\frac{1}{m}$ une fraction peu différente de l'unité; puisque $\frac{\omega\beta}{n}-\frac{\omega\beta}{mn}=\frac{\beta}{n}\left(\omega-\frac{\omega}{8}\right)$ est substitué à $\frac{\beta}{8n}$, dans le calcul de l'article 4, ω étant une quantité presqu'égale à 1; & dans l'équation de M. Daniel Bernoulli, au lieu de ſuppoſer —

$$ds = \frac{s\,dx}{n} - \left(d\xi + \frac{s\,dx}{mn}\right) \times \frac{s}{\xi}, \text{ il faudroit faire}$$

$$-ds = \frac{s\,dx}{n} - \left(d\xi + \frac{s\,dx}{mn}\right) \times \frac{\left(s - \frac{\alpha s}{n} + \frac{\alpha s}{mn}\right)}{\xi - \frac{\alpha s}{n} + \frac{\alpha s}{mn}}.$$

Au reſte je n'inſiſte pas ſur cette équation, quoique fondée ſur une hypothèſe, ſelon moi, aſſez plauſible; & je m'en tiens à l'équation de M. Bernoulli, corrigée d'après l'article 7.

10. Ce n'eſt pas tout encore, Monſieur: je crois vous avoir déja prouvé dans une autre lettre (*a*), qu'en accordant même à M. Bernoulli tous les principes de ſon analyſe, les réſultats de ſes calculs ne ſont nullement d'accord entr'eux; j'ajoute aujourd'hui qu'ils ne me paroiſſent nullement d'accord avec l'expérience, & qu'ils me ſemblent diminuer beaucoup trop le nombre de ceux qui à chaque âge n'ont point eu la petite vérole. En effet, je prends la formule générale de M. Bernoulli, ſavoir $s = \frac{8\xi}{7e^{\frac{x}{8}} + 1}$, en ſuppoſant comme lui, x pour le nombre d'années écoulées depuis la naiſſance; cela poſé il eſt aiſé de voir que dans la formule de M. Bernoulli $e^{\frac{x}{8}}$ eſt égale à la quantité qui a pour logarithme dans les tables le nombre $\frac{x}{8} \times 0,4342944$; ſuppoſant donc

(*a*) Voyez ci-deſſus, pages 190 & ſuiv.

$x = 8$	on aura $e^{\frac{x}{8}}$ . .	2,7183
$x = 16$	. . . .	7,3891
$x = 24$	. . . .	20,085
$x = 32$	. . . .	54,598
$x = 40$	. . . .	148,41
$x = 48$	. . . .	403,43
$x = 56$	. . . .	1096,65
$x = 64$	. . . .	2980,95
$x = 72$	. . . .	8104,9
$x = 80$	. . . .	22031,5
$x = 88$	. . . .	59878

11. Donc si, par exemple, $x = 24$, on aura $\frac{s}{\xi} = \frac{8}{7 \times 20{,}085 + 1} = \frac{1}{20{,}085 - \frac{19{,}085}{8}}$; c'est-à-dire que sur environ 18 personnes agées de 24 ans, il n'y en auroit qu'une qui n'auroit pas eu la petite vérole; on trouvera de même que sur environ 350 personnes âgées de 48 ans, il n'y en auroit qu'une qui n'auroit pas eu la petite vérole. Or ces faits me paroissent absolument contredits par l'expérience, comme je crois l'avoir prouvé dans mes *Mêlanges de Philosophie*, Tome V, p. 372 & suiv. Joignez à cette réflexion le peu d'exactitude de la supposition faite par M. Bernoulli, que sur ceux qui sont attaqués de la petite vérole, il en meurt $\frac{1}{8}$ à tout âge, hypothése dont l'expérience prouve évidemment la fausseté; & vous conclurez de tout ce qui a été

été dit ci-dessus, que les calculs de grand Géométre sont fondés sur des hypothèses assez précaires.

12. D'ailleurs il me semble que M. Bernoulli auroit pu résoudre d'une maniere plus simple, & pour le moins aussi exacte, le problême qu'il s'est proposé, ou plutôt le problême auquel ce Savant a cru pouvoir réduire le calcul des avantages de l'inoculation, & qui consiste à trouver la vie moyenne des inoculés. En effet, toute la difficulté de ce problême se réduit évidemment, comme il résulte de nos recherches sur ce sujet, (Tome II de nos Opusc. page 60 & suiv.) à construire & quarrer la courbe qui ayant pour abscisses x, a pour ordonnées $y c^{\int \frac{du}{y}}$, ou $\xi c^{\int \frac{du}{\xi}}$, en employant les dénominations de M. Bernoulli, & nommant du le nombre de ceux qui meurent de la petite vérole pendant le temps dx. Tout se réduit par conséquent à faire sur la valeur de du une hypothèse plausible, sans avoir besoin d'en faire deux avec M. Bernoulli, l'une sur le nombre de ceux qui prennent la petite vérole par an, l'autre sur le nombre de ceux qui en meurent ; hypothèses qui, comme nous croyons l'avoir prouvé, sont très-peu conformes à l'expérience.

13. Ainsi, puisque dans l'équation $z = y c^{\int \frac{du}{y}}$ que nous avons trouvée, p. 60 du Tome II des Opuscules, il ne manque que de connoître u pour avoir z, y étant connue par les tables de mortalité, on pourroit, comme je l'ai dit, page 70 du volume cité, connoître u

par interpolation au moyen de cinq ou six observations. On pourroit aussi le déterminer, à la vérité moins exactement, mais peut-être avec une précision suffisante, en faisant réflexion que la valeur de $\frac{du}{dx}$ est très-petite lorsque $x=0$, & très-petite aussi, ou même comme nulle, lorsque $x=100$; & même très-petite encore quand $x=50$; ainsi on ne s'éloigneroit peut-être pas beaucoup de la vérité, en supposant $du=kxdx(50-x)$; ce qui donneroit $u=\frac{k.50x^2}{2}-\frac{kx^3}{3}$; la plus grande valeur de du dans cette hypothèse seroit quand on auroit $50dx-2xdx=0$, ou $x=25$; de plus soit b le nombre des vivans, il faudra que quand x sera $=50$, c'est-à-dire quand à peu près tous ceux qui doivent mourir de la petite vérole en seront morts, on ait $u=\frac{b}{13}$; donc $k\left(\frac{50^3}{2}-\frac{50^3}{3}\right)=\frac{b}{13}$; ce qui donnera k.

14. On pourroit faire encore d'autres hypothèses; on pourroit supposer, par exemple, que $du=kydx\int ydx$, afin que $\frac{du}{dx}$ soit $=0$ lorsque $x=0$ & lorsque $y=0$; dans ce cas on auroit $u=\frac{k(\int ydx)^2}{2}$, & $\frac{b}{13}=\frac{kA^2}{2}$; A étant la valeur totale de $\int ydx$; on pourroit encore supposer $\frac{du}{y}=kydx\int ydx$; ce qui rendroit $\frac{du}{y}$ intégrable; & ainsi du reste.

15. Si on vouloit absolument s'en tenir à la méthode

de M. Bernoulli, on pourroit encore, ſuivant ce que nous avons remarqué ci-deſſus, p. 102, ſuppoſer dans les calculs de ce grand Géometre $n = n' + \alpha (k - x)^2$, k étant égal à environ 10 ans; j'ai mis le quarré $(k - x)^2$ afin que $\frac{1}{n}$ décroiſſe au-delà & en-deçà de 10 ans, comme les obſervations ſemblent le prouver. (Voyez Tome II des Opuſc. p. 72 & 73). On peut ſuppoſer de même $m = m' + k' (\lambda - x)$, & $\lambda = 15$ à 20 ans, afin que le danger de mourir de la petite vérole quand on eſt attaqué, c. à d. $\frac{1}{m}$, augmente depuis 15 ans juſqu'à la fin de la vie, comme l'expérience ſemble auſſi le prouver. Si ces hypothèſes ne paroiſſoient pas ſuffiſantes, on pourroit en faire de plus générales, par exemple $m = m' + k' (\lambda - x) + \rho (\lambda - x)^2$, &c.

16. Dans l'hypothèſe de $m = m' + k' (\lambda - x)$, on pourra déterminer m' & k' par deux obſervations; par exemple, ſoit ſuppoſé $x = 0$, $m = 20$, $\lambda = 20$; on aura $20 = m' + k . 20$; ſoit $x = 50$, $m = 5$, on aura $5 = m' + k \times - 30$; d'où l'on tire $k = \frac{3}{10}$ & $m' = 14$; donc $x = 20$, donneroit $m = 14$; ce qui rendroit la fraction $\frac{1}{m}$ un peu trop petite, au moins pour le climat de Paris. On peut eſſayer de même différentes hypothèſes, & voir par le réſultat que ces hypothèſes donneront pour la valeur de m, lorſque $x = 0$, ou $x = 20$, ou $x = 60$, ſi les ſuppoſitions qu'on a faites peuvent

être admiſes, ou ſi elles doivent être rejettées.

17. Mais de toutes les hypothèſes approchées qu'on peut faire ſur la valeur de du, voici celle à laquelle je crois qu'on pourroit s'en tenir. Je ſuppoſerois $du = Px\,dx\,(a-x)^2$, a étant égal à 60 ; la valeur de du feroit la plus grande lorſque $2x$ feroit $= a - x$, ou $x = 20$; ce qui me paroît aſſez conforme à l'expérience ; depuis $x = 15$ juſqu'à $x = 20$, du feroit à peu près conſtant, car le rapport de du à du lorſque $x = 15$ & $x = 20$, eſt $\frac{3}{4} \times \frac{9^2}{8^2} = \frac{3.81}{4.64}$ qui eſt preſqu'un rapport d'égalité ; depuis $x = 20$ juſqu'à $x = 40$, le rapport de du à du diminueroit dans la raiſon de 1 à $2 \times \frac{20^2}{40^2}$, c'eſt-à-dire de 1 à $\frac{1}{2}$; ce qui paroît encore très-plauſible : la quantité P ſe détermineroit par l'équation $P\left(\frac{60^4}{2} - \frac{60^4.2}{3} + \frac{P.60^4}{4}\right) = \frac{b}{13}$ ou $\frac{P.60^4}{12} = \frac{b}{13}$; ce qui donne $P = \frac{12\,b}{13.60^4}$. Si le réſultat de cette hypothèſe ne paroiſſoit pas encore aſſez exact, on pourroit ſuppoſer $du = Px^m dx(a-x)^{2m}$; a étant toujours $=$ à 60, afin que le *maximum* de du fut toujours lorſque $x = 20$: & en général ſi on prend pour a un nombre d'années quelconques, & qu'on veuille que le *maximum* de du donne $x = \frac{a}{p}$, il faudra faire $du = Px^m dx(a-x)^q$, enſorte que m diviſé par $\frac{a}{p}$ ſoit $= q$ diviſé par $a -$

$\frac{a}{p}$; ce qui donnera $mp = \frac{qp}{p-1}$ ou $p = \frac{q}{m} + 1$, & $q = m(p-1)$.

18. Avant que d'aller plus loin ſur les calculs relatiſs à l'inoculation, voici la ſolution d'un problême aſſez curieux.

Pour trouver ſur le nombre s de ceux qui n'ont point eu la petite vérole, le nombre ω de ceux qui n'en ont pas le germe, & qui n'y ſont pas deſtinés par la nature, ſoit $s = \omega + z$, z déſignant le nombre de ceux qui ont le germe de cette maladie; il eſt évident que puiſque ceux dont le nombre eſt ω, n'ont point le germe de la petite vérole, il n'en mourra aucun de la petite vérole pendant le temps dx, & que le nombre de ce qui en mourra ſur ce nombre ω, (par d'autres maladies) ſera $\left(-d\xi - \frac{s\,dx}{mn}\right) \times \frac{\omega}{\xi}$ dans les hypothèſes de M. Bernoulli, ou plus généralement dans les nôtres $(-d\xi - du)\frac{\omega}{\xi}$; donc $-d\omega = -\frac{\omega\,d\xi}{\xi} - \frac{\omega\,du}{\xi}$; ou $\frac{d\omega}{\omega} = \frac{d\xi}{\xi} + \frac{du}{\xi}$; donc $\omega = \xi e^{\int\frac{du}{\xi} + G} = e^G \times \xi e^{\int\frac{du}{\xi}}$, G étant une conſtante; & comme ξ eſt ici ce que nous avons appellé y dans le Tome II de nos Opuſcules, p. 59 & 60, & que nous avons trouvé $z = y e^{\int\frac{du}{y}}$; nous aurons $\omega = z e^G$. Suppoſant avec M. Jurin $\frac{\omega}{\xi} = \frac{1}{24}$, lorſque $x = 1$ & $u = 0$, quoiqu'à dire vrai cette hypothèſe me paroiſſe fort ſuſpecte (*a*), on aura $e^G = \frac{1}{24}$, & G = au log. de $\frac{1}{24}$, ce logarithme étant diviſé par 0,43422944. Dans l'hypothèſe de M. Bernoulli on auroit $\frac{d\omega}{\omega} - \frac{d\xi}{\xi}$ égal à $\frac{s\,dx}{mn\xi} = \frac{dx}{n(e^{\frac{x+c}{n}}+1)}$; & faiſant $e^{\frac{x+c}{n}} = u'$, on auroit $\frac{d\omega}{\omega} - \frac{d\xi}{\xi} = \frac{du'}{u'(u'+1)}$; donc en ſuppoſant k égal à une conſtante convenable, on aura $\frac{\omega}{\xi} = \frac{u'}{k(u'+1)} =$ (à cauſe de $e^{\frac{c}{n}} = m - 1$) $\frac{e^{\frac{x}{n}}(m-1)}{k[e^{\frac{x}{n}}(m-1)+1]}$; donc lorſque $x = 0$, on a $\frac{\omega}{\xi} = \frac{m-1}{km}$; & en ſuppoſant $\frac{\omega}{\xi} = \frac{1}{24}$ lorſque $x = 0$, on auroit $\frac{1}{24} = \frac{7}{8k}$, & $k = 21$, d'après les hypothèſes de M. Bernoulli.

19. Si on vouloit déterminer, d'aprés nos hypothèſes, le nombre de ceux qui attendent la petite vérole, il faudroit d'abord dans l'équation de M. Bernoulli, $-ds = \frac{s\,dx}{n} - \left(d\xi + \frac{s\,dx}{mn}\right)\frac{s}{\xi}$, mettre du pour $\frac{s\,dx}{mn}$; enſuite au lieu de $\frac{s\,dx}{n}$, nombre de ceux qui prennent la petite vérole, il faudroit mettre dk, & ſuppoſer une certaine équation entre dk & du, afin de

(*a*) Voyez mes *Mêlanges de Philoſophie*, Tome V, pages 372 & ſuiv.

faire évanouir dk; enforte que faifant $du = \rho dk$, on aura $-ds = \frac{du}{\rho} - (d\xi + du)\frac{s}{\xi}$. Pour déterminer ρ par une efpéce de tâtonnement femblable à celui par lequel on a déterminé du dans l'article 13 & fuiv. il faut remarquer, 1°. que le nombre total $\int du$ de ceux qui meurent de la petite vérole eft au nombre total $\int dk$ de ceux qui la prennent comme 7 eft à 1 à peu près. 2°. Que la petite vérole eft d'autant moins dangereufe qu'on eft plus jeune; enforte pourtant que depuis 20 ans jufqu'à la fin de la vie, le danger ne croit pas autant qu'il croit depuis la naiffance jufqu'à 20 ans. On prendra donc $\rho =$ à une fonction de x telle, 1°. que cette fonction foit nulle, ou très-petite quand $x = 0$. 2°. Qu'elle aille en croiffant beaucoup depuis $x = 12$ jufqu'à $x = 20$. 3°. Que depuis $x = 20$ ans jufqu'à $x = 30$ à 40, elle foit à peu près la même. 4°. Que depuis $x = 40$ jufqu'à $x = 80$, elle aille encore en croiffant, mais moins que depuis $x = 12$ jufqu'à $x = 20$. 5°. Que la valeur totale de dk, quand $x = 80$, foit à celle de du comme 7 eft à 1.

20. On pourroit encore s'y prendre autrement pour déterminer dk. 1°. On remarquera que dk doit être fort petite quand x eft très-petite, & auffi quand $x = 60$ ans ou au-delà; d'où il s'enfuit qu'on ne s'éloignera peut-être pas beaucoup de la vérité en faifant $dk = Qxdx(a-x)^2$, a étant $= 60$. 2°. Pour déterminer Q, on remarquera que puifqu'il meurt $\frac{1}{13}$ du genre humain

de la petite vérole, & $\frac{1}{7}$ de ceux qui en ſont attaqués, il s'enſuit que $\frac{7}{13}$ du genre humain prennent cette maladie : ainſi la valeur de k, lorſque $x=60$, doit être à près $\frac{7b}{13}$, b étant la valeur de ξ ou y, lorſque $x=0$; ce qui ſervira à déterminer Q.

21. On peut remarquer encore que $(-d\xi-du)\times\frac{s}{\xi}$ marque ceux qui meurent par d'autres maladies que la petite vérole ſans l'avoir priſe ; d'où il s'enſuit que $\int(-\frac{sd\xi}{\xi}-\frac{sdu}{\xi})$ doit être égal à $\frac{6b}{13}$ lorſque $x=100$; car ſi $\frac{7b}{13}$ eſt le nombre des vivans qui prennent la petite vérole, $\frac{6b}{13}$ ſera le nombre des vivans qui mourront ſans l'avoir eue ; ce qui ſervira à vérifier ler valeurs qu'on aura ſuppoſées à du & à dk.

22. Vous me demandez, Monſieur, un plus grand développement de ce que j'ai dit (p. 89 & ſuiv. du Tom. II de mes Opuſcules) pour réfuter l'hypothèſe d'après laquelle un habile Géometre a prétendu calculer les avantages de l'inoculation. Soit, en conſervant les noms donnés à la page 59 de ce Tome II, & la conſtruction de l'endroit cité (*a*), page 89, $z=y\,c^{\int\frac{du}{y}}$, $t=\frac{pz}{q}=$

(*a*) Il ſera bon de relire cet endroit, & d'avoir ſous les yeux la figure que nous ne répeterons point ici.

$\frac{pz}{q} = \frac{pyc^{\int\frac{du}{y}}}{q}$, $Re = y + u$, $AK = m$, $Ak = \frac{pm}{q}$, $QZ = \omega$, $Ge = m - y - u$; on a, par le calcul supposé, $m - \omega : m - y - u :: \frac{mp}{q} : \frac{mp}{p} \times \left(1 + \frac{\omega - y - u}{m - \omega}\right)$; ajoutant $\frac{m(q-p)}{q}$, on aura $Go = m + \frac{mp}{q}\left(\frac{\omega - y - u}{m - \omega}\right)$; donc t ou $Ro = GR - Go = \frac{mp}{q}\left(\frac{y + u - \omega}{m - \omega}\right)$. Or on a par nos formules $t = \frac{pyc^{\int\frac{du}{y}}}{q}$, & $dz = \frac{zdu}{y} + \frac{zdy}{y}$; donc si la formule $t = mp\left(\frac{y + u - \omega}{m - \omega}\right)$ étoit vraie, on auroit $\frac{qt}{p}$ ou $z = \frac{m(y + u - \omega)}{m - \omega}$, & $dz = \frac{m(dy + du)}{m - \omega} = \frac{z(dy + du)}{y + u - \omega}$; donc $\frac{dz}{z} = \frac{dy + du}{y + u - \omega}$; ou en faisant $\omega - u = \theta$, $\frac{dz}{z} = \frac{dy - d\theta}{y - \theta}$; or cette équation est fautive, parce qu'elle suppose que sur le nombre $y - \theta$, il meurt pendant le temps dx le nombre $dy - d\theta$ par d'autres maladies que la petite vérole; ce qui n'est pas vrai : car puisqu'on suppose qu'il meurt de la petite vérole la quantité $d\theta$ ou du sur le nombre y, donc sur ce nombre y il mourra par d'autres maladies que la petite vérole, le nombre $dy - d\theta$; donc si on ne meurt point de la petite vérole, comme on le suppose ici, dans ce cas il mourra sur le nombre $y - \theta$ pendant le temps dx, par d'autres maladies que la petite vérole, la quantité $\frac{(dy - d\theta)(y - \theta)}{y}$, & non pas $dy - d\theta$; & ſur le nombre θ qui ſeroit mort de la petite vérole dans le premier cas, il mourra la quantité $\frac{\theta(dy - d\theta)}{y}$; c'eſt-à-dire, que la quantité $dy - d\theta$ des perſonnes mortes par d'autres maladies que la petite vérole, quantité qui dans le premier cas ſeroit tombée toute entiere ſur le nombre $y - \theta$ (le reſte $d\theta$ mourant, par l'hypothèſe, de la petite vérole) doit ſe repartir entre $y - \theta$ & θ proportionnellement, dans le cas où perſonne ne mourroit plus de la petite vérole.

23. Vous me demandez encore, Monſieur, un eſſai de calcul ſur les principes que j'ai donnés dans mes Mêlanges de Philoſophie, Tome V, page 321 & ſuiv. pour déterminer le riſque qu'on court à chaque âge de mourir de la petite vérole. Je vais tâcher de vous ſatisfaire.

La probabilité qu'on aura la petite vérole à un certain âge, étant ſuppoſée $\frac{1}{p}$, & celle qu'on en mourra étant ſuppoſée $\frac{1}{q}$, la probabilité de mourir de la petite vérole à cet âge eſt $\frac{1}{pq}$. Or je dis, 1°. qu'il faut multiplier cette probabilité par la probabilité m qu'on vivra à cet âge-là; car la probabilité, qu'on mourra, ſuppoſe qu'on ſoit vivant. 2°. Qu'il faut la multiplier par une fonction du nombre d'années M qu'on aura déja vécu, depuis le moment d'où l'on part, jusqu'à l'âge dont il s'agit, afin de comparer la probabilité qu'on cherche à la probabilité de mourir de l'inoculation; la raison de ce calcul est qu'on meurt de l'inoculation dans les 15 jours, & qu'on ne meurt (*hyp.*) de la petite vérole, qu'après avoir joui de M années de vie; ainsi le second de ces risques, toutes choses d'ailleurs égales, doit être d'autant moindre que M est plus grand. Or cet avantage est considérablement plus grand que dans la raison de $\frac{1}{M}$, au moins lorsque M est un peu grand. Pour le prouver, je suppose qu'on doive certainement vivre 30 ans, & qu'il y ait $\frac{1}{40}$ à parier qu'on mourra alors de la petite vérole; je suppose ensuite qu'étant assuré d'une année de vie, on doive se faire inoculer au bout d'un an, & que sur 1200 inoculés il en meure un; l'avantage ou le risque seroit égal dans les deux cas si la fonction de M étoit proportionnelle à $\frac{1}{M}$; cependant il me paroît très-évident que dans le premier cas on auroit beaucoup d'avantage; car on seroit assuré, par notre supposition, de vivre 30 ans, & au bout de ce temps il n'y auroit encore que $\frac{1}{40}$ à parier qu'on mourroit de la petite vérole, risque qu'on doit regarder comme assez petit dans l'opinion commune, puisque de 40 personnes il en meurt au moins une par an, & que cependant tous les hommes sains se conduisent comme si ce risque étoit en quelque maniere nul pour eux. Je crois donc d'abord que quand *M* eſt aſſez grand, la fonction de *M* ne doit pas être $\frac{1}{M}$, mais doit être plus petite qu'en raiſon de 1 à *M*.

24. De plus, ſi *M* n'eſt pas un temps conſidérable; par exemple, que *M* ſoit = à un mois, alors la fonction de *M* doit être à peu près égale à l'unité, quel que ſoit *M*: car il eſt à peu près égal de mourir dans un mois ou dans 15 jours, ou même dans la journée.

25. D'un autre côté, ſi *M* eſt fort grand, par exemple, 100 ans, qui eſt à peu près le temps le plus conſidérable de la vie humaine, alors la fonction de *M* doit être nulle ou comme nulle; car il eſt évident que le riſque de ne mourir de la petite vérole qu'au terme le plus éloigné de la vie, ſeroit abſolument nul, puiſque ſi on ne mouroit pas alors de la petite vérole, il faudroit mourir d'une autre maladie.

26. Donc la puiſſance ou la fonction de *M* doit être telle, 1°. que quand *M* eſt très-petit, elle ſoit preſque = à l'unité. 2°. Que quand *M* eſt très-grand, elle ſoit nulle ou comme nulle. 3°. Qu'elle ſoit dans les cas moyens beaucoup plus petite que dans le rapport inverſe de *M*. En effet, ſi on avoit, par exemple, d'un côté la certitude de vivre 60 ans, & $\frac{1}{10}$ de riſque de mourir de la petite vérole au bout de ce temps-là, & de l'autre la certitude de vivre 15 ans, & $\frac{1}{40}$ de riſque de mourir de la petite vérole au bout de ce temps, il me paroît évident que dans le premier cas l'avantage ſeroit beau-

coup plus grand que dans le premier, & que par conséquent l'avantage seroit en plus grande raison que de $\frac{1}{30} \times \frac{1}{20}$ à $\frac{1}{15} \times \frac{1}{40}$, qui sont des quantités égales. 4°. Ajoutons que dans tous les cas la fonction de *M* ne doit pas être plus grande que l'unité, puisqu'elle ne peut être égale à l'unité que dans le cas où le risque seroit couru dans l'instant même, & qu'elle sera évidemment plus petite dans les instans suivans.

27. Pour donner à la fonction de *M* que l'on cherche la forme la plus nette & la plus simple, il faut supposer *M* divisé par la plus grande longueur possible de la vie, à compter du temps où l'on est; par exemple, si on a 30 ans, & que le plus long terme de la vie soit 100 ans, il faut prendre, au lieu de *M*, la fraction $\frac{M}{70}$; & donner à la fonction qu'on formera de cette fraction les quatre conditions énoncées dans l'article précédent. Si on met en général a à la place de 70, je crois qu'on pourroit supposer la fonction cherchée $= \left(\frac{a-x}{a}\right)^m$, x étant le nombre d'années qui doivent ou peuvent s'écouler depuis le moment de la vie d'où l'on part, par exemple, ici depuis 30 ans; & m étant un exposant assez grand, par exemple, 4 ou 5, &c. ou peut-être même davantage, par la raison que le désavantage doit prodigieusement diminuer à mesure que l'on avance en âge.

28. Ce n'est pas tout: mettons dans l'article précé-

dent, au lieu de 70, la quantité a qui sera variable pour chaque âge, & qui sera le complément de cet âge à 100 ans; je dis qu'il ne suffit pas pour connoître le risque de le multiplier par la fraction indiquée de $\frac{M}{a}$. Car soient z, z' deux âges différens d'où l'on part pour apprécier le risque de la petite vérole, $a = 100 - z$, $a' = 100 - z'$, & soient pris, en partant de z, z', deux temps M & M' tels que $\frac{M}{a}$ soit $= \frac{M'}{a'}$; soit de plus supposé, ce qui n'a rien d'absurde en soi, que les risques $\frac{1}{pq}$ & $\frac{1}{p'q'}$, soient égaux; il est évident que le produit de $\frac{1}{pq}$ par $\varphi\left(\frac{M}{a}\right)$ seroit égal au produit de $\frac{1}{p'q'}$ par $\varphi\left(\frac{M'}{a'}\right)$; & cependant il n'est pas moins évident que si a est $> a'$, & par conséquent $M > M'$, le désavantage est aussi plus grand, par la raison que dans ce cas on a plus à perdre si on venoit à mourir, puisque le nombre d'années $a - M$ qui pourroit encore rester à vivre est plus grand que le nombre d'années $a' - M'$ qui pourroit rester à vivre dans le second cas. Soit, pour plus de précision, α le nombre d'années qu'on peut espérer de vivre après le temps M, α' le nombre d'années qu'on peut espérer de vivre après le temps M', je dis que toutes choses d'ailleurs égales, le désavantage sera d'autant plus grand que α sera plus grand. Il faut donc encore multiplier le risque par une fonction de α, qui soit d'autant plus grande que α sera plus grand, mais qui pourtant ne soit jamais plus grande que l'unité. Soit A' la plus grande valeur de α, savoir celle qui répond à $M = 0$, on pourroit peut-être supposer la fonction cherchée $=$ à peu près $\left(\frac{\alpha}{A'}\right)^m$, m étant $= 4$ ou 5, &c.

29. De plus, si on nomme b la valeur de y ou de ξ lorsque $M = 0$, on aura $m = \frac{y}{b}$, & on remarquera que $\frac{1}{pq} = \frac{du}{y}$. Donc nommant μ le produit des deux fonctions formées d'après les principes des articles 26 & 28, on aura $\frac{m}{pq} \times \mu = \frac{\mu\, du}{b}$; donc la somme des risques est $\frac{1}{b}\int \mu\, du$; cette quantité exprimera le risque total de mourir de la petite vérole; en effet, quand on aura déterminé les risques de la petite vérole pour chaque année par la méthode précédente, il faudra les ajouter ensemble, & la somme sera le risque total.

30. Ce n'est pas tout encore; si on étoit sûr de vivre, par exemple 30 ans, & qu'à 30 ans il y eut $\frac{1}{20}$ à parier qu'on mourroit de la petite vérole, & $\frac{1}{40}$ qu'on mourroit de quelque maladie, & qu'enfin, tout le reste étant d'ailleurs égal, il y eut $\frac{1}{300}$ à parier qu'on mourroit en se faisant alors inoculer, je dis qu'il ne faudroit point comparer séparément le danger de mourir de l'ino-

culation à celui de mourir de la petite vérole, mais comparer tous les risques pris ensemble à tous les risques pris ensemble; c'est-à-dire $\frac{1}{20}+\frac{1}{40}$ à $\frac{1}{300}+\frac{1}{40}$; car comme le risque de mourir de la petite vérole & celui de mourir de l'inoculation n'exemptent point du risque de mourir par d'autres maladies, il est évident qu'il ne faut point comparer séparément les deux premiers risques entr'eux, mais que l'on doit ici comparer ensemble le risque total de mourir dans le premier cas, soit par la petite vérole, soit par d'autres maladies, au risque total de mourir dans le second cas, soit par l'inoculation, soit par d'autres maladies. En effet, si quelqu'un doit courir les dangers A, B, C, D, E, &c. à-la-fois, & un autre les dangers a, B, C, D, E, &c. il est évident que pour comparer le risque total que courent ces deux personnes, il faut comparer la somme des risques $A+B+C+D+E$ à $a+B+C+D+E$, & non pas seulement le risque A au risque a. Or il est aisé de voir, en supposant $a<A$, que l'avantage est encore diminué par cette considération, puisque le rapport de $a+B+C+D+E$ à $A+B+C+D+E$ approche plus de l'unité; ou, ce qui est la même chose, de l'égalité, que celui de a à A.

31. De toutes ces observations il s'ensuit que si $\frac{n}{b}$ est supposé le danger de l'inoculation faite lorsque $M=0$, la somme des risques des inoculés sera $\frac{n}{b}+\frac{1}{b-n}\times$ $\int -\mu' d\zeta =$

$\int -\mu' d\zeta = \frac{n}{b} + \frac{1}{b}\int -\mu' dz$, z étant $= y c^{\int \frac{du}{y}}$ (tome II des Opusc. pag. 60) & $\zeta = \frac{z(b-n)}{b}$; & que celle du risque des non inoculés sera $\frac{1}{b}\int -\mu\, dy$; remarquez que je suppose μ' différent de μ, quoique peut-être on pût les supposer à peu près égales ; la raison de leur différence est que M étant la même, α est un peu différente dans les deux cas. Cependant on peut ici, pour plus de facilité, supposer ces deux quantités à peu près égales.

32. Pour employer commodément ces formules, il faut se souvenir que $\frac{dz}{z} = \frac{dy}{y} + \frac{du}{y}$, ou $-dz = -dy\, c^{\int \frac{du}{y}} - du\, c^{\int \frac{du}{y}}$, ou (en faisant $-dz = dz'$ & $-dy = dy'$ afin que toutes les quantités ayent le même signe que dx, c'est-à-dire croissent quand x croît) $dz' = dy' c^{\int \frac{du}{y}} - du\, c^{\int \frac{du}{y}}$; mais la fonction μ restera toujours très-difficile à déterminer exactement. On remarquera aussi que dz' est $< dy'$, au moins dans les premieres années, lorsque $\int \frac{du}{y}$ est encore très-petite ; d'où l'on voit que dans les premieres années $\int \mu dz'$ est $< \int \mu dy'$. Soit fait maintenant $du = \rho dy'$, & $c^{\int \frac{du}{y}} = 1 + \sigma$, on voit aisément que σ va en augmentant tou-

jours, & qu'au contraire ρ eſt fort petit vers les dernieres années; d'où il s'enſuit que dz' ou $dy'(1-\rho)(1+\sigma)$ eſt alors $> dy'$, & $\mu dz' > \mu dy'$.

33. Donc puiſque $\mu dz'$ eſt d'abord $<$ & enſuite $> \mu dy'$, il peut très-bien ſe faire que la valeur totale de $\int \mu dz'$ ſoit $>$ ou $=$ à la valeur totale de $\int \mu dy'$; & dans le cas même où elle ſeroit plus petite, il faudra que $\frac{n}{b} + \frac{\int \mu dz'}{b}$ ſoit encore $< \frac{\int \mu dy'}{b}$; pour que l'inoculation ait un avantage réel.

34. Ainſi le danger ou l'avantage de l'inoculation dépendra du rapport entre les quantités n & μ; plus il s'écoulera d'années avant que dz' devienne $> dy'$, (ce qui dépendra de la valeur des quantités ρ & σ) & plus au-delà de ce nombre d'années la fraction μ ſera petite, plus $\int \mu dz'$ ſera petit par rapport à $\int \mu dy$.

35. Si l'inoculation ne faiſoit périr abſolument perſonne, il eſt aiſé de voir que $\int z dx$ étant plus grand que $\int y dx$, la vie moyenne des inoculés deviendroit plus grande; ſi n étoit très-petit, la vie moyenne des inoculés ſeroit $\int \zeta dx = \int z dx \left(\frac{b-n}{b}\right) = \left(\frac{b-n}{b}\right)$ $\int y dx(1+\sigma)$; ainſi la vie moyenne des inoculés ſera encore plus grande que la vie moyenne $\int y dx$ des non inoculés, pourvu que n ſoit aſſez petit pour que $n \int y dx$ ſoit $< \int \sigma y dx$. L'inoculation ſera donc en ce cas un avantage réel pour l'état. Mais afin de plus que ce ſoit

un bien certain pour les particuliers, il faudra qu'il ſe paſſe pluſieurs années avant que dz' devienne $> dy'$; ou du moins que dans les premieres années, tant que dz' eſt $< dy'$, la fraction μ ſoit conſidérablement plus grande que dans les années ſuivantes où dz' eſt $> dy'$. C'eſt auſſi ce qui me paroît réſulter des réflexions que nous avons faites plus haut (article 23 & ſuiv.). Et voilà, ce me ſemble, en quoi conſiſte le véritable avantage de l'inoculation, au moins d'après les connoiſſances que nous avons juſqu'à préſent ſur cette matiere.

36. Je terminerai ces recherches par quelques réflexions ſur la ſolution d'une queſtion que M. Bernoulli s'eſt propoſée dans ſon Mémoire, page 21; & qu'il me reproche (p. 5.) de n'avoir pu réſoudre qu'en tâtonnant. On demande combien ſur le nombre actuel des vivans, il y a de perſonnes qui n'ont pas eu la petite vérole. Voici ma réponſe : puiſque le nombre des vivans à l'âge x eſt y (*hyp.*), le nombre total des vivans ſera la valeur totale de $\int y dx$; de même, puiſque s eſt le nombre de ceux qui à l'âge x n'ont point encore eu la petite vérole, le nombre total des vivans qui ne l'ont point eue, ſera la valeur totale de $\int s dx$; ainſi tout ſe réduit à connoître la quantité s, qui dépend elle-même (article 19 & ſuiv.) de deux quantités inconnues dk & du, ſur leſquelles on ne peut faire que des hypothèſes approchées & *tâtonnées*. C'eſt donc par la nature du ſujet que cette queſtion ne peut ſe réſoudre qu'en tâtonnant; M. Bernoulli en donne à la vérité dans ſon Mémoire une ſolution

fort ſimple; mais cette ſolution eſt fondée ſur le principe qu'il meurt de la petite vérole à quelque âge que ce ſoit $\frac{1}{64}$ de ceux qui ne l'ont pas eue; hypothèſe très-haſardée, & dépendante de deux autres, dont il y en a ſur-tout une de très fauſſe.

37. A l'occaſion de ces réflexions, je vous ferai part en finiſſant d'une remarque ſur la courbe de mortalité. En examinant les tables de mortalité données par M. Deparcieux d'après les Regiſtres de Suéde, on voit aiſément que la vie moyenne (qui n'eſt autre choſe que la probabilité de la durée de la vie, priſe à la maniere ordinaire) eſt toujours plus petite que la moitié des années qui reſtent à écouler juſqu'à 100 ans, terme qu'on peut ſuppoſer le plus long de la vie humaine; d'où il s'enſuit évidemment que la courbe de mortalité n'eſt ni une ligne droite, ni une courbe toute concave vers l'axe des x, ce qu'il étoit aiſé de préſumer d'ailleurs; mais on peut remarquer de plus que la durée de la vie, priſe à la maniere de M. de Buffon, (Voyez ci-deſſus, pages 86 & 92.) eſt preſque toujours plus grande par cette table que la vie moyenne; d'où il eſt aiſé de conclure que la courbe de mortalité n'eſt pas toute convexe vers l'axe des x; en effet, ſi elle étoit toute convexe, on auroit, en faiſant (*Fig.* 20.) $AC = \frac{AB}{2}$, BO (qui exprime la durée de la vie ſuivant M. de Buffon) $=$ $CE - DE = \frac{BF}{2} - DE$; & la vie moyenne feroit $=$

$\frac{ABFDA}{AB} = \frac{AEFB - ADFEA}{AB} = \frac{BF}{2} - \frac{ADFEA}{AB}$; or supposant ADF toute convexe, $\frac{ADFEA}{AB}$ est évidemment $< DE$; donc BO seroit $< \frac{ABFDA}{AB}$.

Fin du vingt-septiéme Mémoire.

VINGT-HUIT^ME^ MÉMOIRE.

Contenant quelques Écrits sur différens sujets.

I. *Sur la forme des racines imaginaires.*

DANS la démonstration que j'ai donnée (Mémoires de Berlin 1746) de la réduction des quantités imaginaires à la forme $a+b\sqrt{-1}$, j'ai supposé que si on a une équation entre y & x, & que x soit supposée infiniment petite, & y aussi infiniment petite & réelle, on peut prendre $y=Ax^n$ simplement, & par conséquent $y=Ax^n+Bx^p$, &c. lorsque x est supposée finie, & assez petite pour que la serie seroit convergente. Pour attaquer cette supposition, un très-grand Géometre me proposa, par une lettre du 27 Décembre 1748, la courbe dont l'équation seroit $\frac{ddy}{dx^2}=\frac{(1+xx)dy}{x(1-xx)dx}-\frac{y+1}{1-xx}$; & me demanda la valeur de y en x, en supposant x infiniment petite. Ce problême peut se résoudre de différentes manieres; mais la plus simple consiste à remarquer, qu'en faisant y & x infiniment petites, on a $\frac{ddy}{dx^2} = \frac{dy}{xdx} - 1$, ou $\frac{ddy}{x} - \frac{dxdy}{x^2} + \frac{dy^2}{x} = 0$, dont l'intégrale est $y = \frac{x^2}{2} \log. \frac{1}{x} + \frac{Ax^2}{2}$, ou en négligeant le terme $\frac{Ax^2}{2}$, $y = \frac{x^2}{2} \log. \frac{1}{x}$; d'où ce Savant concluoit que l'expression $y = Ax^n$ n'est pas générale. Mais il me fut aisé de lui faire observer que la courbe proposée est *méchanique*, au lieu que dans mon théorême il ne s'agit que de courbes géométriques, dans lesquelles en effet l'équation $y = Ax^n + Bx^p$, &c. aura toujours lieu. Cette réponse paroît avoir satisfait ce célébre Mathématicien, qui me récrivit le 3 Janvier 1750, en ces termes: *Vous avez entiérement raison; le cas $y = x^n lx$ n'affoiblit en rien la démonstration de votre beau théorême, comme je croyois d'abord.*

Je pense donc qu'il ne doit rester aucune difficulté sur la démonstration de mon théorême concernant les racines imaginaires.

II. *Sur la maniere de déterminer certaines fonctions.*

1. Ce que j'ai déja remarqué plus haut (page 191 & suiv.) sur l'inconvénient de réduire $\varphi(x+a)$ en serie dans la résolution de certains problêmes, peut se confirmer par une considération très-simple. Je suppose qu'on ait à trouver une fonction φx de x, telle que $\varphi(x+a) = \varphi x$, a étant une quantité donnée; il est clair que φx

doit repréſenter l'ordonnée d'une courbe telle, qu'en prenant ſur l'axe de cette courbe des parties $=a$, les ordonnées diſtantes de cette quantité ſoient égales; c'eſt ce qui arrive dans la cycloïde ſi a eſt égale à la circonférence, & dans une infinité d'autres courbes qu'on peut conſtruire aiſément par le moyen des arcs ou des ſegmens d'une courbe ovale rentrante en elle-même. On voit donc que φx a une infinité de valeurs arbitraires qui ſatisferont au problême, pourvu que φx repréſente l'ordonnée d'une courbe telle qu'on vient de le dire. Faiſons maintenant $\varphi x = z$, & réduiſons $\varphi(x+a)$ en ſerie, nous aurons $\varphi(x+a) = z + \frac{a\,dz}{dx} + \frac{a^2 d^2 z}{2 dx^2} + \frac{a^3 d^3 z}{2 \cdot 3 \cdot dx^3} +$ &c. $= z$ par la condition du problême. Donc $\frac{a\,dz}{dx} + \frac{a^2 d^2 z}{2 d x^2} +$ &c. $= 0$, donc ſi on fait $z = Ac^{fx}$, on aura $af + \frac{a^2 f^2}{2} + \frac{a^3 f^3}{2 \cdot 3}$ &c. $= 0$ ou $c^{af} - 1 = 0$. Donc $c^{af} = 1$; donc log. $af =$ log. 1. Or on ſait que log. $1 = p\pi\sqrt{-1}$, π étant la circonférence & p un nombre entier poſitif ou négatif. Donc $f = \pm \frac{m\pi\sqrt{-1}}{a}$, m étant un entier poſitif. Donc $\varphi x = Ac^{\frac{+m\pi x\sqrt{-1}}{a}} + Bc^{\frac{-m\pi x\sqrt{-1}}{a}}$, ou $\varphi x = C$ ſin. $\left(\frac{m\pi x}{a}\right) + B$ coſ. $\left(\frac{m\pi x}{a}\right)$, m étant un nombre entier poſitif ou négatif Or cette valeur de φx ne paroît pas aſſez générale

nérale, & applicable, par exemple, à la cycloïde; en effet, si on suppose x un arc de cercle, l'ordonnée y de la cycloïde sera $x \pm$ sin. x, & l'abscisse $1 -$ cos. x; donc si on fait $x \pm$ sin. $x = y$, ou simplement $x -$ sin. $x = y$, ce qui donnera $Ax^3 + Bx^5 +$ &c. $= y$; on trouvera $x = Cy^{\frac{1}{3}} +$ &c. & $1 -$ cos. $x = 1 -$ cos. $(Cy^{\frac{1}{3}}$ + &c.) Or il ne paroît pas que cette quantité puisse être changée en une serie de cette forme A' sin. $\pi y + B'$ sin. $2\pi y +$ &c. $+ C'$ cos. $\pi y + D'$ cos. $2\pi y$, &c. car cette derniere quantité a pour premiers termes $E' + F'\pi y + G'\pi^2 y^2$, & ainsi de suite, les puissances de y étant toujours des nombres entiers, au lieu que $1 -$ cos. $(Cy^{\frac{1}{3}} +$ &c.) a pour premier terme $Hy^{\frac{2}{3}}$ &c. Donc, &c.

2. Nous ne croyons donc pas devoir admettre une solution qui paroît trop limitée, & beaucoup moins générale que le problême ne le comporte. Cet exemple démontre, ce me semble, de la maniere la plus évidente & la plus simple, que dans la résolution d'un grand nombre de problêmes, tels que celui dont il a été question ci-dessus (p. 191 & suiv.) la réduction de $\varphi(x + a)$ ou des quantités semblables, en serie, ne donne pas des solutions assez générales, & c'est ce qui est confirmé par tout ce que nous avons dit à l'endroit cité.

3. Au reste la résolution très-simple que nous venons de donner du problême où il s'agit de rendre $\varphi(x + a) = \varphi x$, peut conduire à la solution de plusieurs autres questions. Par exemple, si on proposoit de trouver une fonc-

tion de u telle qu'en y mettant $a-u$ au lieu de u, elle ne changeât point de valeur, il eſt aiſé de réſoudre cette queſtion en formant une fonction de u dans laquelle u & $a-u$ entrent de la même maniere; car il eſt évident qu'en mettant dans cette fonction $a-u$ pour u, $a-u$ deviendra $a-(a-u)=u$, & u deviendra $a-u$, de ſorte que la valeur de la fonction demeurera la même; mais ſi on demandoit une fonction de u, telle qu'en y mettant $u+a$ au lieu de u, elle conſervât la même valeur, on ne pourroit pas employer une pareille ſolution, parce que $u+a$ ne devient pas u en y mettant $u+a$ au lieu de u, mais $u+2a$. Il faut donc avoir recours au problême précédent, & prendre pour ϕu l'ordonnée d'une courbe analogue à la cycloïde & aux autres de ce genre.

4. Il eſt bon de remarquer que le problême dont il s'agit, ne pourroit ſe réſoudre en ayant recours à l'algebre ordinaire; car il eſt évident que ſi on cherchoit (comme il ſeroit néceſſaire pour la ſolution) une courbe dont l'ordonnée y fût telle, qu'à une même valeur de y il répondît deux valeurs de x dont la différence fût a, ces deux valeurs devroient être $\frac{a}{2}+Y$ & $-\frac{a}{2}+Y$, Y étant une fonction de y; de ſorte qu'on auroit $x=Y\pm\frac{a}{2}$; ſolution illuſoire, 1°. parce qu'elle ne donneroit pas une même courbe aſſujettie à la même équation, mais un ſyſtême de deux courbes ſemblables, égales

& parallèles. 2°. Parce que les abſciſſes x répondantes aux ordonnées $y, y+a$, appartiendroient, non à une même branche, mais l'une à une courbe, l'autre à la courbe parallèle. On voit par cette remarque, pour le dire en paſſant, que les méthodes données par pluſieurs Géometres pour déterminer certaines courbes par la relation entre les ordonnées y, y' répondantes à une même abſciſſe x, ne ſont pas générales; car ces méthodes qui ſont aſſez connues (a), ne peuvent s'appliquer qu'à des courbes algébriques, & paroiſſent abſolument en défaut pour la ſolution de certains problêmes qui peuvent très-bien ſe réſoudre par des courbes méchaniques; par exemple, pour celui dont il s'agit, & où $y-y'=a$. Suivant les méthodes dont nous parlons, ce problême ne pourroit ſe réſoudre, parce que y & y' n'entrent pas de la même maniere dans l'équation. Cependant nous en avons donné dans l'article 3 une ſolution très-ſimple.

5. Si on propoſoit de trouver φx, telle que $\varphi(x+a\sqrt{-1})$ fût $=\varphi x$; il faudroit d'abord mettre $\varphi(x+a\sqrt{-1})$ ſous cette forme qui revient au même $\Delta(x\sqrt{-1}+a\sqrt{-1}\times\sqrt{-1})$ ou bien $\Delta(x\sqrt{-1}-a)$; & faiſant $x\sqrt{-1}=u$, on aura $\Delta(u-a)=\Delta u$. Or en regardant u comme réelle, & faiſant $s=\Delta u$, on a aiſément (article 3.) l'équation qu'on cherche entre s & u; formons donc cette équation entre s & u, & mettons enſuite $r+t\sqrt{-1}$ pour s & $u\sqrt{-1}$ pour u; on

(a) Voyez les Journaux de Leipſick de 1697, les Œuvres de Jean & Jacques Bernoulli, & les Mémoires de l'Académie de 1734.

aura, en séparant les quantités réelles des imaginaires, deux équations en r, t, u, qui en donneront deux autres en r, u & t, u.

6. Soit proposée l'équation $\varphi(x+a)=X$, X étant une fonction donnée de x; on fera $x+a=z$, donc $z-a=x$; on substituera dans X, $z-a$ à la place de x, on développera les puissances, après quoi on remettra dans ces puissances $x+a$ & ensuite x à la place de z, ce qui donnera $\varphi(x+a)$ & φx. Soit, par exemple, $Bx^2+Ax=\varphi(x-a)$; on aura $Bx^2=Bzz-2Baz+Baa$; $Ax=Az-Aa$, & $\varphi(x+a)$ sera $=B(x+a)^2+(A-2Ba)(x+a)+Baa-Aa$; donc $\varphi x=Bx^2+(A-2Ba)x+Baa-Aa$.

7. D'où il est aisé de voir que pour trouver une fonction φx telle que $\varphi(x+a)=X$ ou Δx, il suffit de substituer $x-a$ au lieu de x dans Δx. En effet $\varphi(x+a)=\varphi z=\Delta(z-a)$; donc $\varphi x=\Delta(x-a)$. Mais si on vouloit employer la méthode des series, on trouveroit, en nommant φx, z, l'équation $z+\frac{adz}{dz}+\frac{a^2ddz}{2.dx^2}+$ &c. $=X$; & par conséquent, P, Q, &c. étant des constantes indéterminées, $\frac{Pdz}{dx}+\frac{Paddz}{dx^2}+\frac{Pa^3d^3z}{2.dx^3}+$ &c. $=\frac{PdX}{dx}$; $\frac{Qd^2z}{dx^2}+\frac{Qad^3z}{dx^2}+$ &c. $=\frac{Qd^2X}{dx^2}$, & ainsi de suite; donc ajoutant toutes ces équations, & égalant à zero les coëfficiens de dz, d^2z, &c. on aura $z=$ à une serie infinie de cette forme $X+\frac{BdX}{dx}+$

$\frac{Cd^3X}{dx^3}$, &c. résultat beaucoup moins ſimple & moins direct que celui qu'on a trouvé par l'autre méthode.

8. Il eſt vrai que la ſerie qu'on vient d'indiquer, ſe trouvera $= X - \frac{adX}{dx} + \frac{a^2 d^2 X}{2dx^2} - \frac{a^3 d^3 X}{2.3 dx^3}$, &c. $= \Delta(x-a)$ comme elle le doit être en effet. Mais outre que la premiere méthode eſt beaucoup plus ſimple & plus directe, comme nous venons de le dire, une preuve convaincante que la méthode des ſeries n'eſt pas la vraie, c'eſt que ſi on propoſoit de trouver la fonction φx, telle que $\varphi(x+a) - \varphi x$ fût $=0$, on auroit

$$-\frac{adz}{dx} + \frac{a^2 d^2 z}{2dx^2} + \&c. = 0.$$

$$\frac{Pad^2 z}{2dx^2} + \frac{Pa^2 d^3 z}{dx^3} + \&c. = 0.$$

$$\frac{Qad^3 z}{dx^3} + \&c. = 0.$$

& en faiſant évanouir les coëfficiens de $d^2 z$, $d^3 z$, &c. par la méthode de l'article 7, on trouveroit $\frac{adz}{dx} = 0$ ou $z =$ à une conſtante ; ce qui ne donne qu'une ſolution très-limitée. On voit ſuffiſamment par cet exemple & par les précédens, l'inconvénient qu'il peut y avoir pour la généralité de la ſolution des problêmes dont il s'agit, ſi on employe la méthode des ſeries.

III. *Démonſtration analytique du principe de la force d'inertie.*

1. Je crois avoir trouvé moyen de démontrer, par un

ſimple calcul analytique, qu'un corps mis une fois en mouvement par quelque cauſe que ce ſoit, continuera à ſe mouvoir de lui-même uniformément. La démonſtration qu'en j'en ai trouvée, m'a paru aſſez ſinguliere pour être ſoumiſe au jugement des Mathématiciens.

2. Soit x le temps écoulé depuis le commencement du mouvement, y l'eſpace parcouru pendant ce temps, a le rapport de dy à dx lorſque $x=0$; il eſt d'abord à remarquer qu'on aura $y=\varphi(a,x)$, $\varphi(a,x)$ étant une fonction de a, de x & de conſtantes qui ſeront toujours les mêmes, quel que ſoit a; en effet, puiſque (*hyp.*) le mouvement imprimé au corps porte en lui-même la cauſe de ſon altération, s'il doit en avoir une, il eſt évident que la loi de cette altération doit uniquement dépendre de l'état où ſe trouve le corps, par rapport au mouvement, quand $x=0$, & de la différence de cet état à l'état de repos. Or quand $x=0$, & que le corps va commencer à ſe mouvoir, il n'y a abſolument d'autre donnée que $a=\frac{dy}{dx}$ qui différentie ces deux états; la valeur de $\frac{ddy}{dx^2}$ lorſque $x=0$, n'exiſte pas encore, elle n'exiſtera qu'au bout du temps infiniment petit dt, après que le corps aura commencé de ſe mouvoir, & il eſt évident que cette valeur, ainſi que tout le reſte, doit uniquement dépendre de la valeur de a, puiſque cette valeur de a doit évidemment renfermer ſeule en elle-même tout ce qui doit cauſer

l'altération du mouvement, dès qu'une fois il est commencé. Pour rendre, s'il est possible, la chose encore plus claire, on remarquera, 1°. que l'équation qui doit avoir lieu entre les y & x peut être représentée par une courbe; 2°. que la seule chose qui existe de cette courbe lorsque $x=0$, est la direction de sa premiere tangente, c'est-à-dire le rapport de dy à dx; 3°. que par conséquent c'est de ce rapport seul que doit dépendre la nature de la courbe, car c'est à ce rapport seul que la courbe doit son existence, attendu que si ce rapport n'existoit pas, il n'y auroit pas de mouvement, ni par conséquent d'équation entre les y & les x, ni par conséquent de courbe qui représentât cette équation.

3. Soit donc $y=\varphi(a,x)$, a étant le rapport initial de dy à dx; & soit maintenant $y+y'$ l'espace parcouru durant le temps $x+z$; on aura par la même raison $y+y'=\varphi(a,x+z)=\varphi(a,x)+\frac{z\,d\varphi(a,x)}{dx}$ $+\frac{z^2 dd\varphi(a,x)}{2.dx^2}+\frac{z^3 d^3\varphi(a,x)}{2.3\,dx^3}$, &c. ou $y+y'=$ $y+\frac{z\,dy}{dx}+\frac{z^2 d^2 y}{2\,dx^2}+\frac{z^3 d^3 y}{2.3.dx^3}$, &c. & par conséquent $y'=\frac{z\,dy}{dx}+\frac{z^2 d^2 y}{2\,dx^2}+\frac{z^3 d^3 y}{2.3.dx^3}$, &c. Or puisque $y=\varphi(a,x)$, y' doit être égale, par la même raison, à $\varphi\left(\frac{dy}{dx},z\right)$. Donc $\varphi\left(\frac{dy}{dx},z\right)$ doit être égal à $\frac{z\,dy}{dx}+$ $\frac{z^2 d^2 y}{2\,dx^2}+\frac{z^3 d^3 y}{2.3\,dx^3}$, &c. quel que soit z. Donc $\varphi\left(\frac{dy}{dx},z\right)$

doit être de cette forme dans ses deux premiers termes $\frac{z\,dy}{dx} + z^2 \varphi'\left(\frac{dy}{dx}\right)$, $\varphi'\left(\frac{dy}{dx}\right)$ exprimant une fonction inconnue de $\frac{dy}{dx}$, qui ne doit renfermer d'autre constante que a. Donc on aura $\frac{ddy}{dx^2} = 2\varphi'\left(\frac{dy}{dx}\right)$ ou plus simplement $\frac{ddy}{dx^2} = \varphi'\left(\frac{dy}{dx}\right)$; or comme $\frac{dy}{dx} = a$ lorsque $x = 0$, soit en général $\frac{dy}{dx} = a + \alpha$, α étant une quantité qui doit être nulle lorsque $x = 0$; on aura donc l'équation $\frac{d\alpha}{dx} = \varphi(a + \alpha)$; d'où $\Delta(a+\alpha) - \Delta a = x$, & $a + \alpha = \Gamma(x + \Delta a)$, ou $\alpha = \Gamma(\Delta a + x) - a$; $\Gamma(\Delta a)$ étant $= a$, puisque $x = 0$ donne $\alpha = 0$. Soit donc $\Delta a = \mathrm{a}$, ensorte qu'on ait $\Gamma \mathrm{a} = a$, on aura $a + \alpha = \Gamma(\mathrm{a} + x) = \Gamma \mathrm{a} + \frac{x\,d\Gamma \mathrm{a}}{d\mathrm{a}} + \frac{x^2\,d^2\,\Gamma \mathrm{a}}{2\,d\mathrm{a}^2}$, &c. $= a + \Box(\mathrm{a}, x)$ à cause de $\Gamma \mathrm{a} = a$; donc y ou $ax + \int \alpha\,dx = \int dx\,\Gamma(\mathrm{a} + x) = \Xi(\mathrm{a} + x) - \Xi \mathrm{a}$.

4. Nous allons présentement faire voir que cette valeur de $y = \Xi(\mathrm{a} + x) - \Xi \mathrm{a}$, remplit les conditions du problême. En effet, en mettant dans cette formule $x + z$ pour x, on aura, à cause de $y = \Xi(\mathrm{a} + x) - \Xi \mathrm{a}$, $y + y' = \Xi(\mathrm{a} + x + z) - \Xi \mathrm{a}$; & par conséquent y' ou $y + y' - y = \Xi[\Delta a + x + z] - \Xi(\Delta a + x)$; or nommant m' le rapport de dy à dx lorsque $z = 0$, on doit avoir $y' = \Xi(\Delta m' + z) - \Xi(\Delta m')$;

de

de plus $m' = a + \alpha =$ (art. 3.) $\Gamma(\Delta a + x)$; donc cette valeur de y' sera, comme elle le doit être, identique à la précédente, si on a $\Delta m' = \Delta a + x$, en supposant, comme on l'a vû, que $\Gamma(\Delta a) = a$; or c'est ce qui a lieu en effet: car puisque $\Gamma(\Delta a)$ est égal & identique à a, donc en ôtant le Γ, on aura $\Delta a = \Pi a$; & par conséquent la fonction Π est la même que la fonction Δ; donc puisque $m' = \Gamma(\Delta a + x)$, on aura de même $\Delta a + x = \Pi m' = \Delta m'$; donc, &c. Donc les deux valeurs de y' s'accordent entr'elles.

5. Puisque $y = ax + \int a\, dx = \Xi(\mathrm{a} + x) - \Xi\,\mathrm{a}$, & que $\int a\, dx$ doit être $= 0$ quand $x = 0$, donc $\Xi(\mathrm{a} + x) - \Xi\,\mathrm{a}$ doit être tel qu'en faisant $x = 0$, $\frac{dy}{dx}$ devienne $= a$. Donc $\frac{d(\Xi\,\mathrm{a})}{d\mathrm{a}} = a$; il sera donc plus commode de mettre la valeur de y sous cette forme $\Xi(\mathrm{a} + x) - \Xi(\mathrm{a}) = \Xi(\Delta a + x) - \Xi(\Delta a)$.

6. Par conséquent à cause de $\frac{x\, d\Xi\,\mathrm{a}}{d\mathrm{a}} = ax$, la valeur de y sera de cette forme $y = ax + x^2\,\Pi'\mathrm{a} + x^3\,\psi'\mathrm{a}$, &c. Soit, par exemple, $\Delta a = Ka^p$, $\Xi\,\mathrm{a} = B\mathrm{a}^m$, B & K étant des constantes quelconques qui doivent être indépendantes de a, & par conséquent toujours les mêmes, quel que soit a; on aura $y = B(Ka^p + x)^m - BK^m a^{pm}$ $= Bm x K^{m-1} a^{pm-p} + \frac{Bm.m-1}{2} x^2 K^{m-2} a^{pm-2p} + \frac{Bm.m-1.m-2}{1.2.3} K^{m-3} x^3 a^{pm-3p}$, &c.; & comme le

premier terme doit être $= ax$, on aura $BmK^{m-1} = 1$; $pm - p = 1$. Donc $m = 1 + \frac{1}{p}$ & $B = \frac{1}{(1 + \frac{1}{p})K^{m-1}}$.

7. Donc si l'indéterminée p est $= \frac{1}{k}$, k étant un nombre entier positif, la valeur de y sera exprimée par une quantité dont le dernier terme ne contiendra pas a, puisque $m = 1 + \frac{1}{p}$ étant alors un nombre entier positif, le dernier terme de $B(Ka^p + x)^m$ doit être Bx^m.

3. De-là on voit d'abord que y ne sauroit être $=$ à une quantité de cette forme $B(Ka^m + x)^m - BK^m a^{pm}$, m étant un nombre entier positif, & les quantités B, K, étant supposées finies l'une & l'autre : car alors y contiendra un terme de cette forme Bx^m, lequel ne renfermera point a; donc ce terme sera toujours le même quel que soit a, & par conséquent aussi lorsque $a = 0$; d'où il s'ensuivroit qu'un corps en repos tendroit à se mouvoir & se mouvroit réellement, de maniere que y seroit $= Bx^m$; ce qui est absurde. Donc la valeur de $y = B(Ka^p + x)^m - BK^m a^{pm}$ doit se réduire à ax.

9. On peut encore considérer que le corps qui se meut (*hyp.*) au premier instant avec la vîtesse a, est dans le même cas que s'il se mouvoit à-la-fois avec la vîtesse $\frac{a}{2}$, & avec la vîtesse $\frac{a}{2}$; & que dans ce cas il décriroit, en vertu de la premiere de ces vîtesses, un espace égal, par exemple, à $\frac{ax}{2}$ .... &c. $\pm Bx^m$, &

en vertu de la seconde un espace $= \frac{ax}{2} \ldots + Bx^m$; donc en vertu des deux vîtesses, c'est-à-dire de la vîtesse a, il décriroit l'espace $ax \ldots + 2Bx^m$; or en vertu de cette vîtesse a, il décrit par l'hypothèse l'espace $ax \ldots\ldots + Bx^m$; donc on aura $2Bx^m = Bx^m$. Donc $B = 0$.

10. Donc si on suppose $y = B(Ka^p + x)^m - BK^m a^{pm}$; m étant un nombre entier positif, cette équation se réduira à l'équation $y = ax$; il suffit pour cela que le coëfficient K soit tel que $BmK^{m-1}a^{pm-p} = a$, & les autres nuls, ce qui donne K infinie; & cette équation $y = ax$, est celle du mouvement uniforme.

11. Si m est un nombre négatif, ou une fraction, il est aisé de voir que l'exposant de la quantité a dans le développement de la puissance deviendra enfin négatif; de sorte que si on suppose $a = 0$, B n'étant pas $= 0$, quelqu'un des coëfficiens de x, x^2, x^3, &c. seroit infini; ce qui est encore absurde; donc en supposant m négatif ou fractionnaire, B doit être encore $= 0$. Par conséquent m ne sauroit être négatif ni fractionnaire.

12. En général si on fait $y = \Xi(\text{a} + x) - \Xi\text{a}$, a étant $= \Delta a$, & $\frac{d\Xi\text{a}}{d\text{a}}$ étant $= a$; il est clair qu'en faisant $a = 0$, y doit être $= 0$, ainsi que $\frac{dy}{dx}$, quel que soit x. Or $\frac{dy}{dx} = \Gamma(\Delta a + x)$ & $\Gamma(\Delta a) = a$; d'où il est aisé de conclure qu'on aura en général $\frac{dy}{dx} = a$; en

effet, lorſque $a = 0$, Δa ſera égale ou à zero, ou à une conſtante tout-à-fait indépendante de a; donc lorſque $a = 0$, l'équation générale ne pourroit être que $\frac{dy}{dx} = \Gamma(c + x)$, c étant une conſtante tout-à-fait indépendante de a, & on auroit pour lors $y = \Xi(c+x) - \Xi c$; or ces valeurs de y & de $\frac{dy}{dx}$ doivent ſe réduire à zero; donc $\Xi c = 0$, & $\Gamma c = 0$; donc auſſi $\Gamma(c+x) = 0$; donc $c = 0$; donc lorſqu'on fait $a = 0$, $\Gamma(\Delta a + x)$ doit ſe réduire à zero quel que ſoit x; donc puiſque $\Gamma(\Delta a) = a$, $\Gamma(\Delta a + x)$ doit en général ſe réduire, quel que ſoit x, à $\Gamma(\Delta a) = a$. Donc $\frac{dy}{dx} = a$; donc $y = ax$. Donc en général *un corps mis en mouvement par une cauſe quelconque, & abandonné enſuite à lui-même, continuera de ſe mouvoir uniformément.*

13. Quoique l'équation du mouvement d'un corps abandonné à lui-même ſe réduiſe toujours à cette derniere formule, par la raiſon que $a = 0$ doit rendre $y = 0$, cependant il n'eſt pas inutile de remarquer en général, que ſi on fait $\frac{dy}{dx} = m'$, on a (art. 3.) $dm' = \psi(m', dx)$; ſoit $\psi m' = \omega$, on aura $\frac{ddm'}{dx^2}$ ou $\frac{d^3y}{dx^3} = \frac{dm'}{dx} \cdot \frac{d\omega}{dm'} = \frac{\omega d\omega}{dm'}$; $\frac{d^3m'}{dx^3} =$ ou $\frac{d^4y}{dx^4}$ égal à $\frac{\omega d(\omega d\omega)}{dm^2}$; &c. donc $\varphi(z, m) = zm' + \frac{z^2\omega}{2} + \frac{z^3\omega d\omega}{2 \cdot 3\, dm'}$

$+ \frac{z^4 \omega d(\omega d\omega)}{2.3.4 dm'^2} + \frac{z^5 \omega d(\omega d(\omega d\omega))}{2.3.4.5.dm'^3}$, & ainſi de ſuite, en prenant toujours la différence de la fonction de ω dans le terme qui précéde, & multipliant par ω. Cette loi paroît aſſez ſimple & aſſez ſinguliere pour mériter d'être obſervée, quoiqu'elle ne puiſſe être d'uſage dans l'équation $y = ax$, qui s'arrête au premier terme.

14. Il eſt bon de prévenir une objection qu'on pourroit faire, à la rigueur, contre la théorie précédente. Nous avons obſervé ailleurs (*a*) qu'il y a quelquefois de l'inconvénient à repréſenter une quantité quelconque $\phi(a + x)$ par $\phi a + x d\phi a + \frac{x^2 d^2 \phi a}{2 d a^2} + \frac{x^3 d^3 \phi a}{2.3 d a^3}$, &c. Mais cet inconvénient n'a pas lieu ici ; car on peut toujours évidemment ſuppoſer $\phi(a + x) = \phi a + x d\phi a + \frac{x^2 d^2 \phi a}{2 d a^3} +$ &c. lorſque a eſt une quantité finie & réelle, & que x peut être auſſi petite qu'on voudra. Or c'eſt ce qui a lieu dans la queſtion dont il s'agit ici. Ainſi nos démonſtrations ſubſiſtent dans toute leur force.

IV. *Sur une méthode pour trouver la hauteur méridienne du Soleil* (*b*).

1. Cette méthode, expoſée dans l'édition donnée par M. l'Abbé de la Caille, du *Traité de Navigation de M. Bouguer*, pag. 205 & ſuiv. ſuppoſe qu'à la diſtance d'une

(*a*) Voyez ci-deſſus, page 191.

(*b*) Cet écrit a été lu à l'Académie des Sciences, le 2 Septembre 1767.

heure & 10 à 12′ du méridien, & au-dessous, les différences des distances du soleil au zénith à la distance méridienne, sont à peu près comme les quarrés des angles horaires. Les objections qu'on a faites contre cette méthode, ont occasionné l'examen suivant, que j'ai cru devoir communiquer aux Géometres, à cause de l'usage dont il peut être.

2. Soit le complément de la déclinaison du soleil, que je suppose boréale. . . . . α

Le complément de la latitude, que je suppose aussi boréale. . . . . β

Le sinus verse de l'angle horaire depuis le temps du passage au méridien. . . . . ω

Il est aisé de faire voir que le cosinus de la distance du soleil au zénith sera égal à cos. $(\alpha-\beta)-\omega$ sin. $\alpha \times$ sin. β.

Donc si on suppose la distance au zénith $=\alpha-\beta+\sigma$, on aura cos. $(\alpha-\beta+\sigma)=$ cos. $(\alpha-\beta)-\omega$ sin. α sin. β; ou, à très-peu près cos. $(\alpha-\beta)-\sigma$ sin. $(\alpha-\beta)-\frac{\sigma\sigma \text{ cos.}(\alpha-\beta)}{2}=$ cos. $(\alpha-\beta)-\omega$ sin. α sin. β; donc on aura cette équation à très-peu près $\sigma=\frac{\omega \text{ sin. } \alpha \text{ sin. } \beta}{\text{sin. }(\alpha-\beta)}-\frac{\omega^2 \text{ sin. } \alpha^2 \text{ sin. } \beta^2 \text{ cos.}(\alpha-\beta)}{2 \text{ sin.}(\alpha-\beta)^2}$; or si on nomme ρ l'angle horaire, on aura à très-peu près $\omega=\frac{\rho^2}{2}-\frac{\rho^4}{2.3.4}$; donc en ne négligeant que les quantités de l'ordre de ρ^6, on aura $\sigma = \frac{\rho^2 \sin.\alpha \sin.\beta}{2\sin.(\alpha-\beta)} - \frac{\rho^4}{2.4}\Big(\frac{\sin.\alpha\sin.\beta}{3\sin.(\alpha-\beta)} + \frac{\sin.\alpha^2\sin.\beta^2\cos.(\alpha-\beta)}{[\sin.(\alpha-\beta)]^2}\Big) = \frac{\rho^2\sin.\alpha\sin.\beta}{2\sin.(\alpha-\beta)} - \frac{\rho^4\sin.\alpha\sin.\beta}{2.4\sin.(\beta-\alpha)}$ $\times(\frac{1}{3}+\sin.\alpha\sin.\beta\cot.(\alpha-\beta))$.

3. Soit $\alpha = a + da$, a étant le complément de la déclinaiſon du ſoleil à l'inſtant de midi, & da le mouvement du ſoleil vers le pole auſtral en déclinaiſon, depuis l'inſtant de midi juſqu'à celui de l'obſervation; on aura la diſtance méridienne du ſoleil au zénith (que j'appelle δ) $= a - \beta$, donc $a = \delta + \beta$, & $\alpha = \delta + \beta + da$; donc $\alpha - \beta + \sigma =$ à très-peu près $\delta + da + \frac{\rho^2\sin.(\delta+\beta+da)\sin.\beta}{2\sin.(\delta+da)} - \frac{\rho^4\sin.(\delta+\beta)\sin.\beta}{2.4\sin.\delta}\times(\frac{1}{3}+\sin.(\delta+\beta)\sin.\beta\cot.\delta) = \delta + da + \frac{\rho^2\sin.(\delta+\beta)\sin.\beta}{2\sin.\delta}$ $+ \frac{\rho^2\sin.\beta.da}{2\sin.\delta}[\cos.(\delta+\beta) - \cot.\delta\sin.(\delta+\beta)] - \frac{\rho^4\sin.(\delta+\beta)}{2.4\sin.\delta}\times\sin.\beta(\frac{1}{3}+\sin.(\delta+\beta)\sin.\beta\cot.\delta)$; ou à cauſe de $\cos.(\delta+\beta) - \cot.\delta\sin.(\delta+\beta) = \frac{\cos.(\delta+\beta)\sin.\delta - \text{cosin.}\,\delta\sin.(\delta+\beta)}{\sin.\delta} = \frac{-\sin.\beta}{\sin.\delta}$, on aura $\alpha - \beta + \sigma = \delta + da + \frac{\rho^2\sin.(\delta+\beta)\sin.\beta}{2\sin.\delta} - \frac{\rho^2 da\sin.\beta^2}{2\sin.\delta^2} - \frac{\rho^4\sin.(\delta+\beta)\sin.\beta}{2.4\sin.\delta}\times(\frac{1}{3}+\sin.(\delta+\beta)\times$ $\sin.\beta\cot.\delta)$

4. Soit ſuppoſé $da = 0$; la méthode dont il s'agit ſuppoſe que dans l'évaluation de la diſtance au zénith, on

néglige le terme $-\frac{\rho^4 \text{ sin.} (\delta + \zeta) \text{ sin.} \zeta}{2 \cdot 4 \text{ sin.} \delta} \times (\frac{1}{3} + \text{sin.} (\delta + \zeta) \times \text{sin.} \zeta \text{ cot.} \delta)$ c'est-à-dire, (en appellant m le rapport de l'angle ρ au rayon) $57^\circ\ 17'\ 44'' \times m^4 \times \frac{\text{sin.} (\delta + \zeta) \text{ sin.} \zeta}{2 \cdot 4 \text{ sin.} \delta} \times (\frac{2}{3} + \text{sin.} (\delta + \zeta) \text{ sin.} \zeta \text{ cot.} \delta)$. Or comme l'angle ρ peut être de 15 à 20° dans la méthode proposée, & que sin. δ peut être souvent beaucoup plus petit que l'unité, il est aisé de voir que la méthode dont il s'agit peut produire des erreurs assez considérables, c'est-à-dire de plusieurs minutes. Aussi M. Bouguer, pag. 275, art. 98 de son Traité, semble réprouver cette méthode; & cet article 98 qui se trouve à l'article 537 de la nouvelle édition, paroît détruire la méthode dont il s'agit, & qui est exposée dans les articles précédens du même Ouvrage.

5. On voit aussi que les différences des hauteurs observées & de la hauteur méridienne peuvent être très-sensibles; car soit, par exemple, $\rho = 15^\circ$, $\zeta = 45^\circ$, $\delta = 45^\circ$, on aura $\frac{\rho^2 \text{ sin.} (\delta + \zeta) \text{ sin.} \zeta}{2 \text{ sin.} \delta} = 15^\circ \times \frac{15^\circ}{2 (57^\circ\ 17'\ 44'')} =$ à peu près $\frac{15^\circ}{2} [\frac{1}{4} \times (1 + \frac{1}{20})] = 2^\circ$ à peu près. On verra plus bas ce qui résulte de cette remarque.

6. Nous avons supposé $da = 0$, parce que le changement de déclinaison durant une heure est très-petit, sur-tout devant être multiplié par la quantité fractionnaire assez petite ρ^2. Soit D la distance du soleil au premier point d'*Aries*, μ le sinus de l'obliquité de l'écliptique, on sait que sin. D : cos. a :: 1 . μ; d'où l'on tire

dD cos. D : —

dD cof. $D : - da \times$ fin. $a :: 1 : \mu$; ou $da = - \frac{\mu\, dD \text{cof.} D}{\text{fin.} (\delta + 6)}$;
ainfi on pourra, fi l'on veut, tenir compte de da.

7. Pour apprécier avec toute l'exactitude poffible la méthode propofée, foit A le coëfficient de ρ^2, B celui de ρ^4, δ' la plus petite des diftances obfervées, l'angle horaire étant $= a'$, δ'' la diftance moyenne, l'angle horaire étant $a' + x$, enfin δ''' la diftance la plus grande, l'angle horaire étant $a' + 2x$ (je fuppofe ici pour plus de fimplicité, que l'on obferve à des intervalles de temps égaux), on aura

$$\delta' = \delta + A a'^2 + B a'^4$$
$$\delta'' = \delta + A(a' + x)^2 + B(a' + x)^4$$
$$\delta''' = \delta + A(a' + 2x)^2 + B(a' + 2x)^4.$$

Cela pofé, voici le procédé de la méthode.

8. Prenez la différence entre δ''' & δ'' qui fera $A(2a'x + 3xx) + B(a' + 2x)^4 - B(a' + x)^4$; j'appelle cette différence *premier excès*.

Prenez de même la différence entre δ''' & δ' qui fera $A(4a'x + 4xx) + B(a' + 2x)^4 - Ba'^4$; & qu'on appellera *fecond excès*.

Du quadruple du *premier excès* ôtez le *fecond excès* pour avoir un *premier refte*, qui fera après les réductions $4Ax(a' + 2x) + B(8a'^3x + 48a'^2x^2 + 80a'x^3 + 44x^4)$.

De ce *premier refte* ôtez encore le *fecond excès* pour avoir un *fecond refte*, qui fera de même après les réductions $4Axx + B(24a'^2x^2 + 48'ax^3 \pm 28x^4)$.

Divisez le quarré du premier reste par le quadruple du second, & vous aurez, en négligeant les sixiémes puissances de a' & de x, & les termes équivalens, la quantité $[A(a'+2x)^2+\frac{1}{2}B(a'+2x)(8a'^3+48a'^2x+80a'x^2+44x^3)]:[1+\frac{B}{4A}(24a'^2+48a x'+28x^2)]$, $=$ (en ne conservant dans le calcul que les puissances & les produits au-dessous du sixiéme ordre) $A(a'+2x)^2+B(a'+2x)\times(-2a'^3+9a'x^2+8x^3)$.

Retranchez de la valeur de δ''' cette derniere quantité, & vous aurez $\delta+B(a'+2x)\times(3a'^3+6a'^2x+3a'x^2)$ ou $\delta+3Ba'(a'+2x)(a'+x)^2$; ainsi la différence de cette quantité avec δ (& par conséquent l'erreur) est égale à $3Ba'(a'+2x)(a'+x)^2$, ou en mettant pour B sa valeur, à $a'(a'+2x)(a'+x)^2\times -\frac{\text{sin.}(\delta+6)\,\text{sin.}\,6}{8\,\text{sin.}\,\delta}\times(1+3\,\text{sin.}(\delta+6)\,\text{sin.}\,6\,\text{cot.}\,\delta)$.

9. Au moyen de cette formule, il sera aisé aux observateurs de connoître le dégré de précision de la méthode dont il s'agit; ce dégré de précision dépendra des quantités a', x, & des angles 6 & δ. On voit que plus a' sera petit, & plus δ sera grand, moins l'erreur sera considérable.

10. On peut remarquer, en confirmation du calcul précédent, que si on suppose $a'=0$, & qu'on suive le procédé de la méthode préscrite, la quantité à retrancher de la distance la plus grande, se trouvera, par un calcul fort simple, égale à $4Axx+16Bx^4$. Or la dif-

tance la plus grande, lorsque $x=0$, est $\delta + 4\,Axx + 16\,Bx^4$; donc, en retranchant, suivant la méthode prescrite, la quantité ci-dessus, la distance au zénith se trouvera $= \delta$ comme elle doit être.

11. On voit donc, 1°. que si la plus petite distance au zénith est l'une des distances observées, la méthode sera exacte, ou du moins aussi exacte qu'on peut le désirer.

2°. Que si $a' + x = 0$, c'est-à-dire si la distance intermédiaire observée est la distance même au zénith, la méthode sera encore exacte.

3°. Que si $a' + 2x = 0$, c'est-à-dire, si la distance au zénith est la derniere distance observée, la méthode sera encore exacte.

4°. Que par conséquent si l'une des observations se fait près du zénith, la méthode pourra encore être utile, & d'autant plus utile que la proximité du zénith sera plus grande.

5°. Que comme dans l'erreur commise $a' + x$ se trouve élevée au quarré, au lieu que a' & $a' + 2x$ ne le sont pas, il faut faire ensorte, autant qu'il est possible, que ce soit l'observation du milieu qui soit le plus près du zénith que faire se pourra; parce que l'erreur en deviendra d'autant moindre.

12. Si les intervalles étoient inégaux, alors il faudroit mettre $a' + x + z$ au lieu de $a' + 2x$ dans la valeur de δ''; & faire, pour plus de simplicité, $a' + x = u$, ce qui donnera

$\delta' = \delta + Auu - 2Aux + Axx + B(u-x)^4.$

$\delta'' = \delta + Auu + Bu^4$

$\delta''' = \delta + Auu + 2Auz + Azz + B(u+z)^4.$

13. Cela posé, le procédé détaillé dans le Livre dont il est question (*a*) pour le cas où les temps entre les observations sont inégaux, donnera pour *premier reste* $2A(u+z)(x+z) + \frac{B(x+z)^2}{xz} \times [(u+z)^4 - u^4]$ $+ \frac{Bz}{x} \times [(u-x)^4 - (u+z)^4$; & pour *second reste* $A(x+z)^2 + \frac{B(x+z)[x(u+z)^4 + z(u-x)^4]}{xz} - \frac{Bu^4(x+z)^2}{xz}$; & en divisant le quarré du premier reste par le quadruple du second, on aura, après les réductions, $A(u+z)^2 + \frac{B(u+z)}{xz(x+z)} \times [(u+z)^4(xx+xz-xu) - uz(u-x)^4 + u^4(x+z)(u-x)]$, ou (en mettant pour u sa valeur $a'+x$) $A(a'+x+z)^2 + \frac{B(a'+x+z)}{xz(x+z)} \times [a'+x+z)^4(xz-xa') - (a'z+xz)a'^4 + (a'x+a'z)(a'+x)^4]$; c'est pourquoi l'erreur sera $\frac{B(a'+x+z)}{xz(x+z)} \times [xz(x+z) \times (a'+x+z)^3 - (a'+x+z)^4(xz-xa') + (a'z+xz)a'^4 - (a'x+a'z)(a'+x)^4] =$ (en remettant pour a' sa valeur $u-x$, & réduisant) $3B(u+z)u\left(uu - ux + \frac{uz-ux}{2} + \frac{xx-xz}{3}\right)$.

(*a*) Voyez page 207 de l'Ouvrage cité.

14. Donc lorſque $x = z$, l'erreur eſt égale à $3B'(a'+2x)(a'+x)^2$ en mettant pour u ſa valeur $a+x$; ce qui s'accorde avec les calculs ci-deſſus.

15. L'erreur eſt donc en général $3Bu(u+z)[(u-x)(u+\frac{z-x}{3})]$. Donc elle ſera nulle; 1°. ſi $u=0$ ou $a'+x=0$. 2°. Si $u+z$ ou $a'+x+z=0$; 3°. Si $u-x$ ou $a'=0$; 4°. Si $u+\frac{z-x}{3}$ ou $3a'+2x+z=0$; c'eſt-à-dire ſi $a'+u+u+z=0$.

16. De-là il eſt aiſé de voir dans quelles circonſtances on pourra employer la méthode il s'agit. On pourroit, d'après nos formules, conſtruire aiſément des tables qui feroient connoître les cas où elle n'eſt pas dangereuſe. Nous ajouterons qu'il n'eſt pas néceſſaire de faire les intervalles entre les obſervations de 30', & qu'on peut les faire beaucoup petits, puiſque (art. 5) $\rho = 15°$ peut donner une différence d'environ 2°. Or plus on pourra ſe permettre de diminuer les intervalles entre les obſervations, moins l'erreur ſera conſidérable, toutes choſes d'ailleurs égales.

V. *Correction pour un endroit des* Recherches *ſur différens points importans* du ſyſtême du Monde, *tome ſecond.*

1. Dans le ſecond volume de mes *Recherches ſur le ſyſtême du Monde*, page 254, à la fin, j'ai ſuppoſé qu'on

avoit pour la lune $\frac{r}{\delta} = \frac{57'}{57^\circ}$; ce qui n'eſt pas exact; puiſque cette valeur eſt le rapport du rayon de la terre à δ, & non du rayon de la lune; pour corriger cette erreur, il faut faire $\frac{r}{\delta} = \frac{15'}{57^\circ}$ environ, parce que le diametre de la lune eſt à peu près $30'$, & le demi-diametre $= 15'$; ce qui donnera $\frac{x}{r} < \frac{2 \cdot 15}{3 \cdot 57 \cdot 60} = \frac{1}{342}$; & dans l'hypothèſe de la lune homogène $\frac{x}{r} = \frac{2 \cdot 15}{5 \cdot 57 \cdot 60} = \frac{1}{570}$.

2. Pour la terre; comme la parallaxe du ſoleil eſt d'environ $10''$ par les dernieres obſervations, on a $\frac{r}{\delta} = \frac{10''}{57^\circ}$; or nommant ψ la vîteſſe de rotation diurne de terre, & g ſa vîteſſe dans ſon orbite, on a $\psi : g :: 366\, r : \delta$. Donc en ſuppoſant la terre homogène, $\frac{x}{r} = 366 \times \frac{2r}{5\delta}$ $=$ à peu près $\frac{2}{5 \cdot 57} =$ environ $\frac{1}{142}$.

Fin du vingt-huitiéme Mémoire.

VINGT-NEUVME MÉMOIRE.

Réflexions ſur la Théorie de la Lune, & en général ſur le problême des trois corps (a).

L'ACADÉMIE ayant propoſé, pour le ſujet du Prix qu'elle doit donner à Pâques 1768, de perfectionner les méthodes pour la Théorie de la lune, j'ai cru devoir lui expoſer, avant l'ouverture du concours, les réflexions que j'ai faites ſur ce ſujet.

I. La premiere queſtion qui ſe préſente, eſt de ſavoir quelle eſt la forme la plus avantageuſe qu'on puiſſe donner à l'équation de l'orbite; ſavoir, ou de conſidérer l'orbite réelle que la lune décrit, ou de conſidérer l'orbite projettée ſur le plan de l'écliptique. Ceux qui ont traité la théorie de la lune, ſe ſont partagés entre l'une & l'autre de ces méthodes.

La premiere paroît avoir de l'avantage, non-ſeulement parce que l'orbite *réelle* de la lune donne ſon vrai lieu dans

(a) Ce Mémoire a été lû à l'Académie, le 19 Août 1767.

le Ciel, ce qui eſt l'objet des Aſtronomes, mais encore parce que l'expreſſion de la force principale, de celle de la terre ſur la lune, étant exactement dans l'orbite réelle en raiſon inverſe du quarré du rayon vecteur, y eſt beaucoup plus ſimple que dans l'orbite projettée, où elle ne ſuit pas exactement cette raiſon, mais un rapport plus compliqué qui dépend de l'inclinaiſon & du nœud. D'ailleurs l'équation différentielle entre les rayons vecteurs & les petits arcs décrits à chaque inſtant, eſt abſolument la même, (les forces étant d'ailleurs ſuppoſées égales) ſoit dans une orbite à double courbure, ſoit dans une orbite plane : ce qui n'avoit été, ce me ſemble, remarqué par aucun de ceux qui ont travaillé à la théorie de la lune, & doit apporter des facilités dans le calcul de l'orbite réelle. Mais malgré ces différens avantages, il ſe préſente dans le calcul de l'orbite réelle, deux conſidérations eſſentielles qui rendent ce calcul aſſez compliqué, & auxquelles il me paroît que ceux qui ont enviſagé le calcul ſous ce point de vûe, n'ont pas fait aſſez d'attention.

La premiere eſt que l'orbite réelle de la lune n'étant pas plane, la ſomme des angles infiniment petits décrits par la lune pendant le temps t, n'eſt pas égale à l'angle compris entre le rayon vecteur où la lune ſe trouve au bout de ce temps, & le rayon primordial où elle s'eſt trouvée au premier inſtant, comme paroiſſent l'avoir ſuppoſé les Géometres dont je viens de parler ; enſorte que ſi on nomme dv l'angle décrit par la lune pendant le le temps dt, la diſtance de la lune au lieu initial du nœud ne ſera pas $= v$. Cette premiere conſidération, quoique très-ſimple, eſt d'autant plus eſſentielle, que ſans elle on évalue fauſſement la diſtance réelle de la lune au nœud.

La ſeconde conſidération eſt que le plan dans lequel la terre, le ſoleil & la lune ſe trouvent, changeant ſans ceſſe de poſition, le calcul des forces perturbatrices devient bien plus compliqué & renferme bien plus de termes dans l'orbite réelle décrite par la lune, que dans l'orbite projettée; & il faut de plus remarquer que ce calcul ne ſeroit pas exact ſi on y faiſoit entrer pour la valeur de l'angle d'élongation de la lune au ſoleil, la différence entre l'angle v & l'angle z que le ſoleil eſt ſuppoſé avoir décrit dans le même temps; nouvelle mépriſe dans laquelle ſont tombés les Géometres dont je parle: l'angle qu'il faut faire entrer dans les formules des forces perturbatrices eſt, non pas $v - z$, mais $v - z + \zeta - \int d\zeta \text{ coſ. } \rho$, ζ marquant le mouvement du nœud pendant le temps t, & ρ l'inclinaiſon variable de l'orbite.

Ce n'eſt pas tout: le mouvement des nœuds de l'orbite de la lune, qui rend cette orbite à double courbure, fait que le *véritable* mouvement moyen de cette planète dans ſon orbite *réelle*, n'eſt pas le même que ſon mouvement moyen dans ſon orbite projettée, qui eſt celui que les Aſtronomes obſervent & connoiſſent. Le premier de ces mouvemens eſt au ſecond à très-peu près comme $1 + n\psi$ eſt à 1, n étant le mouvement moyen des nœuds, que je ſuppoſe rétrograde, & ψ le ſinus verſe de l'inclinaiſon moyenne. C'eſt encore une remarque très-eſſentielle, qui paroît avoir échappé à ceux qui ont calculé l'orbite *réelle* de la lune; mais il arrive, par un heureux haſard, que cette ſeconde mépriſe compenſe à peu près l'effet de la premiere dans le calcul de l'angle d'élongation, enſorte que le réſultat ſe trouve à peu près tel qu'il doit être, quand on cherche l'expreſſion du lieu vrai par le lieu moyen. La même compenſation a lieu pour la quantité, qui dans l'orbite réelle, donne le mouvement de l'apogée, évalué par l'angle v ou $\int dv$, & qui n'eſt pas exactement la même que dans l'orbite projettée.

Quoi qu'il en ſoit, je crois que pour éviter les difficultés dont je viens de parler, & en même-temps pour avoir une expreſſion plus ſimple des forces perturbatrices, dont la conſidération & l'évaluation ſont ſi eſſentielles à ce problême, il eſt beaucoup plus avantageux de conſidérer l'orbite projettée que l'orbite réelle, d'autant plus qu'il eſt facile, par quelques artifices de calcul aiſés à imaginer, de diminuer beaucoup, ou même de faire diſparoître preſque entiérement le léger dégré de complication qui réſulte, dans cette orbite, de l'inclinaiſon variable & du mouvement des nœuds.

II. La ſeconde queſtion qu'il faut examiner dans la théorie de la lune eſt celle-ci; l'équation différentielle entre le rayon vecteur & le lieu vrai, employée juſqu'ici par ceux qui ont traité la théorie de la lune, eſt-elle plus commode que ne feroit l'équation différentielle entre le rayon vecteur & le temps, ou, ce qui revient au même, entre ce rayon & le lieu moyen? Cette derniere a deux avantages; 1°. en ce qu'elle est plus simple que la premiere, comme on peut s'en assurer par le calcul. 2°. En ce qu'elle donne tout-d'un-coup le mouvement vrai par le mouvement moyen, comme il est nécessaire pour la construction des Tables Astronomiques. Mais d'un autre côté cette maniere d'envisager le mouvement de la lune a un inconvénient, c'est que la détermination du mouvement de l'apogée y devient plus difficile & d'un calcul plus épineux & plus long, que dans la premiere maniere de considérer l'équation de l'orbite; jusques-là que même dans une ellipse simple ordinaire, décrite par une force réciproquement proportionnelle au quarré des distances, il feroit difficile de faire voir que le mouvement de l'apogée est nul, si on considéroit l'équation entre le rayon vecteur & le mouvement moyen; au lieu que l'équation entre le rayon vecteur & le mouvement vrai fait voir d'un coup d'œil cette vérité.

De-là il s'ensuit, 1°. qu'il est plus commode & plus simple de considérer l'équation entre le rayon vecteur & le mouvement vrai, au moins dans la recherche du mouvement de l'apogée. 2°. Que si on veut supposer le mouvement de l'apogée connu par les observations, comme on le peut dans la théorie de la lune, il sera plus simple alors de considérer l'équation entre le rayon vecteur & le mouvement moyen ; & que par-là on abrégera les calculs des autres équations de la lune.

III. La troisiéme question qu'on peut proposer sur la théorie de la lune, a pour objet la maniere la plus simple & la plus exacte tout-à-la-fois d'intégrer l'équation de l'orbite. Je crois que la meilleure est celle qui employe sans aucune intégration la méthode des indéterminées ; cette méthode, il est vrai, n'est pas directe, mais ce désavantage est bien compensé par l'abbréviation du calcul. On peut au reste, si on le juge à propos, employer pour cet objet des méthodes directes, semblables ou analogues à celles que j'ai exposées ailleurs.

On peut encore se servir d'une autre méthode, qui consiste à prendre successivement les différences seconde, quatriéme, sixiéme, &c. de l'équation différentielle de l'orbite, que je suppose représentée par $ddt + N^2 t dz^2 + P dz^2 = 0$, & à substituer ensuite dans les plus petits termes de ces équations différentielles, au lieu de ddt sa valeur $-N^2 t dz^2 - P dz^2$, après quoi on fera disparoître, par la comparaison de ces équations différentielles, tant entr'elles qu'avec l'équation de l'orbite, tous les termes dans lesquels t & dt se trouvent élevés à une puissance plus haute que l'unité, ou mêlés avec des sinus & des cosinus ; par-là on parviendra à une équation de cette forme $d^n t + C d^{n-2} t dz^2 + E d^{n-4} t dz^4 +$ &c. $= 0$, dont l'intégrale, trouvée par les méthodes connues, donnera l'équation de l'orbite. Le rayon y sera exprimé, comme l'on sait, par une suite de termes A cos. Kz, dont les coëfficiens K feront les racines de l'équation $K^n + CK^{n-2} + EK^{n-4} +$ &c. $= 0$; & les quantités Kz feront les différens argumens des équations de l'orbite lunaire.

Cette méthode, dont un Mémoire de M. de la Grange m'a fait naître l'idée, a fur-tout l'avantage de faire trouver d'une maniere directe le mouvement de l'apogée, & elle paroît la plus fimple qu'il eft poffible pour cet objet. Mais elle paroît encore moins fimple & plus compliquée de calculs que la méthode des indéterminées propofée ci-deffus.

Au refte toutes les méthodes qu'on peut employer, ou du moins qu'on a employées jufqu'ici pour intégrer l'équation de l'orbite lunaire, ont un inconvénient: c'eft de donner le mouvement de l'apogée par une ferie fi peu convergente que le fecond terme eft prefque égal au premier; au lieu qu'il feroit à défirer pour la perfection de la méthode d'approximation, que le premier terme de la ferie donnât d'abord à peu près le mouvement cherché. Ce n'eft pas tout: lorfqu'on pouffe la ferie au-delà du premier terme, l'équation qui donne le mouvement de l'apogée fe trouve être du fecond degré; fi on pouffe le calcul plus loin, elle fera du troifiéme, du quatriéme, &c. & ainfi de fuite à l'infini; d'où il paroît d'abord s'enfuivre qu'il y a, fi on peut parler ainfi, plufieurs points d'apogée dans la lune: ce qui étant contraire aux obfervations, pourroit jetter des doutes fur la théorie; ce n'eft qu'en examinant la chofe de plus près, qu'on s'apperçoit qu'il n'y a réellement qu'une feule des racines de l'équation qui donne le vrai mouvement de l'apogée, & que les autres racines indiquent ou doivent indiquer les différens argumens de l'équation de l'orbite lunaire. Aucun de ceux qui ont jusqu'ici travaillé sur le problême des trois corps, n'avoit, ce me semble, encore fait cette remarque, sans laquelle néanmoins on peut dire que le problême du mouvement de l'apogée n'étoit point résolu.

IV. La quatriéme difficulté qui se rencontre dans la théorie de la lune, tombe sur certains termes, qui dans l'expression du rayon vecteur ou dans celle du temps, deviennent beaucoup plus grands par l'intégration qu'ils ne l'étoient dans la différentielle.

Du nombre des premiers, c'est-à-dire, de ceux qui augmentent beaucoup dans l'expression du rayon vecteur, est entr'autres le terme qui a pour argument la distance de la lune au soleil, plus l'anomalie moyenne du soleil. Une fausse méthode d'intégration a fait croire à de savans Géometres que ces termes devenoient très-grands par l'intégration, quoiqu'ils demeurent réellement toujours fort petits, malgré l'augmentation considérable que l'intégration leur donne; je trouve qu'en supposant la parallaxe du soleil de 10″, ils doivent produire une équation d'environ 25″, qui peut-être deviendra encore plus petite en mettant plus de précision dans les calculs, & en ayant égard à plusieurs termes que je n'y ai point fait entrer, & auxquels il est peut-être nécessaire de faire attention. Mais que cette équation soit sensible ou ne le ſoit pas, il eſt eſſentiel de ne la pas négliger, & en même-temps poſſible d'en fixer la valeur.

Parmi les termes de la ſeconde eſpéce, c'eſt-à-dire, parmi ceux que l'intégration augmente beaucoup dans l'expreſſion du temps, on doit ſur-tout faire une grande attention à celui qui a pour argument la diſtance de l'apogée de la lune au nœud; ce terme paroît très-difficile à calculer exactement à cauſe de la petiteſſe du dénominateur que l'intégration lui donne; les différentes théories de la lune, connues juſqu'ici, ne s'accordent nullement ſur ſa valeur. L'attention à ces ſortes de termes devroit encore être plus grande dans la théorie des Satellites de Jupiter; car ils doivent être d'autant plus grands, toutes choſes d'ailleurs égales, que la révolution du Satellite eſt plus prompte par rapport à celle de la planete principale.

Un autre inconvénient des méthodes d'approximation dont on a fait uſage juſqu'ici dans la théorie de la lune, c'eſt que pluſieurs équations qu'on croiroit d'abord avoir déterminées aſſez exactement par un calcul où on ſe flatte de n'avoir négligé que des coëfficiens fort petits, deviennent, en pouſſant l'approximation plus loin, beaucoup plus grandes ou plus petites qu'on ne les avoit d'abord trouvées. Les théories connues de la lune en fourniſſent pluſieurs exemples; & il ſeroit à ſouhaiter que les Géometres trouvaſſent des méthodes pour rendre plus convergentes les ſeries qui expriment ces termes, comme auſſi pour faire entrer dans le coëfficient toutes les parties qui doivent le composer, & qui sont souvent en grand nombre, parce qu'elles dépendent de la combinaison d'un grand nombre de termes. Cet article est un des plus essentiels pour parvenir à des tables exactes.

Je remarquerai à cette occasion, 1°. que dans les tables de M. Mayer, au moins dans celles qui sont connues & publiques jusqu'ici, il y a une équation d'environ 24″ qu'il paroît avoir négligée, & qui est proportionnelle au sinus de quatre fois la distance de la lune au soleil, moins l'anomalie moyenne; ou, ce qui revient au même, dont l'argument est égal à celui de l'*évection*, plus à celui de la *variation*. 2°. Qu'il paroît aussi que son équation qui a pour argument la distance du soleil au nœud, doit être augmentée d'environ 15″; je ne parle point de quelques autres corrections, ou peu considérables, ou dont la quantité n'est pas assez constatée pour que j'en fasse mention ici.

V. Les difficultés qui se présentent dans la recherche du lieu de la lune, sont beaucoup moindres dans le calcul du mouvement du nœud & de l'inclinaison, d'où dépend la latitude; on peut même, comme M. Mayer l'a remarqué le premier, abréger beaucoup le calcul de la latitude par l'analogie qui se trouve entre les coëfficiens des équations de l'inclinaison, & ceux de l'équation du nœud; on peut encore, ainsi que l'a pratiqué M. de la Grange, parvenir directement à une équation différentielle du second ordre, qui donne immédiatement la latitude, sans chercher séparément l'équation du du mouvement du nœud & celle de l'inclinaiſon ; ce qui rend à la vérité le calcul plus ſimple, mais en même-temps plus délicat, par l'analogie & la reſſemblance qui ſe trouve entre l'équation différentielle qui doit donner la latitude & l'équation différentielle de l'orbite ; enſorte que les difficultés qui ſe rencontrent dans l'intégration de celle-ci, ſe retrouvent dans celle-là. Ainſi ces deux méthodes, ſuivies l'une & l'autre par d'habiles Mathématiciens, paroiſſent avoir des avantages réciproques, la premiere celle d'un calcul plus facile & moins épineux, la ſeconde celle d'une analyſe plus élégante. Au reſte il paroît que les tables de M. Mayer ont beſoin d'être perfectionnées quant à la latitude : l'équation que j'y ai ajoutée dans le ſecond volume de mes Opuſcules, a donné pour l'éclipſe du 1er Avril 1764, une valeur plus exacte de la latitude que les tables de M. Mayer ; & cette valeur a produit dans le calcul de l'éclipſe une correction eſſentielle. V. *Mém. Ac.* 1764, p. 150 & 274.

VI. Le dernier objet qu'on doit ſe propoſer d'examiner dans la théorie de la lune, c'eſt l'équation ſéculaire du mouvement moyen, laquelle eſt, ſuivant les obſervations, de 7″ en un ſiécle, & croît en raiſon du quarré du temps périodique. Je trouve que ſi cette équation ſéculaire eſt dûe à la gravitation, il y a apparence qu'elle provient de quelque équation dont l'argument n'eſt ſenſible qu'au bout d'un très-grand nombre de révolutions de la lune. En effet, ſoit B ſin. αZ une telle équation, Z étant le mouvement moyen, & α un coëfficient très-petit ; il n'eſt pas difficile de faire voir que l'altération du mouvement moyen ſera $-\frac{B\alpha^2 x^2}{2}$ coſ. αA, x marquant l'angle moyen parcouru par la lune depuis la premiere & plus ancienne obſervation, & αA la valeur de l'argument αZ au moment de cette premiere obſervation. Or il ſe trouvera dans l'équation du temps des quantités de cette eſpéce B ſin. αZ, s'il y a dans la valeur du rayon des quantités qui contiennent coſ. αZ, ou des quantités M coſ. $kZ + N$ coſ. $kZ + \alpha Z$, dont les argumens different très-peu les uns des autres. Cette maniere d'expliquer l'équation ſéculaire par la gravitation, eſt, ce me ſemble, la plus ſimple qu'on puiſſe imaginer. Cependant il me paroît plus vraiſemblable que l'équation ſéculaire eſt l'effet de la réſiſtance que la lune éprouve dans la matiere éthérée ; par la raiſon que les calculs faits ſur cette hypothèſe s'accordent très-bien avec les obſervations, & ſervent ſur-tout à faire voir, 1°. pourquoi le mouvement moyen de la lune eſt accéléré & non retardé ; 2°. pourquoi l'accélération y eſt ſans comparaiſon plus ſenſible que dans le mouvement de la terre. Mais pour démontrer pleinement l'effet de la réſiſtance de l'éther ſur le mouvement de la lune, il eſt néceſſaire d'avoir égard dans le calcul à pluſieurs circonſtances auxquelles perſonne n'a fait attention juſqu'ici, & qui viennent principalement des dérangemens que l'action de la lune cauſe à l'orbite de la terre, dérangemens qu'il ne faut pas négliger ſans connoiſſance de cauſe dans le calcul de l'effet cauſé par la réſiſtance. Je remarquerai à cette occaſion, & ſeulement en paſſant, que la réſiſtance éprouvée par la lune ne doit produire dans le mouvement des nœuds, qu'une eſpéce de libration, & qu'elle doit produire au contraire dans l'inclinaiſon de l'orbite une diminution continuelle, mais ſi petite qu'elle eſt encore inſenſible au bout d'un très-grand nombre de ſiécles.

Tels ſont les principaux points de la théorie de la lune qui demandent encore les recherches des Géometres, & ſur leſquels je m'étendrai davantage dans le volume ſuivant. Il en eſt encore un article dont je n'ai point fait mention juſqu'ici, & qui peut-être mérite auſſi leur attention. La figure de la terre n'eſt pas exactement ſphérique, non plus que celle de la lune, & il paroît même s'enſuivre de la libration de cette planète, que ſon équateur n'eſt pas circulaire. Or il réſulte de ces deux figures non ſphériques, que l'action de la terre ſur la lune n'eſt ni exactement proportionnelle à la raiſon inverſe du quarré de la diſtance, ni exactement dirigée vers le centre de la lune, & qu'elle renferme une petite partie variable, dépendante de la ſituation reſpective des axes de la lune & de la terre. Il ſeroit bon d'examiner s'il ne peut pas réſulter de-là quelque inégalité un peu ſenſible dans le mouvement de la lune. Il eſt vrai que comme on ne connoît pas exactement le rapport des axes de la terre, ni la loi de la denſité de ſes couches, & encore moins ce rapport & cette loi dans la lune, on ne peut déterminer l'inégalité dont il s'agit que d'une maniere hypothétique. Mais si cette inégalité pouvoit être sensible, peut-être la théorie de la lune sera-t-elle un jour assez perfectionnée pour qu'on puisse connoître assez exactement, par les observations, l'altération que la figure de la terre & celle de la lune causent dans les mouvemens de cette derniere planète ; ce qui fourniroit peut-être des lumieres sur leur véritable figure, & sur la densité de leurs couches, comme les phénomenes de la précession & de la nutation en ont fourni sur le rapport de leurs masses.

Fin du quatriéme Tome.

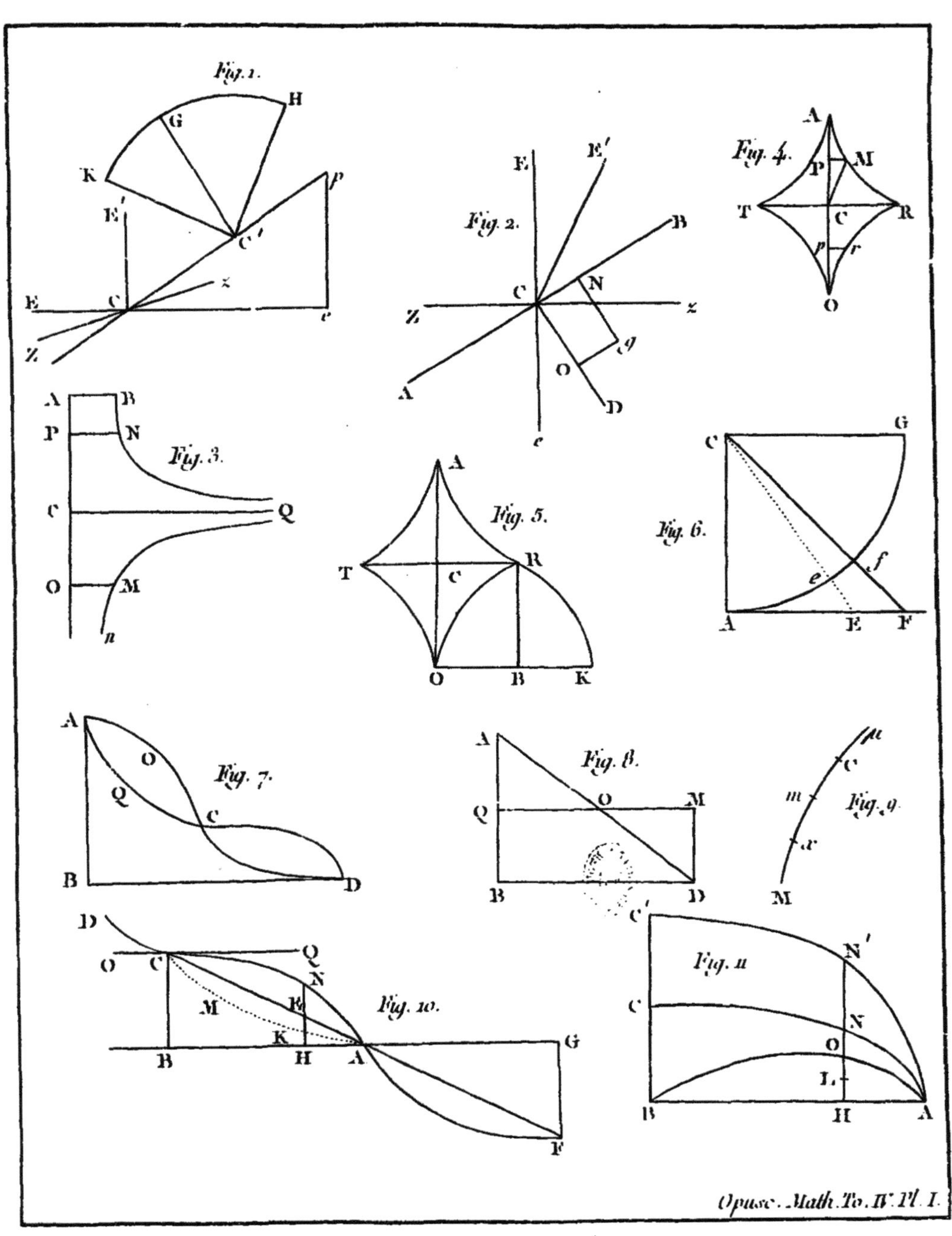

Opusc. Math. To. IV. Pl. I.

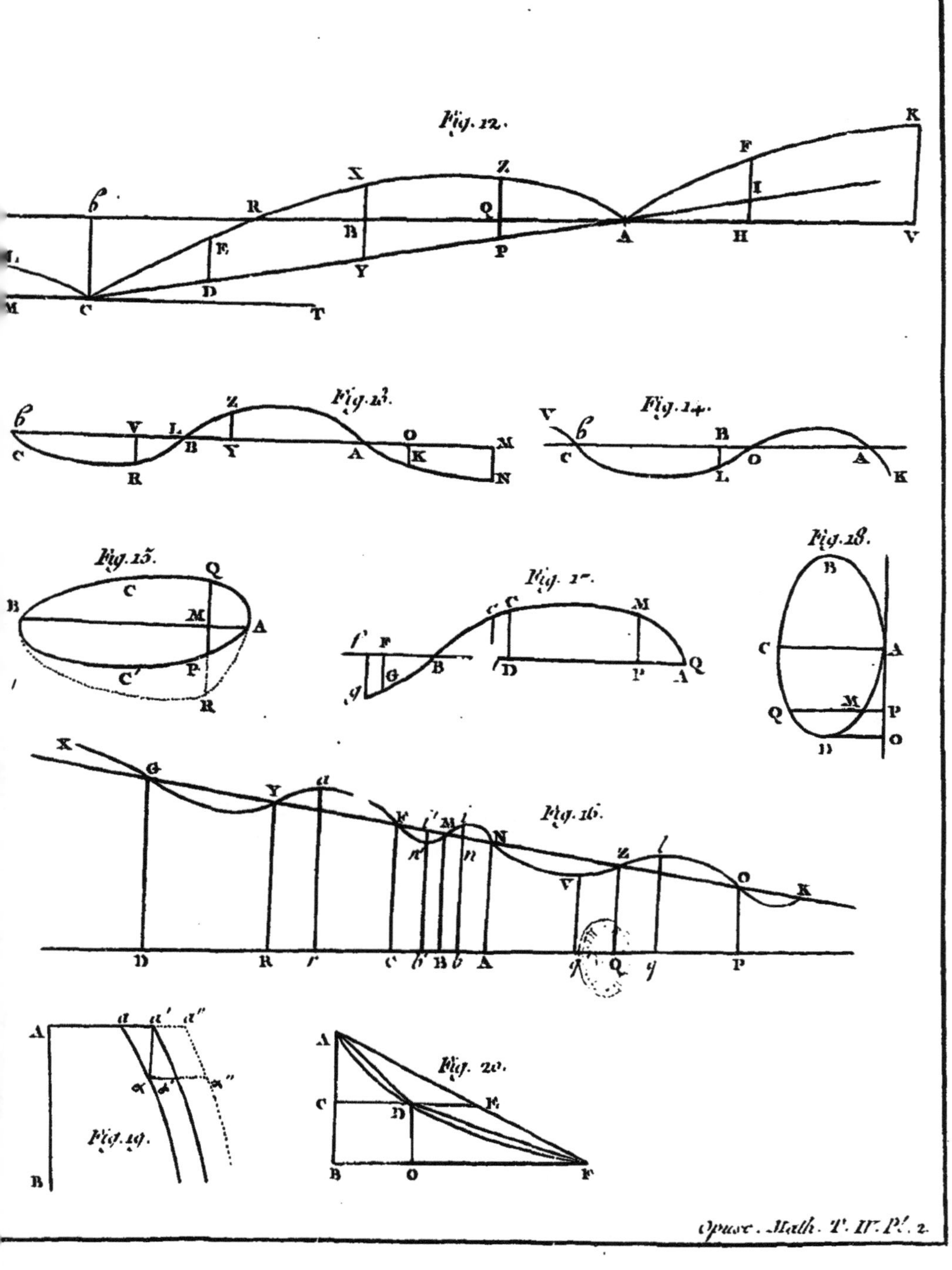
Fig. 12.
K
F
X
Z
I
R
Q
A
H
V
E
B
D
Y
P
M
C
T
Fig. 13.
Z
V
L
B
Y
A
O
K
M
N
C
R
Fig. 14.
V
B
C
O
A
L
K
Fig. 15.
Q
C
B
M
A
C'
P
R
Fig. 17.
F
G
B
C
M
D
P
A
Q
Fig. 18.
B
C
A
Q
M
P
D
O
Fig. 16.
X
G
Y
F
M
N
Z
O
K
V
D
R
C
B
A
Q
P
A
a
a'
a"
B
Fig. 19.
Fig. 20.
A
C
D
E
B
O
F

FAUTES A CORRIGER.

PAGE 41, ligne derniere, *au lieu de* $-Nd$, *lisez* $-Ndt$.
Page 53, ligne 12, *au lieu de* Gf, *lisez* $G'f$.
Page 72, ligne 5, *au lieu de* $\frac{nr}{\delta}$, *lisez* $\frac{2nr}{\delta}$.
Page 101, ligne 8, *au lieu de* $\int \zeta dx$, *lisez* ζdx.
Page 112, ligne derniere, *au lieu de* aP, *lisez* dP.
Page 172, ligne 5 à compter d'en-bas, *au lieu de* 21, *lisez* 23.
Page 240, ligne 9, *au lieu de*, & z, *lisez*, & t.

EXTRAIT DES REGISTRES DE L'ACADÉMIE ROYALE DES SCIENCES,

Du 27 Janvier 1768.

MESSIEURS LE MONNIER & BEZOUT, qui avoient été nommés pour examiner le quatriéme Volume des Opuscules Mathématiques de M. D'ALEMBERT, qu'il désire de publier, en ayant fait leur rapport, l'Académie a jugé cet Ouvrage digne de l'impression. En foi de quoi j'ai signé le présent Certificat. A Paris, le 28 Janvier 1768.

GRAND-JEAN DE FOUCHY,
Secrétaire perpétuel de l'Académie Royale des Sciences.

De l'Imprimerie de CHARDON, rue Galande, 1768.

BIBLIOTHEQUE NATIONALE

SERVICE DES NOUVEAUX SUPPORTS

58, rue de Richelieu, 75084 PARIS CEDEX 02 Téléphone 266 62 62

Acheve de micrographier le 14 / 11 / 1977

0 1 2 3 4 5 6 7 8 9 10 cm

Défauts constatés sur le document original

www.ingramcontent.com/pod-product-compliance
Ingram Content Group UK Ltd.
Pitfield, Milton Keynes, MK11 3LW, UK
UKHW022326190726
13856UKWH00001B/233

9 782012 760530